高等职业院校技能应用型教材·软件技术系列

# C++程序设计
# （第5版）

汪菊琴　侯正昌　主编

刘德强　主审

電子工業出版社·

Publishing House of Electronics Industry

北京·BEIJING

## 内 容 简 介

本书共 12 章，第 1～2 章介绍了有关 C++的基础概念，以及 C++的数据类型和表达式；第 3～4 章叙述了 C++的程序结构、流程控制语句和数组；第 5～6 章讨论了函数的定义和相关调用，以及编译预处理中的文件包含处理、宏定义与条件编译；第 7 章讲解了指针变量、指针数组等与指针相关的知识；第 8 章介绍了枚举类型、结构体及链表的相关概念；第 9～10 章讲述了类和对象，以及继承和派生的知识点；第 11～12 章叙述了友元与运算符重载、流类体系与文件操作的基本知识。本书为江苏省高等学校精品课程"C++程序设计"的配套教材，不仅配有丰富的例题、实验和习题，还配有典型例题的微课视频。

本书可作为高等院校、高等职业院校计算机、电子信息、物联网等相关专业的教材。

## 图书在版编目（CIP）数据

C++程序设计 / 汪菊琴，侯正昌主编. —5 版. —北京：电子工业出版社，2020.8

ISBN 978-7-121-38585-8

Ⅰ．①C… Ⅱ．①汪… ②侯… Ⅲ．①C++语言－程序设计－高等学校－教材 Ⅳ．①TP312.8

中国版本图书馆 CIP 数据核字（2020）第 032613 号

责任编辑：薛华强　　　　特约编辑：田学清
印　　刷：北京盛通数码印刷有限公司
装　　订：北京盛通数码印刷有限公司
出版发行：电子工业出版社
　　　　　北京市海淀区万寿路 173 信箱　　邮编：100036
开　　本：787×1092　1/16　印张：20.5　字数：592.4 千字
版　　次：2002 年 8 月第 1 版
　　　　　2020 年 8 月第 5 版
印　　次：2025 年 2 月第 10 次印刷
定　　价：59.80 元

凡所购买电子工业出版社图书有缺损问题，请向购买书店调换。若书店售缺，请与本社发行部联系，联系及邮购电话：（010）88254888，88258888。

质量投诉请发邮件至 zlts@phei.com.cn，盗版侵权举报请发邮件至 dbqq@phei.com.cn。

本书咨询联系方式：（010）88254569，xuehq@phei.com.cn，QQ1140210769。

# 前　言

C++是目前流行的一种面向对象的程序设计语言，是学习 C#程序设计、Java 程序设计、数据结构、ASP.NET 程序设计、嵌入式程序设计等课程的基础，是软件、计算机网络、计算机应用、电子信息、物联网应用技术等专业的基础课程。

《C++程序设计》于 2002 年出版，2005 年、2011 年和 2015 年，该书进行过 3 次修订。2006 年，"C++程序设计"入选江苏省高等学校精品课程。2007 年，《C++程序设计（第 2 版）》被江苏省教育厅评为省级精品教材。基于课程的重要性，编者在教学中采用三阶段教学法：第一阶段，讲授 C++程序设计，并辅以计算方法与程序设计选修课程；第二阶段，开设为期一周的 C++课程设计；第三阶段，安排学生进行 C++等级考试培训，进而参加 C++二级考试。编者总结多年从教经验发现，计算机专业的学生只有扎实掌握 C++语法、语义、算法基础，并通过 C++二级考试，才有可能学好 C#程序设计、Java 程序设计、数据结构、ASP.NET 程序设计等后续课程，才能得到软件公司、网络公司、物联网公司的认可，进而获得较好的职业岗位。

本次修订，将书中所有程序按 C++的标准格式进行编写，每章增加了知识点导图，配备了书中典型例题的微课视频，并对部分例题进行了修改。本书在修订后具有以下特点。

（1）本书将"C 语言程序设计"与"C++程序设计"综合在一起，用 C++语言来描述原先用 C 语言描述的内容，并增加了面向对象的程序设计内容。这样做的好处如下：

① 学生可以从数据类型、程序结构等基础内容由浅入深地学习，本书起点低，可作为程序设计的入门教材。

② 将两门课程综合为一门课程，缩短了总的教学时间，可在一学期内完成本课程的学习。

③ 可以使学生直接学习面向对象的程序设计方法。

（2）针对高职、高专院校学生的特点，本书尽可能使用通俗易懂的语言来叙述各章节内容，并尽可能使用典型例题来说明各章节知识点的概念与使用方法，力求将各章节的重点与难点解释清楚，以求多数学生在课后能看懂教材、掌握知识。

（3）本书配有典型例题的微课视频，学生可以使用移动设备扫描书中对应的二维码进行浏览，有利于理解典型例题中的知识点和算法思想。

（4）由于描述 C++类与对象的程序段一般都较长，本书尽量用同一类型的例题来介绍系列概念。例如，用描述学生成绩的类讲解类与对象的概念、定义及使用方法；用描述矩形的类介绍构造函数、拷贝构造函数、默认构造函数、析构函数等一系列的概念、定义及使用方法，以减少教师板书的工作量，提高课堂效率。

（5）对学生比较难理解的内容，采用先通过例题分析，然后引出基本概念，给出定义格式、结论等正式内容的方式来讲述。

（6）高职、高专院校的学生在学习 C++程序设计时遇到的问题之一：既要理解 C++中许多比较难理解的概念，又要理解复杂的算法。为了解决该问题，本书在程序的算法上重点抓住常用的一些典型算法，如累加和、连乘积、最大值、最小值、平均值、排序，并将这些典型算法作为介绍各章节基本概念的例题，这样可减轻学生在理解算法上的负担，提高课堂效率。一些有较复杂算法的例题只会出现在每章后的程序设计应用举例中。

（7）各章均绘制了本章知识点导图，可以帮助教师和学生厘清本章的知识点。同时，每章前都有本章学习目的、要求，每章后都有本章小结，并配有一定量的习题，便于教师教学和学生学习。各章内容充实、安排合理、衔接自然。

（8）"本章小结"中列出了本章的重点和难点，不仅便于教师教学和学生学习，还提高了学生的学习效率。

（9）一些章节后还有实验部分，包含实验目的、实验内容、实验要求，将实验指导书综合在本书内，方便教师教学与学生做实验。

（10）对于某些算法（如排序算法），尽可能用简练的语句描述算法的核心含义，便于读者理解和记忆。

（11）第 5 章及以后的章节，凡是用到函数概念的知识点，如指针变量作为函数参数、返回指针值的函数、结构体数组作为函数参数、运算符重载函数，均以函数的定义、调用、参数传送的方式进行描述。这样做的好处是：一方面，通过多次重复使学生更好地掌握函数的定义、调用、参数传送的概念；另一方面，多次使用函数的定义、调用、参数传送的方式更容易引入新知识点的概念。

本书在编写过程中，参考了目前国内比较优秀的有关 C++程序设计方面的资料，在此谨向有关作者表示感谢。对电子工业出版社的薛华强编辑在修订工作中给予的大力支持表示衷心的感谢。

本书由无锡职业技术学院汪菊琴、侯正昌担任主编，刘德强副教授担任主审。其中，第 1～6 章由侯正昌编写，第 7～12 章由汪菊琴编写，全书由汪菊琴统稿。张燕、许敏、颜惠琴、王得燕、黄可望等老师对本书的编写提出了许多宝贵意见，在此表示感谢。

本书若有疏漏及不足之处，恳请读者给予指正。

编　者

# 目　录

# 第1章

# C++概述

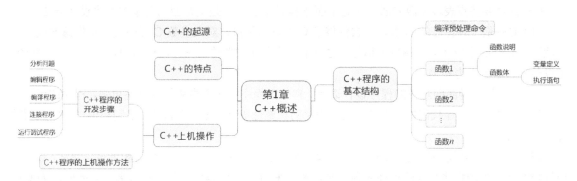

本章知识点导图

通过本章的学习，应了解 C++的起源和特点；掌握 C++程序的基本结构，会编写极简单的 C++ 程序；了解 C++程序的开发步骤，熟悉 Visual C++集成环境，初步掌握 C++上机操作的方法。

## 1.1　C++的起源

C++是在 C 语言的基础上逐步发展和完善起来的，因此在介绍 C++之前，先回顾一下 C 语言的发展。

1967 年，Martin Richards 为编写操作系统软件和编译程序开发了 BCPL（Basic Combined Programming Language）；1970 年，Ken Thompson 在继承 BCPL 许多优点的基础上开发了实用的 B 语言；1972 年，贝尔实验室的 Dennis Ritchie 在 B 语言的基础上，进行了进一步的充实和完善，开发出了 C 语言。当时，设计 C 语言是为了编写 UNIX 操作系统，以后，C 语言经过多次改进，逐渐开始流行。目前常用的 C 语言版本基本上都是以 ANSI C 为基础的。

C 语言具有许多优点，如语言简洁灵活、运算符和数据结构丰富、具有结构化控制语句、程序执行效率高，同时具有高级语言和汇编语言的优点等。与其他高级语言相比，C 语言具有可以直接访问物理地址的优点；与汇编语言相比，C 语言具有良好的可读性和可移植性。因此，C 语言得到了极广泛的应用。

随着 C 语言的推广，C 语言存在的一些缺陷或不足也开始暴露。例如，C 语言对数据类型检查的机制比较弱，缺少支持代码重用的结构；随着软件工程规模的扩大，难以适应特大型程序的开发。同时，由于 C 语言是一种面向过程的编程语言，不能满足运用面向对象的方法开发软件的需要。C++便是在 C 语言的基础上，为克服 C 语言本身存在的缺点，支持面向对象的程序设计而研制的一种通用的程序设计语言，是在 1980 年由贝尔实验室的 Bjarne Stroustrup 创建的。

研制 C++的一个重要目标是使 C++成为一种更好的 C 语言，因此 C++解决了 C 语言存在的问题；另一个重要目标就是面向对象的程序设计，因此在 C++中引入了类的机制。最初的 C++被称为"带类的 C"，1983 年被正式命名为 C++（C Plus Plus）。之后经过不断地完善，形成了目前的 C++。

当前运用较为广泛的 C++有 Microsoft 公司的 Visual C++（简称 VC++）和 Borland 公司的 Borland C++（简称 BC++）。本书以 Microsoft Visual C++ 6.0 集成环境为背景来介绍 C++语言。

## 1.2　C++的特点

C++的主要特点表现在两方面：一是全面兼容 C 语言，二是支持面向对象的程序设计方法。

（1）C++是一种更好的 C 语言，它保持了 C 语言的优点，对大多数 C 程序代码稍作修改或不修改就可在 C++的集成环境下调试和运行。这对于继承和开发当前已在广泛使用的软件是非常重要的，可以节省大量的人力和物力。

（2）C++是一种面向对象的程序设计语言。它使得程序中各个模块的独立性更强，程序的可读性和可移植性更好，程序代码的结构更合理，程序的扩充性更强。这对于设计、编制和调试一些大型软件尤为重要。

（3）C++集成环境不仅支持 C++程序的编译和调试，还支持 C 程序的编译和调试。通常，C++集成环境约定：当源程序文件的扩展名为.c 时，为 C 程序；当源程序文件的扩展名为.cpp 时，为 C++程序。本书所有例题程序文件的扩展名均为.cpp。

（4）C++的语句非常简练，对语法限制比较宽松，因此 C++语法非常灵活。C++的优点是给用户编程带来了书写上的方便；缺点是由于编译时对语法限制比较宽松，许多逻辑上的错误不容易被发现，所以给用户编程增加了难度。

## 1.3　C++程序的基本结构

为了说明 C++程序的基本结构，先举三个例题，然后通过这三个例题引出 C++程序的基本结构。

【例 1.1】　文本的原样输出。文件名为 example1_1.cpp。

```
//文本原样输出程序
#include <iostream>
using namespace std;
int main( )
{       cout << "Welcome to C++!\n";
        return 0;
}
```

该程序经编译和连接后，当运行可执行程序时，在显示器上显示：

Welcome to C++!

在该程序中，main()表示主函数，每个 C++程序必须有且只有一个主函数，C++程序是从主函数开始执行的。main()函数之前的 int 表示 main()函数的类型为整型，即函数返回值的类型为整型，main()函数中的括号内为空表示 main()函数没有形式参数。花括号内的部分是函数体，函数体由语句组成，每条语句都以分号结束。cout 是 C++程序中的一个输出流，与符号"<<"结合使用可以输出常量、变量的值，以及原样输出双引号中的字符串。"\n"是换行符，即在输出上述信息后换行。return 语

句向操作系统返回一个 0 值。如果程序不能正常执行，则自动向操作系统返回一个非零值，一般为-1。

程序中的#include 是 C++编译预处理中的文件包含命令，iostream 是头文件，为了使用输出流 cout 和输入流 cin，程序开头必须用#include 命令将文件 iostream 中的内容包含到本文件中。程序中"using namespace std;"语句的意思是使用命名空间 std。C++标准库中的类和函数，包括输入/输出类，都是在命名空间 std 中进行说明的，因此程序中如果需要用 C++标准库，则需要用"using namespace std;"语句进行说明，表示要用命名空间中的内容。本书中的程序在开头几乎都包含这两行。

程序中以"//"开头的是注释，注释是对程序的说明，是用来提高程序的可读性的。注释对程序的编译和运行不起作用，可以被放在程序的任何位置。

本书是依据 C++标准介绍的，C++标准在一些方面有规定。例如，要求主函数为 int 类型，如果程序正常执行，则返回 0；系统头文件不带后缀.h；当使用系统标准库时，必须使用命名空间 std，这些在本书中都有所体现。

【例 1.2】 求两个整数的和。

```cpp
/*求两个整数的和程序*/
#include <iostream>
using namespace std;
int main( )
{    int a,b,sum;              //说明变量 a、b、sum 为整型数
     cout<<"Input a,b:";       //显示提示信息
     cin>>a>>b;                //通过键盘输入变量 a、b 的值
     sum=a+b;                  //求和
     cout<<"Sum="<<sum<<endl;  //输出结果
     return 0;                 //返回 0 值
}
```

该程序经编译和连接后，当运行可执行程序时，在显示器上显示：

```
Input a,b:3   5
Sum=8
```

该程序中的语句，int a,b,sum; 用来说明变量 a、b、sum 为 int（整型）变量；sum=a+b;是赋值语句，表示将 a 和 b 的值相加，并将结果送给变量 sum。"/*"和"*/"之间的内容也是注释，"endl"是换行符。

【例 1.3】 输入两个整数 a 和 b，用自定义函数 add()求两数的和。

```cpp
#include <iostream>
using namespace std;
int add(int x, int y)
{    int z;
     z=x+y;
     return z;
}
int main( )
{    int a, b, sum;
     cout<< "Input a,b:";
     cin>>a>>b;
     sum=add(a, b);
     cout<<"Sum="<<sum<<endl;
     return 0;
}
```

该程序经编译和连接后，当运行可执行程序时，在显示器上显示：

```
Input a,b:3    5
Sum=8
```

该程序由两个函数组成：主函数 main()和被调用函数 add()。被调用函数 add()的作用是求 x 和 y 的和，并赋给 z，最后通过 return z;语句返回给主函数 main()。主函数 main()用来输入两个变量 a 和 b 的值，调用 add()函数将变量 a、b 的值传送给形参 x、y，再求两数之和，并将结果返回给 sum 进行输出。

通过例 1.3 可以归纳出 C++程序的基本结构如下。

（1）C++程序由包括主函数 main()在内的一个或多个函数组成，函数是构成 C++程序的基本单位。其中名为 main()的函数称为主函数，它可以被放在程序的任何位置。但是，无论主函数 main()放在程序的什么位置，一个 C++程序总是从主函数开始执行的，并由主函数来调用其他函数。因此，任何一个可运行的 C++程序必须有且只有一个主函数。被调用的其他函数可以是系统提供的库函数，也可以是用户自定义的函数。例如，例 1.3 中的 C++程序就是由主函数 main()和用户自定义函数 add()组成的。

（2）C++函数由函数说明与函数体两部分组成。

① 函数说明。函数说明由函数类型、函数名、函数参数（形式参数）及其类型组成。函数类型为函数返回值的类型。例如：

```
int add(int x,int y)
```

表示自定义了一个名为 add 的函数，函数的类型为 int（整型），该函数有两个形式参数 x、y，类型均为 int（整型）。

主函数 main()是一个特殊的函数，可看作是由操作系统调用的一个函数，其返回值是 int 类型，如果程序正常执行，则返回 0。函数参数可以没有，但函数名后面的括号不能省略。

② 函数体。函数说明后用花括号括起来的部分称为函数体。例如：

```
{    int z;                        //变量定义
     z=x+y;                        //执行语句
     return z;
}
```

如果一个函数内有多对花括号，则最外层的一对花括号为函数体的范围。通常函数体由变量定义和执行语句两部分组成。例如，int z;为变量定义，z=x+y;和 return z;为函数执行语句。在某些情况下可以没有变量定义，甚至可以既无变量定义又无执行语句（空函数）。例如：

```
void dump(void )
  {   }
```

（3）在 C++中，每条执行语句和变量定义必须以分号结束。例如：

```
int z;   z=x+y ;
```

（4）C++程序的书写格式。C++程序的书写格式比较自由，一行内可以写多条语句（语句之间用";"隔开），一条语句也可以分成几行来写。例如：

```
int add(int x,int y)
  {   int z;   z=x+y;   return z;}   //将三条语句写在一行内
```

为了便于程序的阅读、修改和相互交流。程序的书写必须符合以下基本规则。

① 同层次语句必须从同一列开始书写，同层次的开花括号必须与对应的闭花括号在同一列上。

② 属于内一层次的语句，必须缩进几个字符，通常缩进两个、四个或八个字符。

③ 任一函数的定义均从第一列开始书写。

（5）C++的输入/输出。C++没有专门的输入/输出语句，输入/输出操作是通过输入/输出流（cin/cout）来实现的。C++默认的标准输入设备是键盘，可形象地将 cin 理解为键盘。因此，cin>>a>>b;表示用键盘输入变量 a 和 b。C++默认的标准输出设备是显示器，可形象地将 cout 理解为显示器。因此，cout<<"Sum="<<sum<<endl;表示将字符串"Sum="与变量 sum 的值输出到显示器上。

（6）C++严格区分字母的大小写。例如，int a,A;语句表示定义两个不同的变量 a 和 A。

（7）C++注释。在 C++程序的任何位置都可以插入注释信息。注释方法有两种，一种方法是用"/*"和"*/"把注释内容括起来，它可以用在程序中的任何位置。例如：

  /*求两个整数的和程序*/

另一种方法是用"//"字符，它表示从此开始到本行结束为注释内容。例如：

  //说明变量 a、b、sum 为整型数

（8）编译预处理命令。以"#"开头的行称为编译预处理命令。例如，#include <iostream> 表示本程序包含头文件 iostream。

（9）使用命名空间 std 的说明。using namespace std;说明使用命名空间 std。

上述有关函数、输入/输出流等概念会在以后的章节中进行详细介绍。C++程序的基本结构可用图 1.1 表示。

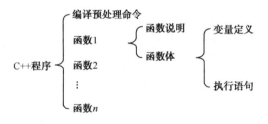

图 1.1　C++程序的基本结构

# 1.4　C++上机操作

## 1.4.1　C++程序的开发步骤

C++是一种编译性的语言，在设计好一个 C++源程序后，需要经过编译、连接，生成可执行的程序文件，然后执行并调试程序。一个 C++程序的开发可分成如下几步。

（1）分析问题。根据实际问题，分析需求，确定解决方法，并用适当的工具描述它。

（2）编辑程序。编写 C++源程序，并利用一个编辑器将源程序输入计算机的某一个文件中。源程序文件的扩展名为.cpp。

（3）编译程序。编译源程序，生成目标程序。目标程序文件的扩展名为.obj。

（4）连接程序。将一个或多个目标程序与库函数进行连接，生成一个可执行文件。可执行文件的扩展名为.exe。

（5）运行调试程序。运行可执行文件，分析运行结果。若有错误，则进行调试修改。

在编译、连接和运行程序各过程中,都有可能出现错误,此时需要修改源程序,并重复以上步骤,直到得出正确的结果。

## 1.4.2　C++程序的上机操作方法

VC++为用户开发 C++程序提供了一个集成环境,这个集成环境包括源程序的输入和编辑、源程序的编译和连接、程序运行时的调试和跟踪、工程的自动管理、为程序的开发提供的各种工具,并具有窗口管理和联机帮助等功能。

使用 VC++集成环境上机调试程序可分成如下几步:进入 VC++集成环境;生成工程;生成和编辑源程序,把一个或多个源程序加入各自的文件中;将源程序文件加入工程中;根据需要改变工程的设置;编译、连接和运行程序。下面以例 1.1 为例来说明 C++程序的上机操作方法,程序的文件名为example1_1.cpp。

### 1. 启动 VC++

当在桌面上建立 VC++的图标后,可通过双击该图标启动 VC++;若没有建立相应的图标,则可以通过菜单方式启动 VC++,即单击"开始"菜单,选择"程序"命令,选择"Microsoft Visual Studio 6.0"选项启动 VC++。VC++启动成功后,将打开如图 1.2 所示的 VC++集成环境。

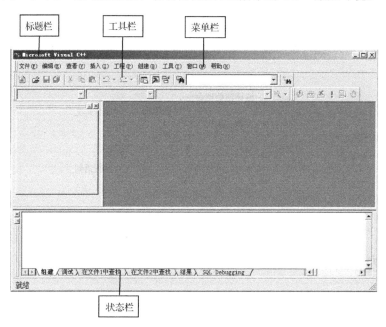

图 1.2　VC++集成环境

VC++集成环境是一个组合窗口。窗口的第一部分为标题栏;第二部分为菜单栏,其中包括"文件""编辑""查看""插入""工程""组建""工具""窗口""帮助"菜单;第三部分为工具栏,其中包括常用的工具按钮;第四部分为状态栏,其中包括几个子窗口。

### 2. 生成工程

通常使用工程(项目)的形式来控制和管理 C++程序文件,C++的工程中存放着特定程序的全部信息,包含源程序文件、库文件、建立程序所用的编译器和其他工具的清单。C++的工程以工程文件的形式存储在磁盘上。

生成工程的操作步骤如下。

（1）选择 VC++集成环境中的"文件"菜单中的"新建"命令，弹出"新建"对话框。

（2）打开"新建"对话框中的"工程"选项卡，如图 1.3 所示，以便生成新的工程。在生成新工程时，系统会自动生成一个工程工作区，并将新生成的工程加入该工程工作区中。

图 1.3 "新建"对话框中的"工程"选项卡

（3）在工程类型清单中，选择"Win32 Console Application"工程，表示要生成一个 Windows 32 位控制台应用程序的工程。

（4）在"位置"文本框中输入存放工程文件的文件夹路径，如 E:\C++。

（5）在"工程名称"文本框中输入工程名，如 example1_1。

（6）"平台"选区中的"Win 32"复选框，表示要开发 32 位的应用程序。

（7）单击"确定"按钮。这时就生成了一个工程文件。系统会自动加上文件扩展名.dsw。例如，系统在文件夹 E:\C++\example1_1 中生成了一个工程文件 example1_1.dsw。

### 3．生成 C++源程序文件并将其加入工程文件中

操作步骤如下。

（1）选择"文件"菜单中的"新建"命令，弹出"新建"对话框。

（2）打开"新建"对话框中的"文件"选项卡，如图 1.4 所示。

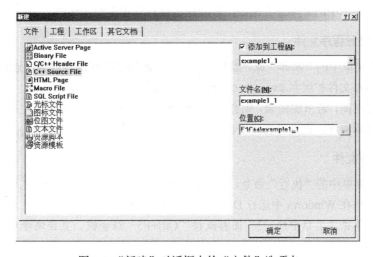

图 1.4 "新建"对话框中的"文件"选项卡

（3）在文件类型清单中，选择"C++ Source File"工程，表示要生成一个C++源程序。

（4）在"文件名"文本框中输入 C++源程序的文件名。系统会自动添加文件扩展名.cpp，如 example1_1.cpp。

（5）若"添加到工程"复选框没有被选中，则勾选该复选框，表示系统要将指定的源程序文件加入当前的工程文件中。

（6）单击"确定"按钮。这时就生成了一个新的 C++源程序文件，并已被加入当前的工程文件中，打开如图 1.5 所示的窗口。

图 1.5 "新建"文件窗口

该窗口有三个子窗口，左边的子窗口为工程工作区窗口；右边的子窗口为源程序编辑窗口，用于输入或编辑源程序；下边的子窗口为信息输出窗口，用来显示出错信息或调试程序的信息。

### 4．输入和编辑 C++源程序

在源程序编辑窗口中输入例 1.1 中的源程序代码，如图 1.5 所示。

### 5．保存 C++源程序文件

选择"文件"菜单中的"保存"命令，将源程序保存到相应的文件中。

### 6．编译和连接源程序文件

选择"组建"菜单中的"编译"或"组建"命令，对源程序进行编译或编译连接，生成可执行文件。系统会自动添加文件扩展名.exe，如 example1_1.exe。

在编译和连接期间，若出现错误，则会在信息输出窗口中显示出错或警告信息。改正错误后，重新编译或编译连接源程序，直到没有错误。

### 7．运行可执行文件

选择"组建"菜单中的"执行"命令，在 VC++集成环境的控制下运行程序。被启动的程序在控制台窗口运行，这与在 Windows 中运行 DOS 程序的窗口类似。

**注意**：也可以单击工具栏中的"！"图标或按"Ctrl+F5"组合键，直接编译与运行源程序。

### 8. 打开已存在的工程文件

可采用以下两种方法打开已存在的工程文件。

（1）选择"文件"菜单中的"打开工作空间"命令，然后在弹出的对话框中选择要打开的工程文件。

（2）选择"文件"菜单中的"最近的工作空间"命令，然后选择相应的工程文件。

**注意**：在调试一个应用程序时，VC++集成环境一次只能打开一个工程文件。当一个程序调试完成，要开始输入另一个程序时，必须先关闭当前的工程文件，然后为新的源程序建立一个新的工程文件。关闭当前的工程文件的方法是：选择"文件"菜单中的"关闭工作空间"命令。

### 9. 退出 VC++集成环境

选择"文件"菜单中的"退出"命令，可以退出 VC++集成环境。

# 本 章 小 结

### 1. C++程序的基本结构

（1）C++程序通常由一个或多个函数组成，函数是构成 C++程序的基本单位。C++程序中有且只有一个主函数 main()，一个 C++程序总是从主函数开始执行的。

（2）C++函数由函数说明和函数体两部分组成。函数说明部分包括函数名、函数类型、函数参数（形式参数）及其类型。其中函数类型可以省略，函数参数可以没有，但函数名后面的括号不能省略。

函数体一般包括变量定义和执行语句两部分，并且该部分内容需用花括号括起来。

**注意：**

（1）C++中的每条语句和数据说明必须以分号结束，分号是 C++语句的必要组成部分。

（2）C++语言没有专门的输入/输出语句，输入/输出操作是通过输入/输出流（cin/cout）来实现的。

（3）程序的书写必须规范，以便于程序的阅读、修改和相互交流。

（4）在 C++中，严格区分字母的大小写。

（5）在 C++程序的任何位置都可以插入注释信息。

### 2. C++程序的开发步骤

一个 C++程序的开发过程可分成如下几步。

（1）分析问题。

（2）编辑程序，生成扩展名为.cpp 的 C++源程序文件。

（3）编译程序，生成扩展名为.obj 的目标程序文件。

（4）连接程序，生成扩展名为.exe 的可执行文件。

（5）运行调试程序。

# 习 题

1.1 简述 C++语言程序的结构特点。

1.2 简述 C++程序的开发步骤。

1.3 编写 C++程序要注意哪些问题？

1.4 C++源程序文件的扩展名是什么？

1.5 设计一个 C++程序，输出以下信息：

```
**************
    Hello！
**************
```

1.6 设计一个 C++程序，输入三名学生的成绩，并求其总成绩。

1.7 设计一个 C++程序，输入 a、b 两个整数，并用 sub()函数求两数之差。

# 第 2 章

# 数据类型和表达式

本章知识点导图

通过本章的学习，应理解 C++中关键字和标识符的概念，掌握标识符的命名方法。理解 C++中数据类型的种类，掌握基本数据类型的使用方法，理解常量和变量的概念，掌握常量的分类、用法，以及变量的说明、赋初值的方法。理解运算符的优先级和结合性的概念，掌握算术运算符、赋值运算符、自增/自减运算符、关系运算符、逻辑运算符、逗号运算符、复合赋值运算符、数据类型长度运算符的使用，以及由它们构成的表达式的写法和求值方法。掌握使用 cout 和 cin 进行简单的输入和输出的方法。

在 C++中，表达式是由常量、变量、函数等用运算符连接而成的式子。例如，表达式 x*x+2*x - 1.5 +sin(x) 是由常量 2 与 1.5、变量 x、函数 sin(x)用运算符 "*" "+" "−" 连接而成的。要掌握 C++中表达式的使用，必须先了解 C++中与常量、变量、运算符有关的概念。常量分为整数、实数、字符等类型，如整数常量 2，实数常量 1.5 等；同样，变量也分为整数、实数、字符等类型，因此在介绍表达式之前，先介绍 C++中数据类型、常量、变量、运算符的概念，然后介绍表达式的概念。本章内容包括数据类型、常量、变量、运算符和表达式，以及简单的输入和输出。

## 2.1 数据类型

由第 1 章可知，C++函数体由变量定义与执行语句两部分组成。例如：

```
#include <iostream>
using namespace std;
```

```
int main( )
{    int a,b,sum;
     char c;
     float x, y;
     cout << "Input a,b:";
     cin >> a >> b;
     sum = a + b;
     cout << "Sum=" << sum << endl;
     return 0;
}
```

其中，变量定义 int a,b,sum; 将 a、b、sum 定义为整型变量，char c; 将 c 定义为字符型变量，float x,y; 将 x、y 定义为实型变量；执行语句用于进行数据的输入、计算与输出。C++为何要定义变量，即定义变量的目的是什么。现介绍如下。

### 1．C++定义变量的目的

（1）为变量分配存储空间。例如，系统为整型变量 a 分配 4B 的存储空间，而为字符型变量 c 分配 1B 的存储空间，为实型变量 x 分配 4B 的存储空间，如图 2.1 所示。

（2）规定变量可以适用的运算。例如，对整型变量可以进行求余运算，而对实型变量则不能进行求余运算。

只有通过变量定义，给变量分配存储空间，并规定其可以适用的运算，即给变量规定数据类型，变量才能参与各种程序的操作运算。

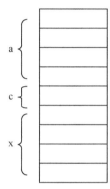

图 2.1　变量内存分配

### 2．数据类型分类

在 C++中，数据类型分为两大类：基本类型和导出类型，如图 2.2 所示。

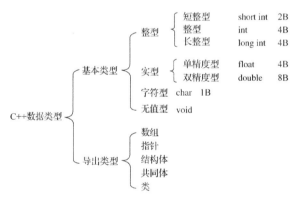

图 2.2　C++的数据类型

基本类型是 C++中预定义的数据类型，所用的定义符号与存储空间占用字节数如图 2.2 所示。导出类型是用户根据程序设计的需要，按 C++的语法规则由基本类型构造的数据类型。本节只介绍基本类型，导出类型会在后面有关章节中进行介绍。

字符型用来存放一个 ASCII 字符或存放一个 8 位的二进制数；整型用来存放一个整数，其所占字节数随不同型号的计算机而异，可以占用 2B 或 4B（在 32 位的计算机上占用 4B）；实型（分为单精度型和双精度型）用来存放实数。

对于字符型，可分为无符号型和有符号型；对于整型，可分为长整型和短整型、有符号长整型和有符号短整型、无符号长整型和无符号短整型；对于实型、可分为单精度型和双精度型。这些类型可通过在基本类型前面加上以下几个修饰词组合而成：

| | |
|---|---|
| signed | 有符号型 |
| unsigned | 无符号型 |
| long | 长型 |
| short | 短型 |

例如，unsigned char 为无符号字符型；long int 为长整型；unsigned short int 为无符号短整型；long double 为长双精度型。

当用上述 4 个修饰词来修饰 int 时，关键字 int 可以省略。例如，long 等同于 long int，unsigned 等同于 unsigned int；另外，在 C++ 中，无修饰词的 int 和 char，编译系统认为它是有符号的，相当于加了修饰词 signed。

这些修饰词与基本类型组合后的数据类型，如表 2.1 所示。

表 2.1　C++ 中的基本数据类型

| 数 据 类 型 | 名　　称 | 占用字节数 | 取 值 范 围 |
|---|---|---|---|
| char(signed char) | 字符型（有符号字符型） | 1 | $-128 \sim 127$ |
| unsigned char | 无符号字符型 | 1 | $0 \sim 255$ |
| short(signed short) | 短整型（有符号短整型） | 2 | $-32\,768 \sim 32\,767$ |
| unsigned short | 无符号短整型 | 2 | $0 \sim 65\,535$ |
| int(signed) | 整型（有符号整型） | 4 | $-2^{31} \sim (2^{31}-1)$ |
| unsigned int | 无符号整型 | 4 | $0 \sim (2^{32}-1)$ |
| long int(signed long) | 长整型（有符号长整型） | 4 | $-2^{31} \sim (2^{31}-1)$ |
| unsigned long | 无符号长整型 | 4 | $0 \sim (2^{32}-1)$ |
| float | 单精度型 | 4 | $-10^{38} \sim 10^{38}$ |
| double | 双精度型 | 8 | $-10^{308} \sim 10^{308}$ |
| long double | 长双精度型 | 8 | $-10^{308} \sim 10^{308}$ |

在 C++ 中，有符号整数在计算机内是以二进制补码形式存储的，其最高位为符号位，"0" 表示正，"1" 表示负；无符号整数只能是正数，在计算机内是以绝对值形式存储的。

## 2.2　常量和变量

### 2.2.1　常量

在程序执行过程中，其值不能被改变的量称为常量。根据基本数据类型，常量可分为整型常量、实型常量、字符型常量、字符串常量 4 种。

**1. 整型常量**

整型常量，即整数。在 C++ 中，整数可用十进制整数、八进制整数、十六进制整数 3 种形式表示。

（1）十进制整数。除表示正负号的符号外（"+" 号可省略），以 1～9 开头的整数为十进制整数，如 123，-456。

（2）八进制整数。以 0 开头的整数为八进制整数，如 0123，0367。

（3）十六进制整数。以 0X 或 0x 开头的整数为十六进制整数，如 0X123，0x1ABF，0XABF2。

（4）长整型数与无符号整型数。以 L 或 l 结尾的整数为长整型数，如 123L，0456l，0X5AL；以 U 或 u 结尾的整数为无符号整型数，如 23U，0456u，0X3BU；以 UL（或 ul）或 LU（或 lu）结尾的整数为无符号长整型数，如 24UL，0X95LU。

**说明**：当没有明确指定某常数为长整型数或无符号长整型数时，编译时由编译系统根据常数的大小自动识别。

### 2．实型常量

实型常量，即实数，在 C++中，它又被称为浮点数。在 C++中，实数可用以下两种形式来表示。

（1）十进制小数形式（又称定点数、日常记数法）。它由数字 0～9、小数点、正负号组成，如 0.123，.123，123.0，123.，0.0，-56.。

**注意**：必须要有小数点。当整数（或小数）部分为 0 时，整数（或小数）部分可省略。

（2）指数形式（又称浮点数、科学计数法）。它以 10 的多少次方表示，由数字、小数点、正负号、E（e）组成。例如，5E6，6.02e-3，-1.0e8，3.0e-4，分别表示 $5 \times 10^6$，$6.02 \times 10^{-3}$，$-1.0 \times 10^8$，$3.0 \times 10^{-4}$。

**注意**：字母 E（e）的前后必须要有数字，且 E（e）后面的指数必须为整数。

### 3．字符型常量

用单引号引起来的单个字符称为字符型常量，如'a', 'x', 'D', '?', '$', ' ', '3'。

**注意**：C++的字符型常量只能为单个字符，对于字母字符，区分大小写。字符型常量只能用单引号引起来，而不能用双引号。

字符型常量在计算机内是采用该字符的 ASCII 码值来表示的，其数据类型为 char 型。

字符型常量有两种表示形式，即普通字符和转义字符。

（1）普通字符，即可显示字符，如'a', 'A', '#', ' ', '0'。

（2）转义字符，即以反斜杠"\"开头，后面跟一个字符或一个字符的 ASCII 码值的形式来表示一个字符。

在"\"后面跟一个字符常用来表示一些控制字符。例如，\n 可以用来表示换行符。

若"\"后面跟一个字符的 ASCII 码值，则必须是一个字符的 ASCII 码值的八进制数形式或十六进制数形式，取值范围必须为 0～255，表示形式为\ddd，\xhh。其中，ddd 表示三位八进制数、hh 表示两位十六进制数。例如，\101，\x41，都可以用来表示字母 A。

普通字符用来表示可显示字符；转义字符可用来表示任一字符。控制字符或不可以通过键盘输入的字符只能用转义字符来表示；但可显示字符直接用单引号引起来会更加直观。

C++中预定义的转义字符及其含义如表 2.2 所示。

表 2.2　C++中预定义的转义字符及其含义

| 转 义 字 符 | 名　　　称 | 功能或用途 |
| --- | --- | --- |
| \a | 响铃符 | 用于输出 |
| \b | 退格符（"Backspace"键） | 用于退回一个字符 |
| \f | 换页符 | 用于输出 |
| \n | 换行符 | 用于输出 |
| \r | 回车符 | 用于输出 |
| \t | 水平制表符（"Tab"键） | 用于制表 |
| \v | 纵向制表符 | 用于制表 |
| \\ | 反斜杠符 | 用于输出或在文件的路径名中使用 |
| \' | 单引号 | 用于输出单引号 |
| \" | 双引号 | 用于输出双引号 |

例如，有下列程序段：

```
cout<<"ab\tcd\n";
cout<<"ef\t\bgh\n";
```

第一条语句表示先在第 1 行的第 1 列输出 a，第 2 列输出 b。\t 用于制表，即跳到下一个制表位置，一个制表区占 8 列，即下一个制表位置从第 9 列开始，因此在第 9 列输出 c，第 10 列输出 d。\n，即换行，就是将当前位置移到下一行的开头。第二条语句表示先在第 2 行的第 1 列输出 e，第 2 列输出 f。\t 表示当前位置跳到第 9 列，\b 的作用是退格，即当前位置退到第 8 列，因此在第 8 列输出 g，第 9 列输出 h，最后为\n，进行换行，将当前位置移到下一行的开头准备下一次输出。最终运行结果为：

```
ab      cd
ef      gh
```

**注意**：对于反斜杠、单引号、双引号字符，尽管它们既可显示又可通过键盘输入，但由于它们在 C++中有特殊的用法（"\"表示转义字符，"'"表示字符常量，"""表示字符串常量），所以当它们作为字符型常量出现时，也要用转义字符形式来表示。例如，双引号字符表示为\"。字符常量的表示方法可归纳为如图 2.3 所示的形式，由图 2.3 可知，字母 A 的表示方法有三种：'A'、'\101'、'\x41'。

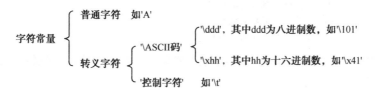

图 2.3　字符常量的表示方法

### 4. 字符串常量

用双引号引起来的若干字符称为字符串常量（简称字符串），如"How do you do!"，"China"，"a"，"$123.45"。

**注意**：字符常量和字符串常量的区别如下。

（1）字符常量为单个字符，字符串常量可以是多个字符。

（2）分界符不同，字符常量为单引号，字符串常量为双引号。

（3）字符串常量的结尾有一个字符串结束标志，而字符常量没有。

在 C++中，每个字符串在结尾会自动加一个字符串结束标志，以便系统据此判断字符串是否结束。C++规定以字符'\0'（空操作）作为字符串结束标志。例如，"China"在内存中的存储方式如图 2.4 所示。又如，"a"是一个字符串常量，'a'是一个字符常量；因此两者在内存中的存储方式不同，"a"占用 2B（'a'与'\0'），而'a'只占用 1B（'a'）。

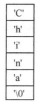

当双引号作为字符串中的一个字符时，必须采用转义字符表示法；而当单引号作为字符串中的一个字符时，可直接出现在字符串中，也可以采用转义字符表示法。例如：

图 2.4　"China"在内存中的存储方式

```
"\"Beijing\""，"Mark's"，"Mark\'s"
```

## 2.2.2 变量

在程序的执行过程中，其值可以改变的量称为变量。变量必须用标识符来命名。变量根据其取值的不同可分为不同的类型：整型变量、实型变量、字符型变量、指针型变量等。对于任何一个变量，编译程序都要为其分配若干字节的内存单元，以存储变量的值。当要改变变量的值时，将新值存放到变量的内存单元中即可；当要用变量的值时，从变量内存单元中取出数据即可。不管什么类型的变量，通常都必须先定义后使用。

### 1．变量定义

在 C++中，变量定义也称为变量说明，变量定义的一般格式为：

〔存储类型〕<类型> <变量名 1>〔,<变量名 2>,…,<变量名 *n*>〕;

其中，用"〔〕"括起来的是可选择部分，用"<>"括起来的是一个语法单位，"…"表示该部分可以多次重复，以后均采用这种表示方法。存储类型为变量的存储类型（会在第 5 章中介绍）；类型是变量的数据类型，它可以是 C++中预定义的数据类型，也可以是用户自定义的数据类型；变量名是用户给变量起的名字，用标识符作为变量的名字。例如：

```
int    a,b;              //定义了两个整型变量 a、b
float x,y;               //定义了两个实型变量 x、y
char c;                  //定义了一个字符型变量 c
```

在上述定义中，int、float、char 分别是整型、实型、字符型数据类型的关键字；a、b、x、y、c 是变量名的标识符。

### 2．关键字

关键字（保留字）是 C++中一批具有特定含义和用途的英文单词。C++中共有 48 个关键字，可以分成说明符、类型说明符、访问说明符、语句、标号、运算符等，如 auto、int、private、if、case 、new 等，详见附录 A。用户不能使用关键字作为标识符。

### 3．标识符

标识符是用来标识变量名、符号常量名、函数名、类型名、文件名等实体名字的有效字符序列。标识符只能由字母、数字和下画线 3 种字符组成，且第一个字符必须是字母或下画线。例如，下面的字符序列都符合标识符的定义，可以用作标识符：

Average      Value      length      Class_1

而下面的字符序列都不符合标识符的定义，不可以用作标识符：

```
6book                   //不能以数字开头
#abc                    //不能使用符号#
s4.6                    //不能使用小数点
if                      //if 为关键字，不能用作标识符
```

对于标识符，还需注意以下几点。

（1）标识符中的字母。在 C++中，大写字母和小写字母被认为是两个不同的字符。例如，BOOK 和 book 被认为是两个不同的标识符。

（2）标识符的有效长度。在 C++中，一个有效的标识符的长度为 1～247。当一个标识符的长度超过 247 时，前面的 247 个字符有效，其余字符无效。

（3）标识符的命名方法。通常，为了增强程序的可读性，应使用表示标识符含义的英文单词（或其缩写）或汉语拼音来命名标识符。例如，用 Average 表示平均值。

在 C++中，变量定义是作为变量定义语句来处理的。因此，变量定义语句可以出现在程序中语句可以出现的任何位置。对同一个变量只能进行一次定义性说明。改变一个变量的值，称为对变量进行赋值；取一个变量的值，称为对变量进行使用。只要对变量进行了定义性说明，就可以多次使用该变量。

### 4．变量赋初值

当首次使用一个变量时，该变量应有一个初值。在 C++中，可用以下两种方法给变量赋初值。

（1）在定义变量时直接赋初值。例如：

```
int    a=3,b=4;          //定义整型变量a、b，并使它们的初值分别为3、4
float   x=3.5;           //定义实型变量x，并使它的初值为3.5
char   c='a';            //定义字符型变量c，并使它的初值为'a'
```

（2）使用赋值语句赋初值。例如：

```
int n;
float e;
n=10;                    //使变量n的值为10
e=2.718;                 //使变量e的值为2.718
```

# 2.3  运算符和表达式

在 C++中，表达式是由常量、变量、函数等用运算符连接而成的式子，2.2 节已介绍了常量与变量，而函数会在第 5 章中讲述。因此，在讲解表达式前先对运算符进行介绍。本节介绍算术运算符，赋值运算符、自增/自减运算符、关系运算符、逻辑运算符、逗号运算符，以及由它们构成的相应的表达式。

## 2.3.1  算术运算符和算术表达式

### 1．算术运算符

基本算术运算符有：

```
+            加法运算符、正值运算符
–            减法运算符、负值运算符
*            乘法运算符
/            除法运算符
%            求余运算符（求模运算符）
```

加法、减法、乘法、除法、求余运算符都是双目运算符（又称为二元运算符），要求有两个操作对象（操作数）；正值、负值运算符是单目运算符（又称为一元运算符），只需要一个操作对象（操作数）。在 C++中，除法运算比较复杂，大致有以下 3 种情况。

（1）两个整数相除（/）得到整数商，如 3/4=0。

（2）两个整数相余（%）得到余数，如 3%4=3。

（3）整数与实数相除（/）得到双精度小数，如 3/4.0=0.75。

### 2．算术表达式

（1）算术表达式。用算术运算符和括号将运算对象连接起来的符合 C++语法规则的式子称为 C++

的算术表达式。运算对象可以是常量、变量或函数等，如 a*b/c-1.5+'a'+2*sin(x)。

对于上面的算术表达式，先进行什么运算，后进行什么运算，是运算符的优先级与结合性要解决的问题。

（2）算术运算符的优先级。算术运算符的优先级从高到低的次序是"±"→"*""/""%"→"+""−"，即正值与负值运算符优先级最高，然后按先乘除后加减的优先级排序。其中"→"左边运算符的优先级高于右边运算符的优先级。在对表达式求值时，如果表达式中包含多个运算符，则应按运算符的优先级从高到低依次执行。例如：

a−b*c                   //先进行"*"运算，再进行"−"运算

可使用括号改变运算符的优先级，此时应先计算括号内的表达式，再计算括号外的表达式。

在对表达式求值时，若一个操作对象两侧的运算符的优先级相同，那么先进行什么运算，后进行什么运算，是运算符结合性要解决的问题。

（3）算术运算符的结合性。结合性有以下两种。

① 左结合性：操作对象先与左面的运算符结合，即从左到右进行运算。

② 右结合性：操作对象先与右面的运算符结合，即从右到左进行运算。

算术运算符的结合性为左结合性（从左到右运算）。例如，有算术表达式 a−b+c，由于操作对象 b 两侧的运算符"−"与"+"的优先级相同，根据算术运算符的左结合性，操作对象 b 先与左面的运算符"−"结合，所以先进行"−"运算，再进行"+"运算。

### 3．不同类型数据混合运算时的数据类型转换

在 C++中，允许整型、实型、双精度型、字符型等不同类型的数据进行混合运算，如 10+'a'+1.5-8765.1234*'b'。

在进行运算时，不同类型的运算对象要先转换成同一类型，再进行运算。数据类型的转换有两种方式：自动类型转换和强制类型转换。

（1）自动类型转换。转换规则为：

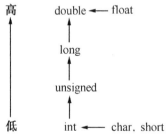

其中，横向向左的箭头表示运算时必须进行的转换；纵向向上的箭头表示当操作对象为不同类型时转换的方向。

**注意**：纵向箭头的方向只表示数据类型级别的高低，由低级向高级转换，不能理解为 int 型首先转换成 unsigned 型，其次转换成 long 型，最后转换成 double 型。例如，有变量定义：

```
int        i=1;
float      f=1.0;
double     d=4.0;
long       e=2L;
```

则对于表达式 10+'a'+i*f-d/e，按算术运算符的优先级和结合性的次序进行，具体求值过程如下。

① 将'a'→int（ASCII 码值为 97），10+'a'=10+97=107，运算结果为整型数 107，10+'a'+i*f–d/e =
107+i*f–d/e。

② 将 i、f→double，i*f=1.0*1.0=1.0，运算结果为双精度型数 1.0，107+i*f–d/e=107+1.0–d/e。

③ 将 107→double，107.0+1.0=108.0，107+1.0–d/e=108.0–d/e。

④ 将 e→double，d/e=4.0/2.0=2.0，运算结果为双精度型数 2.0，108.0–d/e=108.0–2.0。

⑤ 计算 108.0–2.0，运算结果为双精度型数 106.0。

其中，"→"表示类型转换。

**注意**：上述类型转换都是由系统自动进行的，不需要人工干预，并且只是在运算时对转换对象的运算值进行转换，而该对象在内存单元中的内容和类型并没有改变。

（2）强制类型转换。强制类型转换的格式为：

（<类型>）<表达式>

或

<类型>（<表达式>）

表示先求出表达式的值，然后由系统强制性地将该值的类型转换为由类型名指定的数据类型。例如：

```
int a=12;
double b;
float x=1.2,y=3.4;
b=(double)a;              //将整型变量 a 的值强制转换成双精度型 12.0，并赋给 b
a=int(x+y);              //将实型变量 x、y 的和 4.6 强制转换成整型数 4，并赋给 a
a=(int)x%(int)y;          //将实型变量 x、y 的值转换成整型后求余（1%3=1），并赋给 a
```

上述强制类型转换也只是在运算时对转换对象的运算值进行转换，而该对象在内存单元中的内容和类型并没有改变。强制类型转换的优先级高于基本算术运算的优先级。

## 2.3.2 赋值运算符和赋值表达式

### 1．赋值运算符"="

赋值运算符"="的作用是将一个数值或一个表达式的值赋给一个变量。例如：

```
a=10                     //将 10 赋给变量 a
x=a+10                   //首先将变量 a 的值加 10，然后赋给变量 x
```

赋值运算符具有计算和赋值双重功能，即先计算表达式的值，再将该值赋给指定的变量。

### 2．赋值表达式

用赋值运算符将一个变量和一个表达式连接起来的式子称为赋值表达式，如 a=b+5。

（1）赋值表达式定义格式。赋值表达式定义格式如下：

<变量>= <表达式>

赋值表达式的求解过程为：先求出赋值运算符右侧表达式的值，然后将该值赋给赋值运算符左侧的变量。左侧变量的值就是整个赋值表达式的值。例如：

```
a=3+5                    //a=8，整个赋值表达式的值是 8
a=a+1                    //a=a+1=8+1=9，整个赋值表达式的值是 9
a=a–1                    //a=a–1=9–1=8，整个赋值表达式的值是 8
```

（2）允许赋值运算符右侧的表达式是另一个赋值表达式。例如，a=(b=5)，则 b 的值为 5，赋值表达式 b=5 的值为 5，a 的值也为 5，即整个赋值表达式的值为 5。

（3）赋值运算符的优先级与结合性。赋值运算符的优先级低于算术运算符的优先级，其结合性为右结合性，即从右到左进行运算。例如：

```
a=b=c=5                    //该表达式等价于 a=(b=(c=5))，得 a、b、c 的值均为 5
                           //整个表达式的值为 5
a=5+(c=6)                  //先进行 c=6 的赋值运算，得 c 的值为 6
                           //再进行 a=5+6 的赋值运算，得 a 的值为 11，整个表达式的值为 11
a=(b=4)+(c=6)              //b 的值为 4，c 的值为 6，得 a 的值为 10，整个表达式的值为 10
```

赋值表达式 a=a+1 的作用是将变量 a 的值加 1，赋值表达式 a=a-1 的作用是将变量 a 的值减 1。C++为方便用户完成对变量进行加 1 与减 1 的运算，提供了变量自增和自减运算符。

**3．赋值运算时数据类型的转换**

在进行赋值运算时，若赋值运算符右侧表达式的值的数据类型与其左侧变量数据类型不一致但类型兼容（可进行类型转换），那么系统将会自动进行数据类型转换。类型转换的一般原则为：将赋值运算符右侧表达式的值转换为赋值运算符左侧变量所属的类型，若右侧表达式的值在转换后超出了左侧变量的取值范围，则赋值结果错误。例如：

```
int    i,j,k;
float  f,g,h;
i=1;j=2;f=1.2;g=3.4;
h=i*j;                     //i*j 的值为 2，转换成实数 2.0 赋给 h，h 的值为 2.0
k=f*g;                     //f*g 的值为 4.08，转换成整数 4 赋给 k，k 的值为 4
```

## 2.3.3  自增/自减运算符

**1．自增运算符"++"**

（1）自增运算符"++"的作用是使变量的值加 1。

（2）自增运算符为单目运算符，只需要一个操作对象。

（3）自增运算符有前置和后置两种形式。

① 前置运算为先自加后引用。例如：

```
++i                        //表示先使 i 加 1，后引用 i
```

② 后置运算为先引用后自加。例如：

```
i++                        //表示先引用 i，后使 i 加 1
```

例如，设有如下程序段：

```
int i=3,j=3,m,n;
m=++i;                     //先将变量 i 自加为 4，然后将自加后的值（4）赋给 m
n=j++;                     //先将变量 j 的值（3）赋给变量 n，然后将 j 自加为 4
```

则 m 的值为 4，i 的值为 4，n 的值为 3，j 的值为 4。

**2．自减运算符"--"**

（1）自减运算符"--"的作用是使变量的值减 1。

（2）自减运算符为单目运算符，只需要一个操作对象。

（3）自减运算符有前置和后置两种形式。

① 前置运算为先自减后引用。例如：

|  --i | //表示先使 i 减 1，后引用 i |

② 后置运算为先引用后自减。例如：

| i-- | //表示先引用 i，后使 i 减 1 |

例如，设有如下程序段：

```
int i=3,j=3,m,n;
m=--i;                        //先将变量 i 自减为 2，然后将自减后的值（2）赋给 m
n=j--;                        //先将变量 j 的值（3）赋给变量 n，然后将 j 自减为 2
```

则 m 的值为 2，i 的值为 2，n 的值为 3，j 的值为 2。

**注意**：自增运算符（++）和自减运算符（--）的操作对象只能是变量，不能是常量和表达式，且变量的数据类型通常为整型。

### 3. 自增/自减运算符的优先级

自增运算符（++）和自减运算符（--）的优先级高于基本算术运算符的优先级，与正值、负值运算符（+、-）的优先级相同。

## 2.3.4 关系运算符和关系表达式

### 1. 关系运算符

（1）关系运算符有 6 种，分别是：>（大于）、>=（大于或等于）、<（小于）、<=（小于或等于）、==（等于）、!=（不等于）。

（2）关系运算符的作用：用于比较两个操作对象的大小，比较结果用逻辑值"真"或"假"来表示。

（3）逻辑值：在 C++中，用数字 1 表示"真"，用数字 0 表示"假"。例如，若 x=9，y=3，则 x>y 为真，运算结果为 1；而 x<y 为假，运算结果为 0。

（4）关系运算符的优先级：关系运算符的优先级低于算术运算符的优先级，高于赋值运算符的优先级。优先级由高到低的次序为：自增/自减运算符→算术运算符→>、>=、<、<= → ==、!= →赋值运算符（=）。

（5）关系运算的结果可作为一个整数参与表达式的运算。例如：

```
int a=3,b=5,y;
y=a<b+3;
```

按优先级次序（"+" → "<" → "="），y=a<b+3 等价于 y=(a<(b+3))，因此 y=1。

（6）关系运算符具有左结合性。C++允许用户进行如 3<x<6 的运算，当 x=5 时，3<x<6 应为多少？

按左结合性，3<x<6 应先进行 3<x 的比较，结果为 1（真），再进行 1<6 的比较，结果为 1（真）。

（7）关系运算符都是双目运算符，要求有两个操作对象。

### 2. 关系表达式

用关系运算符将两个操作对象连接起来的式子称为关系表达式。例如，5>3，x+5<y-3。

关系表达式的值是一个逻辑值，即真或假，用 1 或 0 来表示，代表关系表达式成立或不成立。

例如，关系表达式 5>3 成立，即真，其值为 1。

当 x=1，y=2 时，由于"+"优先级高于"<"，所以 x+5<y-3 等价于（1+5）<（2-3），

即 6<-1，该式不成立，即"假"，其值为 0。

问题：能否用关系表达式 3<=x<=6 来判断 x 是否在闭区间[3,6]内？

假设 x=7，按左结合性，应先进行 3<=x 的比较，结果为 1（真），然后进行 1<=6 的比较，结果为 1（真），即关系表达式 3<=x<=6 的值为 1，这说明 x 在闭区间[3,6]内。但事实上 x=7 并不在闭区间[3,6]内。问题出在第一个关系运算 3<=x 得到结果为 1，再用 1 与 6 比较得出真。由此可见，在判断变量是否在某范围内时，不能用数学中的关系表达式来判断，而要用"3<=x 且 x<=6"这样的逻辑表达式来判断。

## 2.3.5　逻辑运算符和逻辑表达式

### 1. 逻辑运算符

（1）逻辑运算符有三个，分别是逻辑与"&&"、逻辑或"||"、逻辑非"!"。

① 逻辑与"&&"是双目运算符，要求有两个操作对象。当两个操作对象的值均为真时，逻辑与运算的结果为真，其值为 1；否则为假，其值为 0。逻辑与的记忆口诀为：全真为真，有假为假。例如：

x && y　　　　　　　　//若 x、y 都为真，则 x && y 为真，其值为 1

又如，当 x=7 时，3<=x && x<=6。该表达式等价于（3<=x）&&（x<=6），即（3<=7）&&（7<=6），得 1 && 0，结果为 0，表达式为假。这表明 x 不在闭区间[3,6]内。

② 逻辑或"||"也是双目运算符，要求有两个操作对象。当两个操作对象的值均为假时，逻辑或运算的结果为假，其值为 0；否则为真，其值为 1。逻辑或的记忆口诀为：全假为假，有真为真。例如：

x || y　　　　　　　　//若 x、y 都为假，则 x || y 为假，其值为"0"

③ 逻辑非"!"是单目运算符，只要求有一个操作对象。当操作对象的值为真时，逻辑非运算的结果为假，其值为 0；否则为真，其值为 1。例如：

! x　　　　　　　　　//若 x 为真，则! x 为假，其值为 0

（2）逻辑运算符的优先级：逻辑运算符中逻辑非"!"的优先级最高，逻辑与"&&"次之，逻辑或"||"最低。例如：

a && b || !c　　　　　　//首先进行! 运算，其次进行&&运算，最后进行||运算

逻辑运算符中的逻辑与"&&"和逻辑或"||"的优先级低于关系运算符的优先级，但高于赋值运算符的优先级；逻辑非"!"的优先级高于算术运算符的优先级。逻辑运算符与算术、关系、赋值等运算符之间的优先级关系为：()→单目运算符（!、+、-、类型转换）→算术运算符（*、/、%→+、-）→关系运算符（>、>=、<、<= → ==、!=）→逻辑运算符（&&→||）→赋值运算符（=）

（3）逻辑运算符的结合性：逻辑与"&&"和逻辑或"||"具有左结合性，而逻辑非"!"则具有右结合性。

### 2. 逻辑表达式

（1）逻辑表达式的定义。用逻辑运算符将操作对象连接起来的式子称为逻辑表达式。逻辑表达式的值是一个逻辑值，即真或假，用 1 或 0 来表示。例如：

逻辑表达式 5>3 && 3>1　结果为真，即值为 1；

逻辑表达式 5<3 || 3<1，结果为假，即值为 0。

逻辑运算的结果也可作为一个整数参与表达式的运算。

（2）操作对象逻辑值的表示方法。在 C++中，1 代表真，0 代表假；但在判断一个操作对象逻辑

值时，以非 0 作为真，以 0 作为假。例如，在逻辑表达式 3 && 5>3 中，逻辑与 "&&" 左侧的 3 表示真，右侧关系表达式 5>3 为真，因此逻辑与的结果为真，即值为 1。

（3）"&&" 运算符具有左结合性，当 "&&" 左侧表达式为 0 时，逻辑值也为 0，因此不再对右侧的表达式进行计算。例如：

```
x=3,y=4
z=x>y && (y=5)
```

根据优先级，上述表达式的执行次序是，先计算 "&&" 左侧的关系表达式 x>y，因为 3>4 不成立，为假，所以表达式的值为 0，逻辑表达式 x>y &&(y=5) 的逻辑值为 0。此时，不再对右侧的赋值表达式 y=5 进行计算。因此，运算结果是 x=3、y=4、z=0。

（4）"||" 运算符具有左结合性，当 "||" 左侧表达式为 1 时，逻辑值为 1，因此不再对右侧的表达式进行计算。例如：

```
x=4,y=3
z=x>y || (y=5)
```

根据优先级，上述表达式的执行次序是，先计算 "||" 左侧的关系表达式 x>y，因为 4>3 成立，为真，所以表达式的值为 1，逻辑表达式 x>y || (y=5) 的逻辑值为 1。此时，不再对右侧的赋值表达式 y=5 进行计算。因此，运算结果是 x=4、y=3、z=1。

【例 2.1】 设有如下变量定义：

```
int a=10,b=20,c=5;
float x=10.5,y=20.5;
```

求下列逻辑表达式的值：

```
a<b && x>y || a<b-!c
```

上式的求值顺序为：首先求出 a<b 的值为 1，x>y 的值为 0，1&&0 的值为 0，其次求出!c 的值为 0，再次求出 b-0 的值为 20，然后求出 a<20 的值为 1，最后求出 0||1 的值为 1。因此整个表达式的值为 1。

【例 2.2】 写出判断字符型变量 c 中的字符是否为字母的逻辑表达式。

判断字符型变量 c 中的字符是否为字母，要分解为判断字符型变量 c 中的字符是否为小写字母和判断字符型变量 c 中的字符是否为大写字母两种情况。判断字符型变量 c 中的字符为小写字母的条件是'a'<=c 且 c<='z'，即'a'<=c && c<='z'。判断字符型变量 c 中的字符为大写字母的条件是'A'<=c 且 c<='Z'，即'A'<=c && c<='Z'。两个条件中只要有一个成立即可，因此逻辑表达式为：

```
'a'<=c && c<='z' || 'A'<=c && c<='Z'
```

【例 2.3】 已知年份（year），要求写出判断年份是否为闰年的逻辑表达式。

判断闰年的条件是：year 能被 400 整除或 year 能被 4 整除且不能被 100 整除。因此逻辑表达式为：

```
year % 400==0 || year % 4==0 && year % 100!=0
```

## 2.3.6 逗号运算符和逗号表达式

### 1. 逗号运算符

在 C++中，逗号 "," 可作为运算符，称为逗号运算符。

### 2. 逗号表达式

用逗号运算符将多个表达式连接起来的式子称为逗号表达式。逗号表达式的格式为：

> <表达式 1>,<表达式 2>,…,<表达式 *n*>

逗号表达式的求解过程为：按从左到右的顺序依次求出各表达式的值，并把最后一个表达式的值作为整个逗号表达式的值。

### 3. 逗号运算符的优先级

逗号运算符的优先级是最低的。例如，有变量定义：

> int    b=1,c=2,d=3;

则逗号表达式：

> a=4+4,b=b*b+c,d=d*a+b

的求值过程为：先将 8 赋给 a，再将 3（1*1+2=3）赋给 b，最后一个表达式 d=3*8+3=27，则整个逗号表达式的值为 27。

**注意**：并非所有逗号都是用来构成逗号表达式的。例如：

max(a+b,c−d)

其中，"a+b,c−d"并不是一个逗号表达式，而是 max()函数的两个参数，此时，逗号用来分隔两个参数。

已介绍过的基本运算符的优先级从高到低依次为：()→单目运算符（!、+、−、类型转换）→算术运算符（*、/、%→+、−）→关系运算符（>、>=、<、<= → ==、!=）→逻辑运算符（&&→‖）→赋值运算符（=）→逗号运算符（,）。

## 2.3.7  复合赋值运算符

### 1. 复合赋值运算符及其表达式

在 C++中，所有双目算术运算符均可与赋值运算符组成一个单一的运算符，这种运算符称为复合赋值运算符。它们是：+=（加等），−=（减等），*=（乘等），/=（除等），%=（求余等）。例如：

```
a+=3              //相当于 a=a+3
x*=y+8            //相当于 x=x*(y+8)
x%=3             //相当于 x=x%3
```

使用复合赋值运算符不仅可以简化表达式的书写形式，还可以提高表达式的运算速度。

### 2. 赋值表达式可包含复合赋值运算符

例如，表达式 a+=a−=a*a，若 a 的初值为 12，该赋值表达式的运算过程如下。

（1）先进行 a−=a*a 的运算，它相当于 a=a−a*a，即 a=12−12*12=12−144=−132，得 a 的值为−132，即表达式 a−=a*a 的值为−132。

（2）再进行 a+=−132 的运算，它相当于 a=a+（−132），即 a=−132+（−132），得 a 的值为−264。因此整个表达式的值为−264。

## 2.3.8  数据类型长度运算符（sizeof 运算符）

sizeof 运算符用于计算某种类型的操作对象在计算机中所占的存储空间的字节数。sizeof 运算符的使用格式为：

> sizeof（<类型>）

或

> sizeof（<表达式>）

运算结果为"类型"所指定的数据类型或"表达式"的结果类型所占的字节数。例如：

```
sizeof(float)        //值为 4
sizeof(4+10)         //值为 4
sizeof(char)         //值为 1
```

**注意：**在计算过程中，并不对括号内表达式本身求值。

在 C++中，还有一种位运算符，由于篇幅关系，此处不再介绍。

## 2.4　简单的输入和输出

在程序执行期间，把程序从外部接收数据的操作称为程序的输入，把程序向外部发送数据的操作称为程序的输出。C++中没有专门的输入/输出语句，所有的输入/输出操作都是通过输入/输出流来实现的。这里的输入指的是将通过键盘输入的数据赋给变量，而输出指的是将程序运行的结果发送给显示器并显示。在 C++中，输入操作是通过输入流来实现的，而输出操作是通过输出流来实现的。当使用 C++提供的输入/输出流时，必须在程序的开头增加一行：

```
#include <iostream>
```

即包含输入/输出流的头文件 iostream。

C++提供的输入/输出流有很强的输入/输出功能，极为灵活方便，但使用比较复杂。本节介绍最基本的数据输入/输出方法。有关输入/输出流的概念会在第 12 章中进行介绍。

### 2.4.1　数据输出 cout

在 C++中，当要输出表达式的值时，可使用 cout 来实现，其一般格式为：

```
cout<<表达式 1〔<<表达式 2<<表达式 3…<<表达式 n〕;
```

其中，"<<"称为插入运算符，它将紧跟其后的表达式的值输出到显示器当前光标的位置。例如，设有如下程序片段：

```
int a=2,b=3;
char c='x';
cout<<"a="<<a<<'\t'<<"b="<<b<<'\n';
cout<<"c="<<c<<'\n';
```

则执行后显示器上显示：

```
a=2          b=3
c=x
```

首先原样输出"a="，输出变量 a 的值，输出横向制表符，即跳到下一个制表位；其次原样输出"b="，输出变量 b 的值，输出一个换行符，即换行；然后原样输出"c="，按字符形式输出字符变量 c 的值；最后输出一个换行符，表示后面的输出从下一行开始。

当用 cout 输出多个数据时，在默认情况下，是按每个数据的实际长度输出的，并且在每个输出的数据之间没有分隔符。例如，设有如下程序片段：

```
int i=10,j=20,k=30;
float x=3.14159,y=100;
cout<<i<<j<<k<<'\n';
cout<<x<<y<<'\n';
```

则执行后的输出结果为：

```
102030
3.14159100
```

显然，根据上述输出结果，无法分清每个变量的输出值。为了区分输出的数据项，在每个输出数据之间要输出分隔符。分隔符可以是空格、制表符或换行符等。例如，上面的输出语句可改为：

```
cout<<i<<'\t'<<j<<'\t'<<k<<'\n';
cout<<"x="<<x<<'\t'<<"y="<<y<<'\n';
```

则执行后输出结果为：

```
10          20          30
x=3.14159          y=100
```

### 2.4.2  数据输入 cin

在 C++程序执行期间，当要给变量输入数据时，可使用 cin 来实现，其一般格式为：

> cin>>变量名 1〔>>变量名 2>>变量名 3 … >>变量名 $n$〕;

其中，">>"称为提取运算符，表示将暂停程序的执行，等待用户通过键盘输入相应的数据。在提取运算符后只能跟一个变量名，">>变量名"可以重复多次，即可给一个变量输入数据，也可给多个变量输入数据。例如，有下列程序片段，可通过键盘给变量输入数据：

```
int i,j;
float x,y;
char c;
cin>>i>>j;
cin>>x>>y;
cin>>c;
```

则在程序运行期间，当执行到 cin 时，等待用户通过键盘输入数据。若输入：

```
40   50<CR>
10.5   20.6<CR>
a<CR>
```

即将整数 40 赋给变量 i，将 50 赋给变量 j；将实数 10.5 赋给变量 x，将 20.6 赋给变量 y；将字符'a'赋给变量 c，其中<CR>代表"Enter"键。

需要输入数据的变量的数据类型可以是整型、实型和字符型。在输入数据时，各数据之间要用分隔符隔开，分隔符可以是一个或多个空格，也可以是"Enter"。按"Enter"键的作用是：一方面，告诉 cin 已输入一行数据，cin 开始从输入行中提取输入的数据，并依次将所提取的数据赋给 cin 中所列举的变量；另一方面，作为输入数据之间的分隔符。当 cin 遇到"Enter"键时，若仍有变量没有得到数据，则继续等待用户输入新一行数据。当 cin 遇到"Enter"键时，若输入行中的数据没有被提取完，则可给其他变量赋值。例如，在上例中，数据输入的方法可以是：

```
40   50   10.5   20.6   a<CR>
```

也可以是：

```
40<CR>
50<CR>
10.5<CR>
20.6<CR>
a<CR>
```

**注意**：通过键盘输入数据的个数、类型、顺序，必须与 cin 列举的变量一一对应。

## 2.4.3 简单的输入/输出格式控制

当用 cin 和 cout 进行数据的输入和输出时，无论处理的是什么类型的数据，都能够自动按照正确的默认格式对数据进行处理。但在实际应用中这还不够，经常需要设置特殊的输入/输出数据格式。设置输入/输出数据格式有很多方法，这里只介绍最简单的格式控制方法。

C++中预定义了一些格式控制函数，可以直接嵌入 cin 和 cout 中实现对输入/输出数据格式的控制，如表 2.3 所示。

表 2.3 C++中预定义的格式控制函数

| 格式控制函数名 | 功 能 | 适用输入/输出流 |
|---|---|---|
| dec | 设置为十进制数 | 输入/输出流 |
| hex | 设置为十六进制数 | 输入/输出流 |
| oct | 设置为八进制数 | 输入/输出流 |
| ws | 提取空白字符 | 输入流 |
| endl | 插入一个换行符（相当于'\n'） | 输出流 |
| ends | 插入一个空白字符 | 输出流 |
| setprecision(int) | 设置定点数和浮点数的有效小数位数 $n$，或数据总位数（不包括小数点） | 输出流 |
| setw(int) | 设置域宽 | 输出流 |

在使用这些格式控制函数时，必须在程序的开头包含 iomanip 文件，即增加一行：

```
#include <iomanip>
```

例如，有如下程序：

```
#include <iostream>
#include <iomanip>
using namespace std;
int main( )
{    int a=256,b=128;
     double c=12.3456;
     cout<<setw(8)<<a<<"b="<<b<<"c="<<c<<endl;
     cout<<hex<<a<<"b="<<dec<<b<<endl;
     cout<<setw(10)<<setprecision(4)<<c<<endl;
     return 0;
}
```

则程序运行后，输出：

```
     256b=128c=12.3456
100b=128
     12.35
```

**说明：**

（1）当指明用一种进制输入/输出数据时，对其后的输入/输出均有效，直到指明以另一种进制输入/输出数据。

（2）八进制数或十六进制数的输入/输出，只适用于整型数据，不适用于实型数据和字符型数据。

（3）域宽设置函数 setw(int)仅对其后的一个输出项有效。

（4）实数的输出位数设置函数 setprecision(int)对其后的所有输出项都有效，直到再一次设置。

# 本 章 小 结

### 1．关键字和标识符

关键字是 C++中保留自用的英文单词，不能另作他用。

标识符用于表示常量名、变量名、函数名、类型名等。由字母、下画线和数字组成，且必须以字母或下画线开头。

### 2．数据类型

数据类型分为基本数据类型和导出数据类型。基本数据类型是 C++中预定义的数据类型，包括整型（int）、实型（float）、字符型（char）和无值型（void）。导出数据类型是用户自定义的类型，包括数组、指针、结构体、共同体和类。

### 3．常量和变量

（1）常量。在程序执行中，其值不变的量称为常量。常量按其数据类型可以分为整型常量、实型常量、字符型常量和字符串常量 4 种。

（2）变量。在程序执行中，其值可改变的量称为变量。变量必须先定义后使用。变量定义的一般格式为：

〔存储类型〕<类型> <变量名 1> 〔,<变量名 2>,…,<变量名 *n*>〕;

在定义变量的同时，可给它赋初值。

### 4．运算符和表达式

（1）表达式：用运算符将常量、变量、函数等连接起来的式子称为表达式。

（2）运算符：分为算术运算符、赋值运算符、自增/自减运算符、关系运算符、逻辑运算符、逗号运算符、复合赋值运算符和数据类型长度运算符等。

（3）优先级：运算符的优先级从高到低依次为()→单目运算符（！、+、−、类型转换）→算术运算符（*、/、%→+、−）→关系运算符（>、>=、<、<= → ==、!=）→逻辑运算符（&&→||）→赋值运算符（=）→逗号运算符（,）。

（4）结合性：有左结合性（从左到右运算）与右结合性（从右到左运算）两种。已介绍过的双目运算符、逗号运算符具有左结合性，单目运算符与赋值运算符具有右结合性。

（5）数据类型转换：有自动类型转换与强制类型转换两种。

### 5．简单输入和输出

（1）数据输出 cout。在 C++程序中，输出表达式的值可用 cout 实现，其一般格式为：

cout<<表达式 1〔<<表达式 2 <<表达式 3 <<… <<表达式 *n*〕;

其中，"<<"称为插入运算符。

（2）数据输入 cin。在 C++程序执行期间，给变量输入数据可用 cin 实现，其一般格式为：

cin>>变量名 1〔>>变量名 2>>变量名 3>>…>>变量名 *n*〕;

其中，">>"称为提取运算符。

（3）数据输入与输出必须包含输入/输出流的头文件 iostream，即在程序开始处写入文件包含命令：

#include <iostream >

## 6. 本章重点、难点

**重点**：C++中的数据类型，各类运算符与表达式。

**难点**：运算符的优先级、结合性，不同数据类型的相互转换，表达式的综合运算。

# 习　　题

2.1　简述标识符的定义。指出下列用户自己定义的标识符中哪些是合法的？哪些是非法的？如果是非法的，为什么？

| xy | Book | 3ab | x_2 | switch | integer |
| page-1 | _name | MyDesk | #NO | y.5 | char |

2.2　C++语言中有哪些数据类型？

2.3　什么是常量？什么是变量？

2.4　下列常量的表示在 C++中是否合法？若合法，指出常量的数据类型；若非法，指出原因。

| -123 | 0321 | .567 | 1.25e2.4 | 32L |
| '\t' | "Computer" | 'x' | "x" | '\85' |

2.5　字符常量与字符串常量有什么区别？

2.6　求出下列算术表达式的值。

（1）x+a%3*(int)(x+y)%2/4　　　　　　　　设 x=2.5，y=4.7，a=7

（2）(float)(a+b)/2-(int)x%(int)y　　　　　　设 a=2，b=3，x=3.5，y=2.5

（3）'a'+x%3+5/2-'\24'　　　　　　　　　　设 x=8

2.7　写出以下程序的运行结果。

```
#include <iostream>
using namespace std;
int main( )
{    int i,j,m,n;
     i=8;j=10;
     m=++i;n=j++;
     cout<<i<<'\t'<<j<<'\n';
     cout<<m<<'\t'<<n<<'\n';
     return 0;
}
```

2.8  将下列数学表达式写成 C++中的算术表达式。

（1）$\dfrac{a+b}{x-y}$ 　　　　　　　　　　（2）$\sqrt{p(p-a)(p-b)(p-c)}$

（3）$\dfrac{\sin x}{2m}$ 　　　　　　　　　　（4）$\dfrac{a+b}{2}h$

2.9  在 C++语言中，如何表示真和假？系统如何判断一个量的真和假？

2.10  设有变量定义：

```
int  a=3,b=2,c=1;
```

求出下列表达式的值。

（1）a>b　　　　（2）a<=b　　　　（3）a!=b　　　　（4）(a>b)==c

（5）a-b==c

2.11  设有变量定义：

```
int  a=3,b=1,x=2,y=0;
```

求出下列表达式的值。

（1）(a>b) && (x>y) 　　　　　　　（2）a>b && x>y

（3）(y||b) && (y||a) 　　　　　　　（4）y||b && y||a

（5）!a || a>b

2.12  设有变量定义：

```
int  w=3,x=10,z=7;
char  ch='D';
```

求出下列表达式的值。

（1）w++||z++ 　　　　　　　　　（2）!w>z

（3）w && z 　　　　　　　　　　（4）x>10 || z<9

（5）ch>='A' && ch<='Z'

2.13  设有语句：

```
int a=5,b=6,c;
c=!a&&b++;
```

执行以上语句后，求变量 a、b、c 的值。

2.14  设 a、b 的值分别为 6、7，指出分别运算下列表达式后 a、b、c、d 的值。

（1）c=d=a 　　　　　　　　　　（2）b+=b

（3）c=b/=a 　　　　　　　　　　（4）d=(c=a/b+15)

2.15  设 a、b、c 的值分别为 5、8、9，指出分别运算下列表达式后 x、y 的值。

（1）y=(a+b,b+c,c+a) 　　　　　　（2）x=a,y=x+b

2.16  设计一个程序，通过键盘输入一个圆的半径，并求其周长和面积。

2.17  设计一个程序，通过键盘输入一个小写字母，并将它转换成大写字母。

2.18  通过键盘输入一个三位数 abc，从左到右用 a、b、c 表示各位数字，现要求依次输出从右到左的各位数字，即输出另一个三位数 cba。例如，输入 123，输出 321，试设计程序。（算法提示：a=n/100,b=(n-a*100)/10,c=(n-a*100)%10,m=c*100+b*10+a。）

# 实　　验

## 1．实验目的

（1）掌握用 VC++集成开发环境编辑源程序的方法。

（2）掌握在 VC++集成开发环境中编译、调试与运行程序的方法。

（3）理解数据类型、变量、运算符、表达式的概念。

（4）学会使用 cin 进行数据输入。

（5）学会使用算术表达式、关系表达式、赋值表达式完成数据处理工作。

（6）学会使用 cout 进行数据输出。

## 2．实验内容

（1）设计一个 C++程序，输出以下信息：

```
***************
        Hello！
***************
```

（2）设计一个 C++程序，输入三位职工的工资，并求工资总额。

实验数据：1500，2000，2500。

（3）设计一个程序，通过键盘输入一个矩形的长与宽，并求其周长和面积。

实验数据：50，40。

（4）设计一个程序，输入一个华氏温度值，要求输出其对应的摄氏温度值。温度转换公式为：c=(f−32)*5/9。

实验数据：33。

（5）通过键盘输入一个四位整数 n=abcd，从左到右用 a、b、c、d 表示各位数字，现要求依次输出从右到左的各位数字，即输出另一个四位整数 m=dcba，试设计程序。

实验数据：1234。

## 3．实验要求

（1）编写实验程序。

（2）在 VC++运行环境中输入源程序。

（3）编译运行源程序。

（4）输入测试数据进行程序测试。

（5）写出运行结果。

# 第3章

# 程序结构和流程控制语句

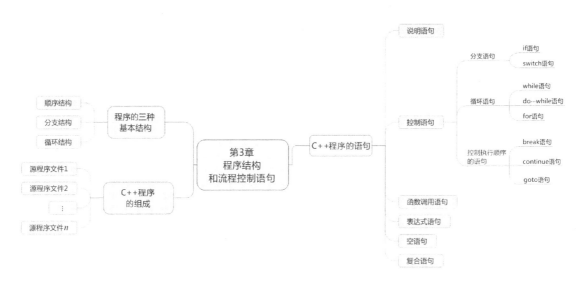

本章知识点导图

通过本章的学习，应掌握程序的三种基本结构，即顺序结构、分支结构和循环结构；掌握 C++中实现这三种基本结构的控制语句的格式、功能和执行过程；能使用这些控制语句编写具有顺序、分支和循环三种基本结构的程序。

## 3.1 程序的三种基本结构和语句

### 3.1.1 程序的三种基本结构

尽管 C++是面向对象的程序设计语言，但组成 C++程序的函数仍是由若干基本结构组合而成的。每种基本结构可以包含一条或多条语句。程序有三种基本结构，即顺序结构、分支结构和循环结构。

#### 1. 顺序结构

按程序中语句的顺序依次执行的结构称为顺序结构，它是最简单的一种基本结构，如图 3.1 所示。在图 3.1 中，按语句的顺序，先执行 $S_1$ 操作，再执行 $S_2$ 操作。图 3.1（a）为顺序结构流程图，图 3.1（b）为其 N-S 流程图。

#### 2. 分支结构

在两种可能的操作中按一定条件选取一个执行的结构称为分支结构，如图 3.2 所示。在图 3.2 中，当条件 B 成立（真）时，执行 $S_1$ 操作，否则执行 $S_2$ 操作。图 3.2（a）为分支结构流程图，图 3.2（b）

为其 N-S 流程图。

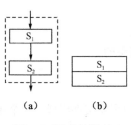

图 3.1　顺序结构

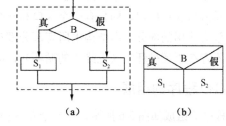

图 3.2　分支结构

由分支结构可以派生一种多分支结构，如图 3.3 所示。在图 3.3 中，依次判断条件 $B_i$（$i=1, 2, \cdots, n$）是否成立，当 $B_i$ 成立时，就执行相应的 $S_i$ 操作；当所有条件都不成立时，就执行 $S_{n+1}$ 操作。

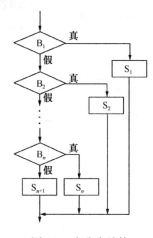

图 3.3　多分支结构

**3．循环结构**

循环结构有两种形式，即当型循环结构和直到型循环结构。

（1）当型循环结构。当某条件成立时，重复执行一个操作，直到条件不成立的结构称为当型循环结构，如图 3.4 所示。图 3.4（a）为当型循环结构流程图，图 3.4（b）为其 N-S 流程图。在图 3.4 中，当条件 B 成立（真）时，重复执行 S 操作，直到条件 B 不成立（假）时才停止执行 S 操作，转而执行其他操作。

（2）直到型循环结构。重复执行一个操作，直到某条件不成立的结构称为直到型循环结构，如图 3.5 所示。图 3.5（a）为直到型循环结构流程图，图 3.5（b）为其 N-S 流程图。在图 3.5 中，先执行 S 操作，再判断条件 B 是否成立，若条件 B 成立（真），则再次执行 S 操作，如此重复，直到条件 B 不成立（假）时停止执行 S 操作，转而执行其他操作。

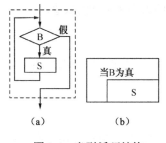

图 3.4　当型循环结构

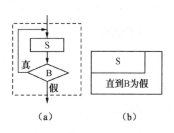

图 3.5　直到型循环结构

**说明**：在其他语言（如 Pascal）中，也有以条件 B 为真作为退出循环的条件的直到型循环结构。

三种基本结构都具有以下共同特征。

（1）单入口和单出口，即只有一个入口和一个出口。

（2）没有无用的部分，即结构中所有部分都有被执行的机会。

（3）不存在"死循环"（无终止的循环），即执行时间是有限的。

### 3.1.2　C++程序的组成

C++程序的组成如图 3.6 所示，即一个 C++程序可以由若干源程序文件组成，一个源程序文件可以由若干函数和编译预处理命令组成，一个函数由函数说明和函数体组成，函数体由变量定义和若干执行语句组成。语句是组成程序的基本单元。

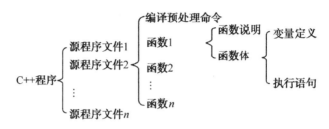

图 3.6　C++程序的组成

### 3.1.3　C++程序的语句

C++程序的语句可以分成以下六大类。

#### 1．说明语句

在 C++中，把对数据类型的定义和描述、对变量和符号常量的定义性说明统称为说明语句。例如：

　　　int　a,b,c;　　　　　　　　　　　　　//定义整型变量 a、b、c

说明语句在程序的执行过程中，并没有对数据进行操作，而是仅向编译系统提供一些说明性的信息。例如，定义变量语句 int　a,b,c;告诉编译系统为变量 a、b、c 各分配 4B 的存储空间用于存放变量的值。在 C++中，说明语句作为语句来对待，它可以出现在函数中允许出现语句的任何位置，也可以出现在函数定义外。

#### 2．控制语句

完成一定控制功能的语句（有可能改变程序执行顺序的语句）称为控制语句。控制语句包括条件语句、开关语句、循环语句、转向语句、从函数返回语句等。例如：

　　　if (x>y) z=x; else z=y;

该条件语句表示若 x>y，则 z=x，否则 z=y。根据 x、y 值的大小决定 z 的取值。

#### 3．函数调用语句

在一次函数调用后加一个分号构成的语句称为函数调用语句。例如，例 1.3 中的 add(a,b);，其中，add(a,b)为求 a、b 两个变量的和的函数。

#### 4．表达式语句

在一个表达式的后面加一个分号构成的语句称为表达式语句。例如，由一个赋值表达式加一个分号构成一条赋值表达式语句：

> y=x*x+2*x-1.5+sin(x);

### 5. 空语句

只有一个分号的语句称为空语句，即：

> ;

空语句不做任何操作，主要用于指明被转向的控制点或在特殊情况下作为循环语句的循环体。

### 6. 复合语句

用花括号把一条或多条语句括起来后构成的语句称为复合语句（语句块）。C++把复合语句作为一条语句来处理，复合语句可以出现在允许出现一条语句的任何位置。复合语句中的左花括号表明复合语句的开始，右花括号表明复合语句的结束，右花括号后不再需要分号。例如：

> {t=a;a=b;b=t;}

复合语句主要用在控制语句中。

程序的三种基本结构都是通过语句来实现的。由于顺序结构比较简单，已在第 2 章中有所介绍，所以下面只介绍能实现分支结构、循环结构的分支语句和循环语句。

## 3.2  分支语句

分支语句用于实现分支结构程序设计。分支语句分为两路分支结构和多路分支结构两种，两路分支结构可用 if 语句实现，多路分支结构可用嵌套的 if 语句和 switch 语句实现。

### 3.2.1  if 语句

if 语句即条件语句，它根据给定的条件决定执行两个分支程序段中的某一个分支程序段。

#### 1. if 语句的三种形式

C++中的 if 语句有以下三种形式。

（1）单选 if 语句。单选 if 语句的格式为：

> if(<表达式>)
>     <语句>

单选 if 语句的执行流程为：当表达式的值为真（非 0）时，执行语句；否则不执行语句，如图 3.7 所示。图 3.7（a）为单选 if 语句流程图，图 3.7（b）为其 N-S 流程图。

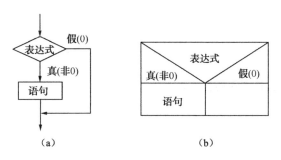

（a）                （b）

图 3.7  单选 if 语句执行流程图

**说明：**

① 表达式一般为关系表达式或逻辑表达式，但也可为其他表达式，必须用一对圆括号"()"括起来。

② 语句可以是单条语句，也可以是多条语句（此时必须用花括号"{}"将多条语句括起来，构成一条复合语句）。

**【例3.1】** 输入两个整数 a 和 b，并输出其中较大的一个数。

求两个数中较大值的流程图如图3.8所示。

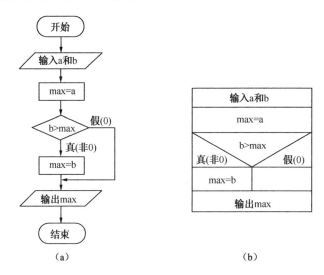

图3.8　求两个数中较大值的流程图

程序如下：

```cpp
#include <iostream>
using namespace std;
int main( )
{
    int a,b,max;
    cout<<"Input a,b:";
    cin>>a>>b;
    max=a;
    if (b>max)
        max=b;
    cout<<"max="<<max<<endl;
    return 0;
}
```

程序执行后显示：

```
Input a,b: 3        8
max=8
```

（2）双选 if 语句。双选 if 语句的格式为：

```
if (<表达式>)
    <语句 1>
else
    <语句 2>
```

双选 if 语句的执行流程为：当表达式的值为真（非 0）时，执行语句 1；否则执行语句 2，如图 3.9 所示。图 3.9（a）为双选 if 语句流程图，图 3.9（b）为其 N-S 流程图。

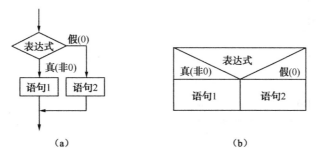

（a）　　　　　　　　　　（b）

图 3.9　双选条件语句执行流程图

【例 3.2】　输入两个整数 a 和 b，输出其中较大的一个数。

求两个数中较大值的流程图如图 3.10 所示。

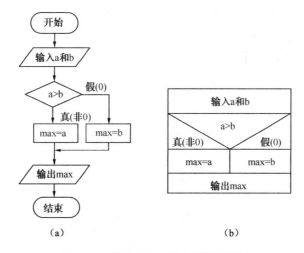

（a）　　　　　　　　　　（b）

图 3.10　求两个数中较大值的流程图

程序如下：

```
#include <iostream>
using namespace std;
int main( )
{    int a,b,max;
     cout<<"Input a,b:";
     cin>>a>>b;
     if (a>b)
         max=a;
     else
         max=b;
     cout<<"max="<<max<<endl;
     return 0;
}
```

程序执行后显示：

```
Input a,b: 3        8
max=8
```

（3）多选 if 语句。多选 if 语句的格式为：

```
if (<表达式 1>)
    <语句 1>
else    if (<表达式 2>)
    <语句 2>

else    if (<表达式 3>)
    <语句 3>
     ...
else    if (<表达式 n-1>)
    <语句 n-1>
else
    <语句 n>
```

【例 3.3】　设有下列分段函数：

本题微课视频

$$y = \begin{cases} x+1 & x<0 \\ x^2-5 & 0 \leqslant x<10 \\ x^3 & x \geqslant 10 \end{cases}$$

编一程序，输入 $x$，并输出 $y$ 的值。

分段函数流程图如图 3.11 所示。

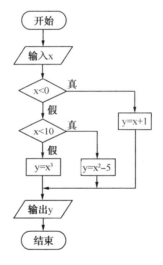

图 3.11　分段函数流程图 1

程序如下：

```
#include <iostream>
using namespace std;
int main( )
{    float x,y;
     cout<<"Input x:";
     cin>>x;
     if (x<0)
         y=x+1;
     else    if (x<10)
         y=x*x-5;
     else
         y=x*x*x;
```

```
        cout<<"y="<<y<<endl;
        return 0;
    }
```

程序执行后显示:

```
    Input x: 3
    y=4
```

## 2. if 语句的嵌套

一个 if 语句中包含一个或多个 if 语句的情况称为 if 语句的嵌套，其一般格式为:

```
    if(<表达式 1>)
       if(<表达式 2>)
          <语句 1>
       else
          <语句 2>
    else
       if(<表达式 3>)
          <语句 3>
       else
          <语句 4>
```

【例 3.4】 设有下列分段函数:

$$y = \begin{cases} x+1 & x<0 \\ x^2-5 & 0 \leqslant x<10 \\ x^3 & x \geqslant 10 \end{cases}$$

编一程序，输入 $x$，并输出 $y$ 的值。

分段函数流程图如图 3.12 所示。

程序如下:

```
    #include <iostream>
    using namespace std;
    int main( )
    {   float x,y;
        cout<<"Input x:";
        cin>>x;
        if (x>=0)
           if (x>=10)
              y=x*x*x;
           else
              y=x*x-5;
        else
           y=x+1;
        cout<<"y="<<y<<endl;
        return 0;
    }
```

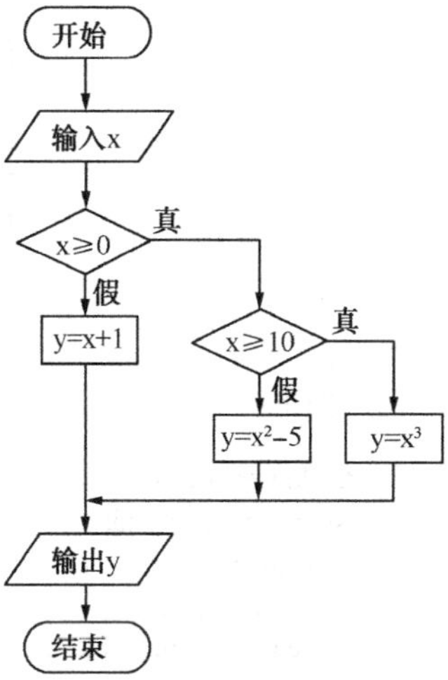

图 3.12　分段函数流程图 2

程序执行后显示:

```
    Input x:-3
    y=-2
```

在该程序中，内层的 if 语句嵌套在外层的 if 语句的 if 部分。

if 语句在嵌套使用时，应当注意 else 与 if 的配对关系。C++规定：else 总是与其前面最近的还没有配对的 if 进行配对。例如：

```
if(<表达式 1>)
  if(<表达式 2>)
    <语句 1>
  else
    <语句 2>
```

等价于：

```
if(<表达式 1>)
  {if(<表达式 2>)
    <语句 1>
  else
    <语句 2>
  }
```

如果要改变这种约定，则应用花括号构成复合语句。例如：

```
if(<表达式 1>)
  {if(<表达式 2>)
    <语句 1>
  }
else
  <语句 2>
```

此时，else 与第一个 if 配对。

【例 3.5】 求三个整数 a、b、c 中的最大者，a、b、c 由键盘输入。

求三个数中最大数的 N-S 流程图如图 3.13 所示。

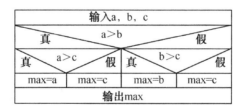

图 3.13 求三个数中最大数的 N-S 流程图

程序如下：

```
#include <iostream>
using namespace std;
int main( )
{    int a,b,c,max;
     cout<<"Input a,b,c:";
     cin>>a>>b>>c;
     if (a>b)
       if (a>c)
          max=a;
       else
          max=c;
     else
       if (b>c)
          max=b;
```

```
        else
            max=c;
        cout<<"max="<<max<<endl;
        return 0;
    }
```

程序执行后显示：

```
Input a,b,c:    1    4    5
max=5
```

## 3.2.2  条件运算符和条件表达式

C++中提供了一个条件运算符 "? :"，它是三目运算符（三元运算符），即要求有三个操作对象。由条件运算符构成的条件表达式的一般格式为：

　　　　<表达式 1>?<表达式 2>:<表达式 3>

条件运算符的执行过程为：先计算表达式 1 的值，如果表达式 1 的值为非 0（真），则计算表达式 2 的值，条件表达式的值就是表达式 2 的值；如果表达式 1 的值为 0（假），则计算表达式 3 的值，条件表达式的值就是表达式 3 的值。其中，表达式 1 一般为关系表达式或逻辑表达式，但也可以为其他表达式。

当 if 语句的两个分支中都执行给同一个变量赋值的赋值语句时，可以用条件表达式来代替 if 语句，因此也可以用条件表达式构成分支结构程序。

【例 3.6】　输入两个整数 a 和 b，输出其中较大的一个数。

程序如下：

```
#include <iostream>
using namespace std;
int main( )
{   int a,b,max;
    cout<<"Input a,b:";
    cin>>a>>b;
    max=(a>b)?a:b;
    cout<< "max="<< max<<endl;
    return 0;
}
```

程序执行后显示：

```
Input a,b:9    4
max=9
```

条件运算符的优先级高于赋值运算符和逗号运算符的优先级，低于算术运算符、关系运算符和逻辑运算符的优先级。因此，赋值表达式 m=(a>b)?a:b 中的括号可以省略，即可写成 m=a>b?a:b。

## 3.2.3  switch 语句

### 1．switch 语句的格式及用法

if 语句允许程序在运行时按照表达式的值从两个可能的操作中选择一个来执行，但在程序要求进行多分支选择时，虽然用 if 语句可以实现，但需要多重嵌套，使用不方便，此时可以用 switch 语句来实现。

switch 语句即开关语句，它根据给定的条件决定执行多个分支程序段中的哪个分支程序段。

switch 语句的一般格式为：

```
switch (<表达式>)
{   case <常量表达式 1>:〔<语句 1>〕
    case <常量表达式 2>:〔<语句 2>〕
    ...
    case <常量表达式 n-1>:〔<语句 n-1>〕
    〔default:<语句 n>〕
}
```

switch 语句的执行流程为：先计算表达式的值，然后将它与 case 后的常量表达式逐个进行比较，若与某一个常量表达式的值相等，就执行此 case 后面的语句；若都不相等，则执行 default 后面的语句，若没有 default，则不做任何操作就结束。

【例 3.7】 输入 0～6 的整数，将其转换成对应的星期。

程序如下：

```
#include <iostream>
using namespace std;
int main( )
{   int a;
    cout<<"Input an integer(0～6):";
    cin>>a;
    switch (a)
    {   case 0:cout<<"Sunday\n";
        case 1:cout<<"Monday\n";
        case 2:cout<<"Tuesday\n";
        case 3:cout<<"Wednesday\n";
        case 4:cout<<"Thursday\n";
        case 5:cout<<"Friday\n";
        case 6:cout<<"Saturday\n";
        default:cout<<"Input data error.\n";
    }
    return 0;
}
```

说明：

（1）switch 后面括号内的表达式只能是整型表达式、字符型表达式或枚举型变量。与其对应，case 后面的常量表达式也应为整型常量表达式、字符型常量表达式或枚举型数据。

（2）每个 case 后面的常量表达式的值必须互不相同。

（3）各个 case 和 default 的出现次序不影响执行结果。

（4）一个 case 后面可以包含多条语句，并且这些语句不必用花括号括起来，程序会自动顺序执行该 case 后面的所有语句，一个 case 后面也可以没有任何语句。

**2．break 语句在 switch 语句中的作用**

在执行 switch 语句的过程中，每当执行完一个 case 后面的语句后，程序就会不加判断地自动执行下一个 case 后面的语句。每个 case 后面的常量表达式只起语句标号的作用，是 switch 语句中执行各语句的入口。例如，在例 3.7 中，若在运行程序时输入 4，则执行结果为：

```
Thursday
Friday
```

Saturday
Input data error.

因此，应该在执行完一个 case 分支后，使程序跳出 switch 语句，即终止执行 switch 语句，这可以用 break 语句来实现。例 3.7 的程序应改写为：

```
#include <iostream>
using namespace std;
int main( )
{    int a;
     cout<<"Input an integer(0~6):";
     cin>>a;
     switch (a)
     {    case 0:cout<<" Sunday\n";break;
          case 1:cout<<" Monday\n";break;
          case 2:cout<<" Tuesday\n";break;
          case 3:cout<<" Wednesday\n";break;
          case 4:cout<<" Thursday\n";break;
          case 5:cout<<" Friday\n";break;
          case 6:cout<<" Saturday\n";break;
          default:cout<<"Input data error.\n";
     }
     return 0;
}
```

程序执行后显示：

Input an integer(0~6): 5
Friday

从 switch 语句的执行过程可知，任何 switch 语句均可用 if 语句来实现，并不是任何 switch 语句均可用 switch 语句来实现，这是由于 switch 语句限定了表达式的取值类型，而 if 语句中的条件表达式可取任意类型的值。

【例 3.8】 商店打折售货，购货金额越大，折扣越大，具体标准为（$m$：购货金额/元，$d$：折扣率）：

本题微课视频

| | |
|---|---|
| $m<250$ | $d=0\%$ |
| $250\leqslant m<500$ | $d=5\%$ |
| $500\leqslant m<1000$ | $d=7.5\%$ |
| $1000\leqslant m<2000$ | $d=10\%$ |
| $m\geqslant 2000$ | $d=15\%$ |

通过键盘输入购货金额，计算实付的金额。

分析：首先应找出购货金额与折扣率间对应关系的变化规律。从题意可知，当购货金额 $m$ 每变化 250 元或 250 元的倍数时，折扣率就会变化。用 $c=m/250$ 来表示折扣率的分档情况，如表 3.1 所示。

表 3.1 商店打折售货分档情况表

| $m$/元 | $c=m/250$ | $d$ |
|---|---|---|
| $m<250$ | 0 | 0% |
| $250\leqslant m<500$ | 1 | 5% |
| $500\leqslant m<1000$ | 2，3 | 7.5% |
| $1000\leqslant m<2000$ | 4，5，6，7 | 10% |
| $m\geqslant 2000$ | 8 | 15% |

根据购货金额确定好折扣率后，再计算实付金额。

程序如下：

```cpp
#include <iostream>
using namespace std;
int main( )
{   int m,c;
    float d,f;
    cout<<"Input m:";
    cin>>m;
    if (m>=2000)
       c=8;
    else
       c=m/250;
    switch (c)
    {   case 0:d=0;break;
        case 1:d=5;break;
        case 2:
        case 3:d=7.5;break;
        case 4:
        case 5:
        case 6:
        case 7:d=10;break;
        case 8:d=15;break;
    }
    f=m*(1-d/100.0);
    cout<<"f="<<f<<endl;
    return 0;
}
```

程序执行后显示：

```
Input m:500
f=462.5
```

## 3.3　循环语句

在程序设计中，经常会遇到在某一条件成立时，重复执行某些操作。例如，求：

$$S=1+2+3+4+\cdots+n$$

显然，在程序中不可能依次列出 1～n 个数，要完成以上的累加求和运算，可设两个整型变量 sum 和 i，sum 存放累加和，i 从 1 变化到 n，并按下列步骤进行操作。

（1）给 sum 赋值 0，i 赋值 1。

（2）令 sum=sum+i，i=i+1。

（3）若 i≤n，则重复执行步骤（2）。

（4）输出 sum 的值。

在以上步骤中，步骤（2）和步骤（3）是需要重复执行的操作。这种重复执行的操作可由程序中的循环结构来完成。

所谓循环结构，就是在给定条件成立的情况下，重复执行一个程序段；当给定条件不成立时，退出循环，再执行循环下面的程序。实现循环结构的语句称为循环语句。在 C++中，循环语句有 while 语句、do…while 语句和 for 语句。

## 3.3.1 while 语句

### 1. while 语句的格式

while 语句用来实现当型循环结构，其一般格式为：

```
while  (<表达式>)
   <语句>
```

**说明：**

（1）表达式称为循环条件表达式，一般为关系表达式或逻辑表达式，也可为其他表达式，必须用一对圆括号 "()" 括起来。

（2）语句称为循环体，可以是单条语句，也可以是多条语句（此时必须用花括号 "{ }" 将多条语句括起来，构成一个复合语句）。

### 2. while 语句的执行过程

while 语句的执行过程为：先计算表达式的值，当表达式的值为真（非 0）时，重复执行指定的语句；当表达式的值为假（0）时，结束循环，如图 3.14 所示。图 3.14（a）为 while 语句的流程图，图 3.14（b）为其 N-S 流程图。

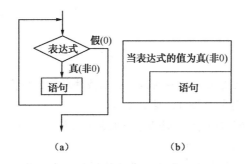

图 3.14　while 语句执行流程图

【例 3.9】　用 while 语句计算 $S=\sum_{i=1}^{n} i$，即求累加和 $S=1+2+3+4+\cdots+n$。

用 while 语句求累加和的流程图如图 3.15 所示，程序如下：

```cpp
#include <iostream>
using namespace std;
int main( )
{   int i,n,sum;
    cout<<"Input an integer:";
    cin>>n;
    sum=0;
    i=1;
    while (i<=n)
    {   sum=sum+i;
        i++;
    }
    cout<<"sum="<<sum<<endl;
    return 0;
}
```

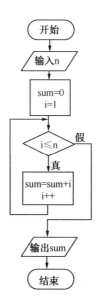

图 3.15　用 while 语句求累加和的流程图

程序执行后显示：

```
Input an integer:5
sum=15
```

**说明：**

（1）while 语句是先判断表达式 i<=n 是否成立，若条件成立，则将 sum 加 i 后赋给 sum，且 i 增加 1；若条件不成立，则不执行相应语句，退出循环。

（2）若表达式的值一开始就不成立，则语句一次也不执行。例如，当输入 n 为 0 时，i<=n 不成立，语句 sum=sum+i;和 i++;一次也不执行。

（3）在循环体中应有不断修改循环条件并最终使循环结束的语句，否则会形成死循环。例如，i++;语句，使 i 不断加 1，直到大于 n。

**【例 3.10】**　用 while 语句计算 $T=n!$，即求连乘积 $T=1\times2\times3\times4\times\cdots\times n$。

求连乘积流程图如图 3.16 所示，程序如下：

```cpp
#include <iostream>
using namespace std;
int main( )
{   int i,n;
    float t;
    cout<<"Input an integer:";
    cin>>n;
    t=1.0;
    i=1;
    while (i<=n)
    {   t=t*i;
        i++;
    }
    cout<<"t="<<t<<endl;
    return 0;
}
```

图 3.16　求连乘积流程图

程序执行后显示：

Input an integer:5
t=120

## 3.3.2 do…while 语句

### 1. do…while 语句的格式

do…while 语句用来实现直到型循环结构，其一般格式为：

```
do
   <语句>
while  (<表达式>);
```

**说明：**

（1）表达式称为循环条件表达式，一般为关系表达式或逻辑表达式，也可为其他表达式，必须用一对圆括号"()"括起来。

（2）语句称为循环体，可以是单条语句，也可以是多条语句（此时必须用花括号"{ }"将多条语句括起来，构成一个复合语句）。

（3）do…while 语句以分号结束。

### 2. do…while 语句的执行过程

do…while 语句的执行过程为：先执行语句，然后计算表达式的值，当表达式的值为真（非 0）时，重复执行指定的语句；当表达式的值为假（0）时，结束循环。do…while 执行流程图如图 3.17 所示，其中图 3.17（a）为 do…while 语句的流程图，图 3.17（b）为其 N-S 流程图。

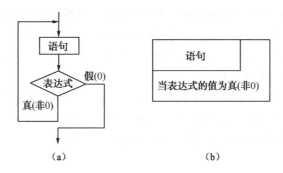

图 3.17　do…while 执行流程图

【**例 3.11**】　用 do…while 语句计算 $S=\sum_{i=1}^{n}i$ ，即求累加和 $S=1+2+3+4+\cdots+n$。

用 do…while 语句求累加和的流程图如图 3.18 所示，程序如下：

```
#include <iostream>
using namespace std;
int main( )
{    int i,n,sum;
     cout<<"Input an integer:";
     cin>>n;
     sum=0;
     i=1;
     do
     {   sum=sum+i;
```

```
        i++;
    }
    while (i<=n);
    cout<<"sum="<<sum<<endl;
    return 0;
}
```

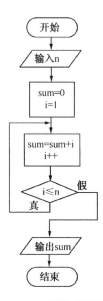

图 3.18　用 do…while 语句求累加和的流程图

说明：

（1）do…while 语句是先执行 sum=sum+i;和 i++;语句，后判断表达式 i<=n 是否成立。若条件成立，则继续执行循环体；若条件不成立，则不执行相应语句，退出循环。

（2）即使表达式的值一开始就不成立，语句仍要执行一次。例如，当输入 n 为 0 时，i<=n 不成立，语句 sum=sum+i;和 i++;也要执行一次。

（3）在循环体中，应有不断修改循环条件并最终使循环结束的语句，否则会形成死循环。

【例 3.12】　用 do…while 语句计算 $T=n!$，即求连乘积 $T=1×2×3×4×…×n$。

用 do…while 语句求连乘积的流程图如图 3.19 所示，程序如下：

```
#include <iostream>
using namespace std;
int main( )
{   int i,n;
    float t;
    cout<<"Input an integer:";
    cin>>n;
    t=1.0;
    i=1;
    do
    {   t=t*i;
        i++;
    }
    while (i<=n);
    cout<<"t="<<t<<endl;
    return 0;
}
```

图 3.19　用 do…while 语句求连
乘积的流程图

### 3.3.3 for 语句

#### 1. for 语句的一般格式

for 语句是一种功能较强的循环语句，其一般格式为：

```
for  (<表达式 1>;<表达式 2>;<表达式 3>)
    <语句>
```

**说明：**

（1）圆括号内的三个表达式之间用分号";"隔开。

（2）表达式 1 称为循环初始化表达式，通常为赋值表达式，在简单情况下为循环变量赋初值。

（3）表达式 2 称为循环条件表达式，通常为关系表达式或逻辑表达式，在简单情况下为循环结束条件。

（4）表达式 3 称为循环增量表达式，通常为赋值表达式，在简单情况下为循环变量增量。

（5）语句部分为循环体，它可以是单条语句，也可以是多条语句（此时必须用花括号"{ }"将多条语句括起来，构成一个复合语句）。

#### 2. for 语句的执行过程

for 语句的执行过程如下。

（1）计算表达式 1 的值。

（2）计算表达式 2 的值，若表达式 2 的值为真（非 0），则转到步骤（3）；若表达式 2 的值为假（0），则结束循环。

（3）执行循环体语句。

（4）计算表达式 3 的值，返回步骤（2）继续执行。

for 语句执行流程图及其执行过程如图 3.20 和图 3.21 所示。

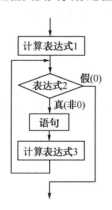

图 3.20　for 语句执行流程图

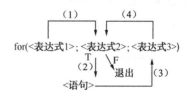

图 3.21　for 语句执行过程

for 语句可以等效于下列 while 语句：

```
<表达式 1>;
while  (<表达式 2>)
  {<语句>
    <表达式 3>;
  }
```

**【例 3.13】**　用 for 语句计算 $S=\sum_{i=1}^{n} i$ ，即求累加和 $S=1+2+3+4+\cdots+n$。

用 for 语句求累加和流程图如图 3.22 所示,程序如下:

```cpp
#include <iostream>
using namespace std;
int main( )
{   int i,n,sum;
    cout<<"Input an integer:";
    cin>>n;
    sum=0;
    for (i=1;i<=n;i++)
       sum=sum+i;
    cout<<"sum="<<sum<<endl;
    return 0;
}
```

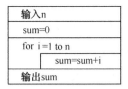

| 输入n |  |
| --- | --- |
| sum=0 |  |
| for i =1 to n |  |
|  | sum=sum+i |
| 输出sum |  |

图 3.22   用 for 语句求累加和流程图

在例 3.13 中,表达式 1,即 i=1,完成对循环变量 i 的初始化赋值工作,使 i 的初值为 1。表达式 2,即 i<=n,判断循环变量 i 的值是否小于或等于 n,若不成立则结束循环;若成立则执行 sum=sum+i;语句,再执行表达式 3。表达式 3,即 i++,使循环变量 i 加 1,然后转表达式 2 继续判断 i<=n 是否成立。

说明:

(1)for 语句中的 3 个表达式都可以省略,但其中的两个分号不可以省略。

(2)若省略表达式 1,则应在 for 语句之前给循环变量赋初值。例如:

```cpp
i=1;
for (;i<=n;i++)
 sum=sum+i;
```

(3)若省略表达式 2,则不判断循环条件,循环无终止地进行下去,形成死循环,即认为表达式 2 始终为真,因此表达式 2 通常不能省略。

(4)若省略表达式 3,则在循环体中应有不断修改循环条件的语句。例如:

```cpp
for   (i=1;i<=n;)
{   sum=sum+i;
    i++;
}
```

(5)若省略表达式 1 和表达式 3,则只有表达式 2,即只给出循环条件。例如:

```cpp
i=1;
for   (;i<=n;)
   {   sum=sum+i;
       i++;
   }
```

此时,for 语句和 while 语句完全相同,上述语句相当于:

```cpp
i=1;
while   (i<=n)
{   sum=sum+i;
    i++;
}
```

(6)表达式 1 和表达式 3 可以是一个简单的表达式,也可以是其他表达式,当然可以是逗号表达式,即用逗号","隔开的多个简单表达式,它们的运算顺序是按从左到右的顺序进行的。例如:

```
for (i=0,j=0;i+j<40;i++,j+=10)
    cout<<i<<'\t'<<j<<endl;
```

【例3.14】 用 for 语句计算 $T=n!$，即求连乘积 $T=1×2×3×4×\cdots×n$。

程序如下：

```
#include <iostream>
using namespace std;
int main( )
{    int i,n;
     float t;
     cout<<"Input an integer:";
     cin>>n;
     t=1.0;
     for (i=1;i<=n;i++)
       t=t*i;
     cout<<"t="<<t<<endl;
     return 0;
}
```

【例3.15】 计算 $S=\sum\limits_{k=1}^{20}\dfrac{1}{k(k+1)}$，即求 $S=\dfrac{1}{1×2}+\dfrac{1}{2×3}+\cdots+\dfrac{1}{19×20}+\dfrac{1}{20×21}$。

**分析**：求解该题仍采用求累加和的思想，即用循环语句将级数中各项值：t=1.0/(i*(i+1))依次加入累加和 sum 中。

程序如下：

```
#include <iostream>
using namespace std;
int main( )
{    int i;
     float t,sum;
     sum=0;
     for (i=1;i<=20;i++)
     {    t=1.0/(i*(i+1));
          sum=sum+t;
     }
     cout<<"S="<<sum<<endl;
     return 0;
}
```

程序执行后输出：

S=0.952381

## 3.3.4 三种循环语句的比较

对于任何一个循环结构，在一般情况下，均可用三种循环语句中的任何一种来实现。但对不同的循环结构，使用不同的循环语句，不仅可以优化程序的结构，还可以精简程序、提高程序执行效率。

（1）while 语句和 for 语句都是先判断循环条件表达式的值，后执行循环体语句；而 do…while 语句则是先执行循环体语句，后判断循环条件表达式的值。

（2）while 语句、do…while 语句和 for 语句都是在循环条件表达式为真时，重复执行循环体语句，在循环条件表达式为假时，结束循环。

（3）当第一次执行 while 语句或 for 语句时，若循环条件表达式为假，则一次也不执行循环体语句；而当第一次执行 do…while 语句时，即使循环条件表达式为假，也要执行一次循环体语句。也就是说，do…while 语句至少执行一次循环体，而 while 语句和 for 语句有可能一次也不执行循环体。

（4）while 语句和 for 语句用来构成当型循环结构；do…while 语句用来构成直到型循环结构。

（5）在循环体语句至少执行一次的情况下，三种循环语句构成的循环结构可以相互转换。

实际上，用得最多的是 for 语句，其次是 while 语句，do…while 语句相对于前两种语句用得较少。

### 3.3.5　循环语句的嵌套

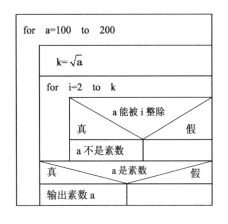

图 3.23　求 100～200 中的所有素数的流程

在程序设计中，如果一个循环语句的循环体包含循环语句，则称其为循环语句的嵌套。循环语句的嵌套又称多重循环。当一个循环语句的循环体中只包含一层循环语句时，称双重循环；若第二层循环语句的循环体中还包含一层循环语句，则称三重循环，依次类推。三种循环语句可以互相嵌套。

【例 3.16】　求 100～200 中的所有素数，输出时一行打印 5 个素数。

**分析**：判断一个数 a 是否为素数，只需将它除以 $2\sim\sqrt{a}$（取整）即可，如果都不能整除，那么 a 就是素数。求 100～200 中的所有素数的流程图如图 3.23 所示，程序如下：

本题微课视频

```cpp
#include <iostream>
#include <cmath>
#include <iomanip>
using namespace std;
int main( )
{    int a,k,i,n;
     n=0;
     for (a=100;a<=200;a++)            //a 从 100 循环到 200
     {    k=sqrt(a);
          for (i=2;i<=k;i++)           //判断 a 是否为素数
             if (a%i==0)               //a 不是素数
                break;
          if (i>k)                     //a 是素数
          {    cout<<setw(12)<<a;      //输出素数
               n=n+1;                  //统计素数的个数
               if (n%5==0)             //控制每行输出 5 个素数
                  cout<<endl;
          }
     }
     cout<<endl;
     return 0;
}
```

程序执行后输出：

|      |      |      |      |      |
|------|------|------|------|------|
| 101  | 103  | 107  | 109  | 113  |
| 127  | 131  | 137  | 139  | 149  |
| 151  | 157  | 163  | 167  | 173  |
| 179  | 181  | 191  | 193  | 197  |
| 199  |      |      |      |      |

在程序中，调用求解平方根的 sqrt( )库函数需要包含数学函数的头文件 cmath，因此，在程序中使用文件包含命令# include <cmath>。

在例 3.16 中，用内循环 for (i=2;i<=k;i++)判断 a 是否为素数。若 a 不能被 i（i=2～k）整除，则说明 a 是素数，内循环正常结束，此时 i=k+1，输出素数 a；若 a 能被某一个 i（i=2～k）整除，则说明 a 不是素数，使用 break 语句终止内循环的执行，此时 i<=k，不输出 a。用外循环 for (a=100;a<=200;a++) {…}来判断 100～200 中哪些数是素数。因此程序使用了循环语句的嵌套。

# 3.4 控制执行顺序的语句

前面已介绍的 C++语句都是根据其在程序中的先后次序，从主函数开始依次执行各语句的。这里要介绍另一类语句，当执行该类语句时，会改变程序的执行顺序，即不依次执行紧跟其后的语句，而是跳到另一条语句处接着执行。从表面上看，循环语句或条件语句也改变了程序的执行顺序，但由于整个循环只是一个语句（条件语句也一样），所以它们仍然是顺序执行的。

## 3.4.1 break 语句

前面已经介绍过使用 break 语句终止 switch 语句的执行，实际上，break 语句也可以用于 while、do…while、for 循环语句中，使它们终止执行，即用于从循环体内跳出，从而提前结束循环。

break 语句的一般格式为：

    break;

若 break 语句出现在嵌套的循环语句中，那么哪一层循环有 break 语句，就跳出该层的循环。break 语句不能用于循环语句和 switch 语句之外的语句中。

## 3.4.2 continue 语句

continue 语句能用于 while、do…while、for 循环语句中，当执行 continue 语句时，将控制转移到 while 和 do…while 语句的循环判断条件处，或 for 语句的增量表达式处，即结束本次循环，重新开始下一次循环。

continue 语句的一般格式为：

    continue;

【例 3.17】 输入 10 个整数，统计其中正数的个数及正数的和。
程序如下：

```
#include <iostream>
using namespace std;
int main( )
{   int a,i,k=0,s=0;                //k 存放正数的个数，s 存放正数的和
    cout<<"Input 10 integers:";
    for (i=1;i<=10;i++)
    {   cin>>a;                     //输入整数到变量 a 中
        if (a<=0)
            continue;               //若 a 为负数或零，则转到 for 语句中的表达式 3 处执行
        k++;                        //若 a 为正数则 k 加 1，并将 a 累加到 s 中
        s+=a;
    }
    cout<<"k="<<k<<'\t'<<"s="<<s<<'\n';
```

```
        return 0;
    }
```

程序执行后显示：

```
Input 10 integers:1 2 3 4 5 6 7 8 9 0
k=9        s=45
```

程序在执行时，用循环语句依次先输入 10 个整数，每次输入后均判断该数是否为负数或零，若为负数或零，则执行 continue 语句，转到 for 语句中的表达式 3 处执行 i++，开始新一轮循环。若为正数，则执行 k++ 与 s+=a，将 k 加 1，将 a 累加到 s 中。最后输出正数的个数及正数的和。

若 continue 语句出现在嵌套的循环语句中，则 continue 语句只对当前循环起作用。continue 语句不能用于循环语句之外的语句中。

continue 语句和 break 语句的区别是：continue 语句只结束本次循环，而不结束整个循环的执行；而 break 语句则是结束整个循环，不管循环条件是否成立。例如，设有如下程序：

```
#include <iostream>
using namespace std;
int main( )
{    int i;
     for (i=100;i<=200;i++)
     {   if   (i%3==0)
             continue;
         cout<<i<<'\t';
     }
     return 0;
}
```

运行该程序后，输出为：

```
100   101   103   104 …   199   200
```

该程序输出 100～200 中不能被 3 整除的数。

若把程序中的 continue 语句改为 break 语句，即将程序改为：

```
#include <iostream>
using namespace std;
int main( )
{    int i;
     for (i=100;i<=200;i++)
     {  if   (i%3==0)
            break;
        cout<<i<<"   ";
     }
     return 0;
}
```

则运行该程序后，先输出不能被 3 整除的 100、101，当循环变量 i=102 时，由于 i 能被 3 整除，所以执行 break 语句终止循环。因此，程序执行后输出：

```
100      101
```

### 3.4.3 语句标号和 goto 语句

#### 1．语句标号

前面介绍的语句都是无标号语句，即在语句前面没有标号的语句。C++还允许使用带标号的语句，即在语句前带一个标号。例如：

    label_10 : a=3

C++中带标号语句的一般格式为：

    <语句标号>:<语句>

语句标号指示语句在程序中的位置，常常作为转移语句（goto 语句）的转移目标。

语句标号用标识符来表示，它的命名规则与标识符的命名规则相同，即由字母、数字和下画线组成，且第一个字符必须为字母或下画线，不能用整数作为标号。在 C++中，语句标号可以直接使用，不必先定义后使用，这一点与变量不同。

#### 2．goto 语句

goto 语句将改变程序的流程，无条件地转移到指定语句标号的语句处执行。

goto 语句的一般格式为：

    goto <语句标号>;

其中语句标号是用户指定的，出现在本函数的一条语句的前面。

goto 语句的使用仅局限于函数内，不允许在一个函数中使用 goto 语句转移到其他函数中。goto语句可以从条件语句或循环语句里面转移到条件语句或循环语句外面，但不允许从条件语句或循环语句外面转移到条件语句或循环语句里面。从结构化程序设计的角度出发，在进行程序设计时，应尽量避免使用 goto 语句。goto 语句可与 if 语句一起构成循环结构。

### 3.4.4 exit()函数和 abort()函数

exit()函数和 abort()函数都是 C++的库函数，其功能都是终止程序的执行，并将控制返回给操作系统。通常，exit()函数用于正常终止程序的执行，而 abort()函数用于异常终止程序的执行。显然，当执行两个函数中的任意一个时，都将改变程序的执行顺序。当使用这两个函数中的任意一个时，都应包含头文件 cstdlib。

#### 1．exit()函数

exit()函数的格式为：

    exit(<表达式>);

其中，表达式的值只能是整型数。通常把表达式的值作为终止程序执行的原因。在执行该函数时，将无条件地终止程序的执行而不管该函数处于程序的什么位置，并将控制返回给操作系统。通常表达式的取值是一个常数：用 0 表示正常退出，用其他整数表示异常退出。

当执行 exit()函数时，系统要做终止程序执行前的收尾工作，如关闭该程序打开的文件、释放变量占用的存储空间（不包括动态分配的存储空间）等。

#### 2．abort()函数

abort()函数的格式为：

```
    abort();
```

在调用该函数时，括号内不能有任何参数。在执行该函数时，系统不做结束程序前的收尾工作，直接终止程序的执行。因此通常使用 exit() 函数来终止程序的执行。

除了上面介绍的语句和库函数可以改变程序的执行顺序，return 语句也可以改变程序的执行顺序。return 语句的执行过程会在第 5 章进行介绍。

# 3.5　程序设计举例

前面介绍了程序设计的三种基本结构，即顺序结构、分支结构和循环结构。其中分支结构程序主要是用分支语句（if、switch）实现的，而循环结构程序则主要是用循环语句（while、do…while、for）语句实现的。本节对分支语句与循环语句的应用进行了举例。

## 3.5.1　分支语句应用举例

分支语句用于实现分支结构程序设计。能够用分支结构程序解决的常见问题有：比较数的大小、找出若干数中的最大值与最小值、分段函数、解一元二次方程、判断闰年、多分支问题。分支语句有 if 语句和 switch 语句。

### 1．if 语句

if 语句又有单选 if 语句、双选 if 语句与多选 if 语句，格式分别为：

| 单选 if 语句 | 双选 if 语句 | 多选 if 语句 |
|---|---|---|
| if(<表达式) | if(<表达式>) | if(<表达式 1>) |
| 　<语句> | 　<语句 1> | 　<语句 1> |
|  | else | else if <表达式 2> |
|  | 　<语句 2> | 　<语句 2> |
|  |  | … |
|  |  | else |
|  |  | 　<语句 n> |

if 语句可以嵌套使用，但应当注意 else 与 if 的配对关系。C++规定：else 总是与其前面最近的还没有配对的 if 进行配对。

【例 3.18】　编写程序，求一元二次方程 $ax^2+bx+c=0$ 的解。

**分析**：一元二次方程的解有以下几种情况。

（1）当 $a=0$ 时，若 $b=0$，则方程无解；若 $b\neq0$，则方程有单根。

（2）当 $a\neq0$ 时，若 $d=b^2-4ac=0$，则方程有两个相等的实根；若 $b^2-4ac>0$，则方程有两个不等的实根；若 $b^2-4ac<0$，则方程有两个共轭复根。

方程根 $x_1$、$x_2$ 的求解公式如图 3.24 所示。

根据求解公式，可将程序的结构框架按如下方式构建：判断 a 是否为 0，可以用双选 if 语句；判断 b 是否为 0，可以用嵌套双选 if 语句；判断 d，可用嵌套三选 if 语句。因此，程序的结构框架如下：

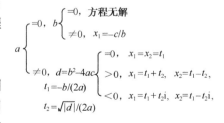

图 3.24　方程根 $x_1$、$x_2$ 的求解公式

```
if(a==0)                        //双选 if 语句
    if(b==0)                    //嵌套双选 if 语句
        输出"方程无解"
```

```
        else
            x1=-c/b;
    else
        if(d==0)                          //嵌套三选 if 语句
          x1=x2=t1;
        else if(d>0)
            x1=t1+t2;x2=t1-t2;
        else
            x1=t1+t2i;x2=t1-t2i;
```

由上述程序结构框架可知，程序中应定义实型变量 a、b、c、d、t1、t2、x1、x2，用 cin 输入方程系数 a、b、c，计算并输出方程根 x1、x2。按程序的结构框架很容易写出下列程序：

```
#include <iostream>
#include <cmath>
using namespace std;
int main( )
{    float a,b,c,d,t1,t2,x1,x2;
    cout<<"Input a,b,c:";
    cin>>a>>b>>c;
    if (a==0.0)                          //a=0，方程退化为一元一次方程
        if(b==0.0)                       //b=0，方程无解
            cout<<"Input data error!"<<endl;
        else                             //b!=0，方程有单根
        {   x1=-c/b;
            cout<<"Single root:"<<x1<<endl;
        }
    else                                 //a!=0，方程为一元二次方程
    {    d=b*b-4*a*c;                     //计算 d=b²-4ac
         t1=-b/(2*a);
         t2=sqrt(fabs(d))/(2*a);
         if (d==0.0)                     //d=0，方程有两个相等的实根
         {   x1=t1;
             cout<<"Two equal real roots:"<<x1<<endl;
         }
         else if (d>0.0)                 //d>0，方程有两个不等的实根
         {   x1=t1+t2;
             x2=t1-t2;
             cout<<"Two distinct real roots:"<<x1<<','<<x2<<endl;
         }
         else                            //d<0,方程有两个共轭复根
         {   cout<<"Complex roots:";
                 cout<<t1<<'+'<<t2<<'i'<<','<<t1<<'-'<<t2<<'i'<<endl;
         }
    }
    return 0;
}
```

其中，sqrt()为求实数平方根的函数，fabs()为求实数绝对值的函数。当使用它们时，需要在程序中使用文件包含命令 # include <cmath>。

程序运行后显示：

　　Input a,b,c:2  -5  3

输出：

Two distinct real roots:1.5,1

由例 3.18 可知，C++程序设计的一般步骤如下。

（1）进行数学分析，建立求解数学模型。

（2）根据数学模型确定程序框架及所用语句。

（3）根据数学模型确定需要定义的变量及其数据类型。

（4）给变量输入数据。

（5）编写计算程序，执行程序得到运算结果。

（6）输出运算结果。

## 2．switch 语句

switch 语句的格式为：

```
switch (<表达式>)
  {case <常量表达式 1>:〔<语句 1>〕
   ...
   case <常量表达式 n-1>:〔<语句 n-1>〕
  〔default:<语句 n>〕
  }
```

**注意**：在执行 switch 语句的过程中，一般用 break 语句结束 switch 语句的执行。

【例 3.19】 输入某一年的年份和月份，计算该月的天数。

**分析**：

（1）一年中的大月（1 月、3 月、5 月、7 月、8 月、10 月、12 月），每月的天数为 31 天。

（2）一年中的小月（4 月、6 月、9 月、11 月），每月的天数为 30 天。

（3）对于 2 月，则要判断该年是平年还是闰年，平年的 2 月为 28 天，闰年的 2 月为 29 天。

某年符合下面两个条件之一就是闰年：①年份能被 400 整除；②年份能被 4 整除，但不能被 100 整除。

已知年（year）、月（month）求天数（day）的求解公式如图 3.25 所示。

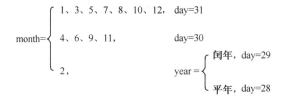

图 3.25 已知年、月求天数的求解公式

根据求解公式，可将程序的结构框架按如下方式构建：用 switch 语句对月份 month 进行多选判断，当 month=2 时，用双选 if 语句判断是否为闰年。程序的结构框架如下：

```
switch (month)
{  case  1、3、5、7、8、10、12 ：  day=31
   case  4、6、9、11 ：    day=30
   case  2 ：
           if (year==闰年)
              day=29
           else
              day=28
}
```

由上述程序的结构框架可知，程序中应定义整型变量 year、month、day，用 cin 输入 year、month，然后计算并输出 day。

程序如下：

```cpp
#include <iostream>
using namespace std;
int main( )
{   int year,month,day;
    cout<<"Input year and month:";
    cin>>year>>month;
    switch (month)
    {   case 1:
        case 3:
        case 5:
        case 7:
        case 8:
        case 10:
        case 12:day=31;break;
        case 4:
        case 6:
        case 9:
        case 11:day=30;break;
        case 2:if (year%400==0 || year%4==0 && year%100!=0)
                    day=29;
                else
                    day=28;
                break;
        default:cout<<"Input data error!"<<endl;day=0;break;
    }
    if (day!=0)
    cout<<"The day of "<<year<<','<<month<<" is "<<day<<endl;
    return 0;
}
```

程序运行后显示：

Input year and month:2002    1

输出：

The day of 2002,1 is 31

### 3.5.2 循环语句应用举例

循环语句用于实现循环结构程序设计。循环语句有 while 语句、do…while 语句和 for 语句。三种语句的格式如下：

| while 语句 | do…while 语句 | for 语句 |
|---|---|---|
| while(<表达式>) | do | for (<表达式 1>,<表达式 2>,<表达式 3>) |
| <语句>; | <语句> | <语句>; |
|  | while (<表达式>); |  |

应注意三种循环语句的特点、区别及由它们构成的嵌套循环结构。

能够用循环结构程序解决的常见问题有：累加和、连乘积、求一批数的和及最大值与最小值、求数列的前 $n$ 项、判断素数、求两个整数的最大公约数和最小公倍数、用迭代法求平方根、用穷举法求不定方程组的整数解、打印图形等。

【例 3.20】 用公式 $e=1+\sum_{n=1}^{10}\frac{1}{n!}$，即 $e=1+\frac{1}{1!}+\frac{1}{2!}+\frac{1}{3!}+\cdots+\frac{1}{n!}$，求自然对数底 e 的近似值（$n=5$）。

分别用 while 语句、do…while 语句和 for 语句三种语句实现。

本例应用求累加和的方法求 e 的近似值，而求累加和的方法可归纳如下：

| 定义变量 | 算法 | 初值 |
|---|---|---|
| t: 存放第 i 项分母值 | t=t*i; | t=1 |
| p: 存放第 i 项值 | p=1/t; | p=1 |
| s: 存放累加和 | s=s+p; | s=1 |
| i: 循环变量 | i=i+1; | i=1 |

程序如下：

```
#include <iostream>
using namespace std;
int main( )
{int i=1;
  float s=1.0,t=1,p=1;
  while (i<=5)
    {t=t*i;
     p=1/t;
     s=s+p;
     i++;
    }
  cout<<"e="<<s<<endl;
  return 0;
}
```

```
#include <iostream>
using namespace std;
int main( )
{int i=1;
  float s=1.0,t=1, p=1;
  do
    {t=t*i;
     p=1/t;
     s=s+p;
     i++;
    } while (i<=5);
  cout<<"e="<<s<<endl;
  return 0;
}
```

```
#include <iostream>
using namespace std;
int main( )
{int i;
  float s=1.0,t=1,p=1;
  for (i=1; i<=5;i++)
    {t=t*i;
     p=1/t;
     s=s+p;
    }
  cout<<"e="<<s<<endl;
  return 0;
}
```

程序执行输出：

e=2.71667

在例 3.20 中，程序运行输出结果 e=2.71667 与自然对数的底 e=2.71828 误差较大。为了使误差控制在规定的范围 $\delta$ 内，应要求数列中最后一项的值小于 $\delta$，即 $\frac{1}{n!}<\delta$。

若取 $\delta=0.00001$，则循环的结束条件为 p<$\delta$=0.00001，而循环条件为 p>=0.00001。将上述程序改为：

```
#include <iostream>
using namespace std;
int main( )
{int i=1;
float s=1.0,t=1,p=1;
  while (p>=0.00001)
    {t=t*i;
     p=1/t;
     s=s+p;
     i++;
    }
  cout<<"e="<<s<<endl;
  return 0;
}
```

```
#include <iostream>
using namespace std;
int main( )
{int i=1;
  float s=1.0,t=1, p=1;
  do
    {t=t*i;
     p=1/t;
     s=s+p;
     i++;
    }while (p>0.00001);
  cout<<"e="<<s<<endl;
  return 0;
}
```

```
#include <iostream>
using namespace std;
int main( )
{int i;
  float s=1.0, t=1, p=1;
  for (i=1; p>=0.00001;i++)
    {t=t*i;
     p=1/t;
     s=s+p;
    }
  cout<<"e="<<s<<endl;
  return 0;
}
```

程序执行输出：

e=2.71828

从例 3.20 可以看出，累加和问题用三种语句都可以实现。当读者学会这三种语句后，用哪种语句都可以编写循环结构程序。

【例 3.21】 $s=\dfrac{1}{0!}-\dfrac{1}{1!}+\dfrac{1}{2!}-\dfrac{1}{3!}+\dfrac{1}{4!}+\cdots+\dfrac{(-1)^n}{n!}$，用累加和的方法求 $s$ 的值，直到最后一项 $\left|\dfrac{(-1)^n}{n!}\right|<0.00001$。

**分析**：本例与例 3.20 的唯一区别是，第 $i$ 项值由 $p=\dfrac{1}{i!}$ 改成 $p=\dfrac{(-1)^i}{i!}$。因此，需要定义一个能表示分子值的变量 t1，其初值为 1，循环算法为 t1=(-1)* t1；第 i 项值 p= t1/t。

循环结束条件是 $\left|\dfrac{(-1)^n}{n!}\right|=\dfrac{1}{n!}<0.00001$，即循环条件是 1/t>=0.00001。用 do…while 语句实现的程序如下：

```
#include <iostream>
using namespace std;
int main( )
{     int i, t1=1;
      float s=1.0, t=1,p;
      i=1;
      do
      {     t=t*i;
            t1=(-1)*t1;
            p=t1/t;
            s=s+p;
            i++;
      } while (1/t>0.00001);
      cout<<"s="<<s<<endl;
      return 0;
}
```

程序执行后输出：

s=0.367879

【例 3.22】 斐波那契数列的前几个数为 1，1，2，3，5，8，…其规律为：

$f_1=1$          （$n=1$）
$f_2=1$          （$n=2$）
$f_n=f_{n-1}+f_{n-2}$    （$n\geq3$）

本题微课视频

编写程序求此数列的前 40 个数。

**分析**：可设两个变量 f1 和 f2，它们的初值为 f1=1，即数列的第 1 项；f2=1，即数列的第 2 项，用一个循环结构来求数列的前 40 项，每次处理两项，共循环 20 次。进入循环后，先输出 f1、f2，然后令 f1=f1+f2，即可求得第 3 项，再令 f2=f2+f1，注意此时的 f1 已经是第 3 项了，即可求得第 4 项；当进入下一次循环时，先输出第 3 项和 4 项，然后按上述方法求得第 5 项和 6 项，依次类推，即可求得前 40 项。

程序如下：

```cpp
#include <iostream>
#include <iomanip>
using namespace std;
int main( )
{    long int f1,f2;
     int i;
     f1=1;f2=1;
     for (i=1;i<=20;i++)
     {   cout<<setw(12)<<f1<<setw(12)<<f2;
         if (i%2==0)
            cout<<endl;
         f1=f1+f2;
         f2=f2+f1;
     }
     return 0;
}
```

在例 3.22 中，if 语句的作用是在一行中输出 4 个数。

程序运行后输出：

|          |          |          |           |
|----------|----------|----------|-----------|
| 1        | 1        | 2        | 3         |
| 5        | 8        | 13       | 21        |
| 34       | 55       | 89       | 144       |
| 233      | 377      | 610      | 987       |
| 1597     | 2584     | 4181     | 6765      |
| 10946    | 17711    | 28657    | 46368     |
| 75025    | 121393   | 196418   | 317811    |
| 514229   | 832040   | 1346269  | 2178309   |
| 3524578  | 5702887  | 9227465  | 14930352  |
| 24157817 | 39088169 | 63245986 | 102334155 |

**【例 3.23】** 100 名学生种 100 棵树，其中高中生每人种 3 棵树，初中生每人种 2 棵树，小学生每 3 人种 1 棵树，问高中生、初中生、小学生各有多少人？

**分析**：设有 $i$ 名高中生、$j$ 名初中生、$k$ 名小学生，根据题意可以列出如下方程组：

$$\begin{cases} i + j + k = 100 \\ 3i + 2j + k / 3 = 100 \end{cases}$$

三个变量只列出两个方程式，为不定方程组，此时可以用双重循环来求解，外循环的循环变量为 i，因为高中生每人种 3 棵树，所以 i 的最大值为 33；内循环的循环变量为 j，因为初中生每人种 2 棵树，所以 j 的最大值为 50。这种方法称为枚举法或穷举法。

种树问题流程图如图 3.26 所示。

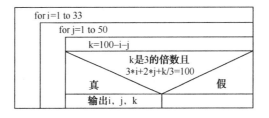

图 3.26  种树问题流程图

程序如下：

```cpp
#include <iostream>
using namespace std;
int main( )
{    int i,j,k;
     for (i=1;i<=33;i++)                        //高中生人数 i，从 1 循环到 33
        for (j=1;j<=50;j++)                     //初中生人数 j，从 1 循环到 50
        {   k=100-i-j;                          //计算小学生人数 k=100-i-j
            if ((k%3==0) && (3*i+2*j+k/3==100)) //小学生人数必须是 3 的倍数
                                                //并且总共种树 100 棵
                cout<<i<<'\t'<<j<<'\t'<<k<<endl; //输出一个解
        }
     return 0;
}
```

程序运行后输出：

```
5      32      63
10     24      66
15     16      69
20     8       72
```

**【例 3.24】**　编写程序，按下列格式打印九九乘法表。

```
*   1   2   3   4   5   6   7   8   9
1   1
2   2   4
3   3   6   9
4   4   8   12  16
5   5   10  15  20  25
6   6   12  18  24  30  36
7   7   14  21  28  35  42  49
8   8   16  24  32  40  48  56  64
9   9   18  27  36  45  54  63  72  81
```

**分析**：用双循环完成，外层用 for 语句构成循环，用于控制输出的行数（共 9 行）；内层也用 for 语句构成循环，用于控制每行的输出。

打印九九乘法表流程图如图 3.27 所示，程序如下：

```cpp
#include <iostream>
using namespace std;
int main( )
{    int i,j;
     cout<<"*"<<'\t';
     for (i=1;i<=9;i++)              //输出标题行 "*   1   2   3   4 … 9"
         cout<<i<<'\t';
     cout<<endl;
     for (i=1;i<=9;i++)              //外循环控制第一个乘数 i 从 1 变到 9
     {   cout<<i<<'\t';
         for (j=1;j<=i;j++)          //内循环控制第二个乘数 j 从 1 变到 i
             cout<<i*j<<'\t';        //计算并输出每项 i*j
         cout<<endl;                 //输出完一行后换行
     }
     return 0;
}
```

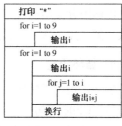

图 3.27　打印九九乘法表流程图

# 本 章 小 结

一个 C++程序由若干源程序文件组成，一个源程序文件可以由编译预处理命令和若干函数组成，一个函数由函数说明和函数体组成，函数体由变量定义和若干执行语句组成。语句是组成程序的基本单元。

### 1．程序的三种基本结构

组成 C++程序的函数是由若干基本结构组成的。C++有三种基本结构，即顺序结构、分支结构和循环结构，各种控制结构是通过语句来实现的。

### 2．C++中的语句

C++中的语句可以分成六大类，即说明语句、控制语句、函数调用语句、表达式语句、空语句和复合语句，其中控制语句主要有分支语句与循环语句。

### 3．分支语句

分支语句用于实现分支结构程序设计。分支语句有 if 语句和 switch 语句。

（1）if 语句。

if 语句可以嵌套使用，但应当注意 else 与 if 的配对关系。C++规定：else 总是与其前面最近的还没有配对的 if 进行配对。

（2）条件运算符和条件表达式。

由条件运算符（?:）可以构成条件表达式。

（3）switch 语句。

在执行 switch 语句的过程中，每当执行完一个 case 后面的语句后，程序就会不加判断地自动执行下一个 case 后面的语句。如果要结束 switch 语句的执行，可用 break 语句来实现。

能够用分支结构程序解决的常见问题有：比较数的大小、找出若干数中的最大值与最小值、分段函数、解一元二次方程、判断闰年、多分支问题。

### 4．循环语句

循环语句用于实现循环结构程序设计。循环语句有 while 语句、do…while 语句和 for 语句。

（1）while 语句。

while 语句用来实现当型循环结构。

（2）do…while 语句。

do…while 语句用来实现直到型循环结构。

（3）for 语句。

for 语句是功能较强的一种循环语句。

应注意三种循环语句的特点、区别及由它们构成的嵌套循环结构。

能够用循环结构程序解决的常见问题有：累加和、连乘积、求一批数的和及最大值与最小值、求数列的前 $n$ 项、判断素数、求两个整数的最大公约数和最小公倍数、用迭代法求平方根、用穷举法求不定方程组的整数解、打印图形等。

#### 5. 控制执行顺序的语句

（1）break 语句。

break 语句只能用在循环语句和 switch 语句中，其功能是终止循环语句和 switch 语句的执行。

（2）continue 语句。

continue 语句只能用在循环语句中，其功能是结束本次循环，重新开始下一次循环。

（3）goto 语句。

C++允许语句前带有一个标号，该标号称为语句标号。

goto 语句的功能是改变程序的执行流程，无条件地转移到指定语句标号的语句处执行。从结构化程序设计的角度出发，在进行程序设计时，应尽量避免使用 goto 语句。

#### 6. 本章重点、难点

**重点**：程序的三种基本结构，各种控制语句的格式、功能、执行过程及使用方法。

**难点**：使用 if 语句、while 语句、for 语句编写分支程序与循环程序。

# 习　　题

3.1　程序的三种基本结构是什么？

3.2　C++中的语句分为哪几类？

3.3　怎样区分表达式和语句？

3.4　程序的多路分支可通过哪两种语句来实现？说出用这两种语句实现多路分支的区别。

3.5　在使用 switch 语句时应注意哪些问题？

3.6　用于实现循环结构的循环语句有哪三种？分别用于实现哪两种循环结构？这三种循环语句在使用上有何区别？

3.7　分支程序与循环程序常用于解决哪些实际问题？

3.8　当 continue 语句与 break 语句用于循环结构时，在使用上有何区别？

3.9　程序的正常终止与异常终止有何区别，分别用什么函数来实现？在使用这些函数时应包含什么头文件？

3.10　设有程序段：

```
x=-1;
if (a!=0) {if (a>0) x=1;} else x=0;
```

写出该程序段表示的数学函数关系。

3.11　写出下列程序的运行结果。

```
#include <iostream>
using namespace std;
int main( )
{    int a=2,b=-1,c=2;
     if (a<b)
     if (b<0) c=0;
     else c=c+1;
     cout<<c<<endl;
     return 0;
}
```

3.12 写出下列程序的运行结果。

```cpp
#include <iostream>
using namespace std;
int main( )
{    int i=10;
     switch (i)
       {    case    9:i=i+1;
            case   10:i=i+1;
            case   11:i=i+1;
            default :i=i+1;
       }
     cout<<i<<endl;
     return 0;
}
```

3.13 设计一个程序，判断通过键盘输入的整数的正负性和奇偶性。

3.14 有下列函数：

$$y=\begin{cases} -x+2.5 & (x<2) \\ 2-1.5(x-3)^2 & (2\leqslant x<4) \\ \dfrac{x}{2}-1.5 & (x\geqslant 4) \end{cases}$$

设计一个程序，通过键盘输入 $x$ 的值，并输出 $y$ 的值。

3.15 设计一个程序，通过键盘输入 a、b、c 三个整数，将它们按照从大到小的顺序输出。

3.16 输入平面直角坐标系中一点的坐标值 $(x, y)$，判断该点是在哪一个象限中或哪一条坐标轴上。

3.17 简单计算器。设计一个程序计算表达式 data1 op data2 的值，其中 data1、data2 为两个实数，op 为运算符（+、-、*、/），并且都由键盘输入。

3.18 奖金税率如下（$a$ 代表奖金，$r$ 代表税率）：

| | |
|---|---|
| $a<500$ | $r=0$ |
| $500\leqslant a<1000$ | $r=3\%$ |
| $1000\leqslant a<2000$ | $r=5\%$ |
| $2000\leqslant a<5000$ | $r=8\%$ |
| $a\geqslant 5000$ | $r=12\%$ |

输入一个奖金数，求税率、应交税款及实得奖金数。

3.19 写出下列程序的运行结果。

```cpp
#include <iostream>
using namespace std;
int main( )
{    int n=4;
     while (—n)
       cout<<n<<'\t';
     cout<<endl;
      return 0;
}
```

3.20  写出下列程序的运行结果。

```cpp
#include <iostream>
using namespace std;
int main( )
{   int x=3;
    do
      {cout<<x<<'\t';
      }
    while (!(x—));
    cout<<endl;
      return 0;
}
```

3.21  写出下列程序的运行结果。

```cpp
#include <iostream>
using namespace std;
int main( )
{   int i=0,j=0,k=0,m;
    for (m=0;m<4;m++)
    switch (m)
    {   case 0:i=m++;
        case 1:j=m++;
        case 2:k=m++;
        case 3:m++;
    }
    cout<<i<<'\t'<<j<<'\t'<<k<<'\t'<<m<<endl;
      return 0;
}
```

3.22  写出下列程序的运行结果。

```cpp
#include <iostream>
using namespace std;
int main( )
{   int n=0,m=0;
    for (int i=0;i<3;i++)
        for (int j=0;j<3;j++)
            if (j>=i) n++;m++;
    cout<<n<<'\n'<<m<<'\n';
      return 0;
}
```

3.23  求 $\sum\limits_{n=1}^{100}\dfrac{1}{n}$ 的值，即求 $1+\dfrac{1}{2}+\dfrac{1}{3}+\dfrac{1}{4}+\cdots+\dfrac{1}{100}$ 的值。

3.24  编程计算 $y=1+\dfrac{1}{x}+\dfrac{1}{x^2}+\dfrac{1}{x^3}+\cdots$ 的值（$x>1$），直到最后一项小于 $10^{-4}$。

3.25  输入两个正整数 $m$ 和 $n$，求其最大公约数和最小公倍数。

3.26  某月 10 天内的气温（℃）为：-5、3、4、0、2、7、0、5、-1、2，编程统计气温在 0℃以上、0℃和 0℃以下的天气各多少天？并计算这 10 天的平均气温值。

3.27  求 $\sum\limits_{n=1}^{10}n!$，即求 $1!+2!+3!+4!+\cdots+10!$。

3.28  设用 100 元买 100 支笔，其中钢笔每支 3 元，圆珠笔每支 2 元，铅笔每支 0.5 元，问钢笔、圆珠笔和铅笔可以各买多少支（每种笔至少买1支）？

3.29 编程显示如图3.28所示的菱形。

图3.28 编程输出菱形

# 实　验　A

## 1. 实验目的

（1）初步学会 VC++开发环境中单步执行程序的方法。

（2）掌握 if 语句的格式与使用方法，学会两路分支程序的设计方法。

（3）掌握嵌套 if 语句的格式与使用方法，学会多路分支程序的设计方法。

（4）掌握 switch 语句的格式与使用方法，学会多路分支程序的设计方法。

## 2. 实验内容

（1）演示单步执行程序的方法。

（2）设计一个程序，判断通过键盘输入的整数的正负性和奇偶性。

实验数据：−3 与 5。

（3）有下列函数：

$$y=\begin{cases} -x+3.5 & (x<5) \\ 20-3.5(x+3)^2 & (5 \leqslant x<10) \\ \dfrac{x}{2}-3.5+\sin x & (x \geqslant 10) \end{cases}$$

设计一个程序，通过键盘输入 $x$ 的值，并输出 $y$ 的值。

实验数据：6 与 11。

（4）编写程序，将百分制成绩转换成等级制成绩。

转换方法为：

| | |
|---|---|
| 90～100 | A |
| 80～89 | B |
| 70～79 | C |
| 60～69 | D |
| 0～59 | E |

通过键盘输入百分制成绩，输出成绩等级。

实验数据：75

## 3. 实验要求

（1）编写实验程序。

（2）在 VC++运行环境中输入源程序。

（3）单步执行程序。

（4）编译运行源程序。

（5）输入测试数据进行程序测试。

（6）写出运行结果。

# 实　验　B

## 1．实验目的

（1）掌握 while 语句的格式与使用方法，学会当型循环程序的设计方法。

（2）掌握 for 语句的格式与使用方法，学会当型循环程序的设计方法。

（3）掌握 do…while 语句的格式与使用方法，学会直到型循环程序的设计方法。

（4）学会求常用级数的编程方法。

## 2．实验内容

（1）输入一行字符，分别统计其中英文字母、空格、数字字符和其他字符的个数。

提示：用 cin.get(c)函数通过键盘输入一个字符给变量 c，直到输入换行字符'\n'.

实验数据：

　　I am Student 1234

（2）设有一个数列，前四项为 0、0、2、5，以后每项分别是其前四项之和，编程求此数列的前 20 项。

（3）求 $\pi$ 的近似值的公式为：

$$\frac{\pi}{2} = \frac{2}{1} \times \frac{2}{3} \times \frac{4}{3} \times \frac{4}{5} \times \cdots \times \frac{2n}{2n-1} \times \frac{2n}{2n+1} \times \cdots$$

其中，$n$=1，2，3，…设计一个程序，求出当 $n$=1000 时 $\pi$ 的近似值。

（4）求出 1～599 中能被 3 整除且至少有一位数字为 5 的所有整数。例如，15、51、513 均是满足条件的整数。

提示：将 1～599 中三位整数 i 分解成个位、十位、百位，分别存放在变量 a、b、c 中。然后判断 a、b、c 中是否有 5。将三位整数 i（设 i=513）分解成个位、十位、百位的方法是：

```
c=i%10;        //c= i%10=513%10=3
a=i/10;        //a= i/10=51
b=a%10;        //b=a%10=51%10=1
a=a/10;        //a=a%10=51/10=5
```

## 3．实验要求

（1）编写实验程序。

（2）在 VC++运行环境中输入源程序。

（3）编译运行源程序。

（4）输入测试数据进行程序测试。

（5）写出运行结果。

# 第4章

# 数组

本章知识点导图

通过本章的学习，应掌握一维数组和二维数组的定义、初始化赋值与使用方法，字符数组的定义、初始化赋值和使用方法，字符串处理函数的使用方法，利用数组编写程序的基本方法。

C++除了提供基本数据类型，还提供了导出数据类型，它们有数组、指针、结构体、共同体和类，它们都是将基本数据类型数据按照一定规律构造而成的。

所谓数组，就是把一系列有序的相同类型的数据组合起来的数据集合。每个数组都有一个名字，即数组名。数组中的每个数据称为数组元素，数组元素在数组中的位置由下标确定。根据数组元素下标的个数，数组分为一维数组和多维数组。当数组元素的数据类型为字符型时，该数组称为字符数组。

## 4.1 数组的定义和使用

### 4.1.1 一维数组的定义和使用

**1. 一维数组的定义与初始化赋值**

（1）一维数组的定义。在使用数组前，必须对数组进行定义。一维数组的定义包含对数组名、数组元素的数据类型和个数的说明。一维数组的定义格式为：

〔存储类型〕<类型> <数组名>[<常量表达式>];

**说明：**

① 存储类型是数组元素的存储类型，是可选的，有关存储类型的概念会在第5章中介绍。

② 类型说明了数组中数组元素的数据类型，可以是C++的基本数据类型，也可以是导出数据类型。

③ 数组名的确定应符合标识符的命名规则。

④ 常量表达式的值是一个正整数，它规定了数组中数组元素的个数，即数组长度。常量表达式中可以包含常量和符号常量，不包含变量。通常情况下为整型常量或由整型常量构成的表达式。

⑤ 数组元素的下标从 0 开始且不能超出范围。例如：

  int a[10];

表示定义了一个名为 a 的整型数组，它有 10 个元素，分别为 a[0]、a[1]、a[2]、a[3]、a[4]、a[5]、a[6]、a[7]、a[8]、a[9]。

（2）一维数组的初始化赋值。与一般变量一样，在数组定义的同时就可以对数组元素赋初值。方法是，从数组的第一个元素开始依次给出初值，形成一个初值表，表中各初值之间用逗号分开，初值表用一对花括号括起来。一维数组初始化赋值的方法有以下几种。

① 给数组的所有元素赋初值。给数组的所有元素赋初值的方法为：将每个元素的初值放在一个用花括号括起来的、各初值间用逗号分开的初值表中。例如：

  int a[10]={1,2,3,4,5,6,7,8,9,10};

表示数组 a 中的所有数组元素 a[0]、a[1]、a[2]、a[3]、a[4]、a[5]、a[6]、a[7]、a[8]、a[9] 分别获得初值 1、2、3、4、5、6、7、8、9、10。

如果一个数组在定义时对它的所有元素赋了初值，那么可以不指定数组的长度，系统会自动计算数组的长度。例如：

  int b[ ]={1,2,3,4,5};

系统自动计算数组 b 的长度为 5，即数组 b 有 5 个数组元素 b[0]、b[1]、b[2]、b[3]、b[4]，并分别获得初值 1、2、3、4、5。

② 给数组的部分元素赋初值。给数组的部分元素赋初值的方法与给数组的所有元素赋初值的方法类似。例如：

  int a[10]={1,2,3,4,5};

表示数组 a 中的前 5 个元素 a[0]、a[1]、a[2]、a[3]、a[4] 分别获得初值 1、2、3、4、5，其他元素的值为 0。

③ 当把数组定义为全局变量或静态变量时，所有数组元素的初值均为 0；当把数组定义为其他存储类型的局部变量时，数组元素没有确定的值，即其值是随机的。关于局部变量、全局变量、静态变量的概念会在后面章节中介绍。

### 2．一维数组在内存中的存储方式

当定义了一个数组后，系统就会为数组分配一串连续的内存单元，来依次存放各个数组元素。

例如，在定义数组 int a[10]={1,2,3,4,5,6,7,8,9,10}; 后，系统将为数组 a 分配 10 个元素的存储空间，每个元素占 4B，其存储空间的分配情况如图 4.1 所示。

| | |
|---|---|
| a[0] | 1 |
| a[1] | 2 |
| a[2] | 3 |
| a[3] | 4 |
| a[4] | 5 |
| a[5] | 6 |
| a[6] | 7 |
| a[7] | 8 |
| a[8] | 9 |
| a[9] | 10 |

图 4.1 一维数组的存储方式

### 3．一维数组元素的访问

数组必须先定义后使用。C++规定只能对数组中的元素进行访问，不能把整个数组作为一个整体使用。一维数组元素的访问形式为：

<数组名>[<下标表达式>]

其中，下标表达式的值就是被访问的数组元素的下标，其数据类型必须为整型。

【例4.1】 通过键盘将10个整数依次输入一个数组中，然后按倒序输出。

程序如下：

```
#include <iostream>
using namespace std;
int main( )
{   int a[10],i;
    cout<<"Input ten integers:";
    for(i=0;i<=9;i++)
      cin>>a[i];
    for(i=9;i>=0;i--)
      cout<<a[i]<<'\t';
    cout<<endl;
    return 0;
}
```

程序执行后显示：

| Input ten integers: | 0 | 1 | 2 | 3 | 4 | 5 | 6 | 7 | 8 | 9 |
|---|---|---|---|---|---|---|---|---|---|---|
| | 9 | 8 | 7 | 6 | 5 | 4 | 3 | 2 | 1 | 0 |

### 4．一维数组应用举例

【例4.2】 某小组有10名学生进行了数学考试，求他们数学成绩的平均分、最高分和最低分。

**分析**：求N个数的平均值的方法是，首先求N个数的累加和，并保存在变量sum中，然后将累加和sum除以数据个数N，即可求得N个数的平均值。求N个数中的最大值的方法是，首先设变量max，用于存放第1个数，然后将余下的数按次序分别与max进行比较，若某数大于max，则将其值赋给max，若某数小于max，则max的值不变，当余下的数都比较完后，max中存放的就是N个数中的最大值。求N个数中的最小值的方法与求N个数中的最大值的方法类似。求一批数的平均值、最大值、最小值流程图如图4.2所示，程序如下：

```
#include <iostream>
#define N 10
using namespace std;
int main( )
{   float a[N],sum,ave,max,min;
    int i;
    cout<<"Input integers:";
    for (i=0;i<N;i++)
      cin>>a[i];
    sum=0;
    max=a[0];
    min=a[0];
    for (i=0;i<N;i++)
      {   sum=sum+a[i];
          if (a[i]>max)
            max=a[i];
          if (a[i]<min)
            min=a[i];
      }
    ave=sum/N;
```

```
    cout<<"ave="<<ave<<','<<"max="<<max<<','<<"min="<<min;
    cout<<endl;
    return 0;
}
```

```
┌─────────────────────────────────────────────────────┐
│  for  i=0  to  N-1                                     │
│  ┌───────────────────────────────────────────────┐   │
│  │          输入 a[i]                              │   │
├─────────────────────────────────────────────────────┤
│  sum=0                                                 │
├─────────────────────────────────────────────────────┤
│  max=a[0]                                              │
├─────────────────────────────────────────────────────┤
│  min=a[0]                                              │
├─────────────────────────────────────────────────────┤
│      for  i=0  to  N-1                                 │
│  ┌───────────────────────────────────────────────┐   │
│  │          sum=sum+a[i]                           │   │
│  ├───────────────────────────────────────────────┤   │
│  │  真  \        a[i]>max       /  假              │   │
│  ├───────────────────────────────────────────────┤   │
│  │     max=a[i]     │                              │   │
│  ├───────────────────────────────────────────────┤   │
│  │  真  \        a[i]<min       /  假              │   │
│  ├───────────────────────────────────────────────┤   │
│  │     min=a[i]     │                              │   │
├─────────────────────────────────────────────────────┤
│              ave=sum/N                                 │
├─────────────────────────────────────────────────────┤
│  输出平均值 ave、最大值 max、最小值 min               │
└─────────────────────────────────────────────────────┘
```

图 4.2　求一批数的平均值、最大值、最小值流程图

程序运行后显示：

```
Input integers:90  87  68  92  56  78  85  90  98  64
ave=80.8,max=98,min=56
```

【例 4.3】　将一个数组的内容按颠倒的次序重新存放。例如，数组中数组元素原来的值依次为：8、3、5、1、9、7、2，要求改为：2、7、9、1、5、3、8。

　　分析：设数组 a 有 n 个元素，将数组 a 中的内容按颠倒的次序重新存放，只需将元素 a[0] 的内容与元素 a[n-1] 的内容交换，将元素 a[1] 的内容与元素 a[n-2] 的内容交换，…，将元素 a[i] 的内容与元素 a[n-i-1] 的内容交换即可；i 的取值范围为 0 到 n/2（取整）-1。例如，将数组内容 8、3、5、1、9、7、2 改为 2、7、9、1、5、3、8 的方法如图 4.3 所示。

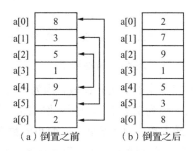

（a）倒置之前　　　　（b）倒置之后

图 4.3　数组内容倒置

程序如下：

```
#include <iostream>
#include <iomanip>
#define N 7
using namespace std;
```

```
int main( )
{    int a[N],i,temp;
     cout<<"Input 7 integers:";
     for (i=0;i<N;i++)
       cin>>a[i];
     for (i=0;i<N;i++)
       cout<<setw(4)<<a[i];
     cout<<endl;
     for (i=0;i<=N/2-1;i++)
       {    temp=a[i];
            a[i]=a[N-i-1];
            a[N-i-1]=temp;
       }
     for (i=0;i<N;i++)
       cout<<setw(4)<<a[i];
     cout<<endl;
     return 0;
}
```

程序执行后显示：

```
Input 7 integers:   8   3   5   1   9   7   2
                    8   3   5   1   9   7   2
                    2   7   9   1   5   3   8
```

【例 4.4】　某班有 10 名学生，进行了数学考试，现要求将数学成绩按由低到高的
顺序排序。

本题微课视频

**分析**：排序是指将一组无序的数据按从小到大（升序）或从大到小（降序）的次序
重新排列。常用的排序方法有三种：冒泡法、选择法和擂台法，现介绍冒泡法和选择法。

（1）冒泡法。先举一实例来说明冒泡法排序的原理：要求将 5 个数 7、5、6、3、2 按从小到大的
次序排列。冒泡排序法如图 4.4 所示。

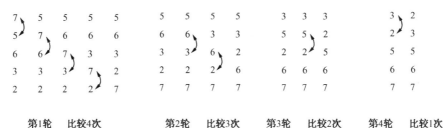

第1轮　比较4次　　　　第2轮　比较3次　　第3轮　比较2次　　第4轮　比较1次

图 4.4　冒泡排序法

第 1 轮第 1 次将第 1 个数 7 和第 2 个数 5 进行比较，因为 7 大于 5，所以将它们交换；第 2 次将
第 2 个数 7 和第 3 个数 6 进行比较，因为 7 大于 6，所以将它们交换；按同样方法进行第 3 次、第 4
次比较与交换。当第 1 轮结束时，最大数 7 已"沉底"，而小的数"上升"，第 1 轮共进行了 4 次比
较，得到 5、6、3、2、7 的数据序列。第 2 轮第 1 次将第 1 个数 5 和第 2 个数 6 进行比较，因为 5 小
于 6，所以不变。按同样方法进行第 2 次、第 3 次比较与交换，第 2 轮共进行了 3 次比较，得到 5、
3、2、6、7 的数据序列。依次类推，第 3 轮进行 2 次比较，得到 3、2、5、6、7 的数据序列。第 4 轮
进行 1 次比较，得到 2、3、5、6、7 的数据序列。至此完成了排序工作。

由以上分析可知，对 5 个数进行排序，要进行 4 轮比较，第 1 轮要进行 4 次相邻两个数间的比
较，第 2 轮要进行 3 次相邻两个数间的比较，第 3 轮要进行 2 次相邻两个数间的比较，第 4 轮只进

行 1 次相邻两个数间的比较。在比较时，若前一个数大于后一个数，即上大下小则交换。这样才能使 5 个数按从小到大的次序排列。这种排序方法被形象地称为冒泡法，在排序的过程中，小的数就像气泡一样逐层上冒，而大的数则逐个下沉。

在进行程序设计时，可以将这 5 个数存入一个数组 a 中。

用 N=5 表示数组 a 中元素的个数，用双重循环实现其排序的操作步骤如下。

① 外循环用变量 i 控制轮次，i 的值从 0 到 3（3=N-2），共进行 N-1 轮。

用循环语句表示为：for(i=0;i<=N-2;i++)或 for(i=0;i<N-1;i++)。

② 内循环用变量 j 控制第 i 轮比较的次数，j 从 0 到 3-i（3-i=N-2-i），共 N-1-i 次。

用循环语句表示为：for(j=0;j<=N-2-i;j++)或 for(j=0;j<N-1-i;j++)。

③ 每次相邻两数两两相比（a[j]与 a[j+1]相比），上大下小则交换（见图 4.5）的语句描述为：

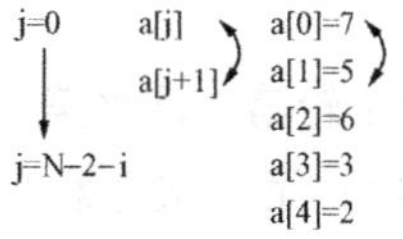

```
if (a[j]>a[j+1]){ temp=a[j]; a[j] =a[j+1]; a[j+1]=temp; }
```

图 4.5　第 i 轮相邻两数两两相比，上大下小则交换

程序如下：

```
#include <iostream>
#include <iomanip>
#define N 10
using namespace std;
int main( )
{    float a[N],temp;
     int i,j;
     cout<<"Input score:";
     for(i=0;i<N;i++)
        cin>>a[i];
     for (i=0;i<N-1;i++)
        for (j=0;j<N-i-1;j++)
          if (a[j]>a[j+1])
             {    temp=a[j]; a[j] =a[j+1]; a[j+1]=temp; }
     for (i=0;i<N;i++)
        cout<<setw(7)<<a[i];
     cout<<endl;
     return 0;
}
```

程序运行后显示：

```
Input score:90  78  68  96  88  75  67  85  92  84
67  68  75  78  84  85  88  90  92  96
```

对于降序排序的冒泡法，只要将上述步骤③改为相邻两数两两相比，上小下大则交换。语句描述为：

```
if (a[j]<a[j+1]){ temp=a[j]; a[j] =a[j+1]; a[j+1]=temp; }
```

为便于读者记忆，将升序排序冒泡法归结为口诀：相邻两数两两相比，上大下小则交换，共进行 N-1 轮，每轮进行 N-1-i 次。降序排序冒泡法口诀由读者自己总结。

（2）选择法。同样，先举一实例来说明选择法排序的原理：要求将 5 个数 7、5、6、3、2 按从小到大的次序排列。选择排序法如图 4.6 所示。

选择排序法的基本思想是首先用求最小值的算法找出 5 个数中的最小数 2，将它放在第 1 个数的位置；其次在余下的 4 个数中找出最小数 3，将它放在第 2 个数的位置；然后在余下的 3 个数中找出最小数 5，将它放在第 3 个数的位置，依次类推，就能将 5 个数按从小到大的次序排列。具体实现方法如下。

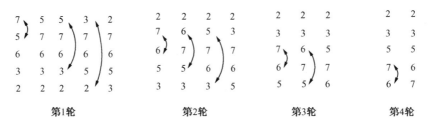

第1轮　　　　　　　第2轮　　　　　　　第3轮　　　　　　　第4轮

图 4.6　选择排序法

第 1 轮第 1 次将第 1 个数 7 与第 2 个数 5 进行比较，因为 7 大于 5，所以将它们交换，使第 1 个数成为 5；第 2 次将第 1 个数 5 与第 3 个数 6 进行比较，因为 5 小于 6，所以保持原状不变。按同样方法进行第 3 次、第 4 次比较与交换。当第一轮结束时，最小数 2 已处在第 1 个数的位置，得到 2、7、6、5、3 的数据序列，即第 1 轮取出第 1 个数，让它与其下一个数（第 2 个数）到最后一个数（第 5 个数）逐一进行比较，若取出的第 1 个数比后面的一个数大，则交换它们的值，否则不交换。

第 2 轮第 1 次，因第 1 个数 2 已是 5 个数中的最小数，所以不必参与比较，只要将第 2 个数与其下一个数（第 3 个数）到最后一个数（第 5 个数）逐一进行比较，若第 2 个数比后面的一个数大，则交换它们的值，否则不交换。当第 2 轮比较结束时，得到 2、3、7、6、5 的数据序列。依次类推，共进行 4 轮比较就可以将 5 个数按从小到大的次序排列，得到 2、3、5、6、7 的数据序列。由此得出结论，将 N 个数按从小到大的次序排序要进行 N-1 轮比较，第 i 轮比较是将第 i 个数（首数）与后面的数（第 i+1 个数到最后一个数）逐一进行比较，若首数大于后面的数则交换它们值。

现将 N 个数存入数组 a 中。用双重循环来实现其排序操作的步骤如下。

① 外循环用变量 i 控制轮次，i 的值从 0 到 3（3=N-2），共进行 N-1 轮。

用循环语句表示为：for(i=0;i<=N-2;i++)或 for(i=0;i<N-1;i++)。

② 内循环用变量 j 控制第 i 轮比较的次数，j 从 i+1 到 N-1，共 N-1-i 次。

用循环语句表示为：for(j=i+1;j<=N-1;j++)或 for(j=i+1;j<N;j++)。

③ 每次首数与后面的数两两相比（a[i]与 a[j]相比，j=i+1 到 N-1），首大后小则交换（见图 4.7）的语句描述为：

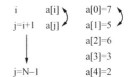

图 4.7　第 i 轮首数与后面的数两两相比，首大后小则交换

```
if (a[i]>a[j]){ temp=a[i]; a[i] =a[j]; a[j]=temp; }
```

程序如下：

```
#include <iostream>
#include <iomanip>
#define N 10
using namespace std;
int main( )
{    float a[N],temp;
     int i,j;
     cout<<"Input score:";
     for (i=0;i<N;i++)
       cin>>a[i];
     for (i=0;i<N-1;i++)
       for (j=i+1;j<N;j++)
         if (a[i]>a[j])
           {  temp=a[i]; a[i]=a[j]; a[j]=temp;}
```

```
        for (i=0;i<N;i++)
            cout<<setw(5)<<a[i];
        cout<<endl;
        return 0;
    }
```

对于降序排序的选择法，只要将上述步骤③改为首数与后面的数两两相比，首小后大则交换。语句描述为：

if(a[i]<a[j]){ temp=a[i]; a[i] =a[j]; a[j]=temp; }

为便于读者记忆，将升序排序选择法归结为口诀：首数与后数两两相比，首大后小则交换，共进行 N-1 轮，每轮从 i+1 开始到 N-1 结束。降序排序选择法口诀由读者自己总结。

## 4.1.2　二维数组的定义和使用

### 1. 二维数组的定义与初始化赋值

（1）二维数组的定义。二维数组的定义格式为：

〔存储类型〕<类型> <数组名>[<常量表达式 1>][<常量表达式 2>];

**说明：**

常量表达式 1 指明了二维数组的行数，常量表达式 2 指明了二维数组中每行的元素个数，即二维数组的列数。其他与一维数组相同。例如：

int　a[3][4];

表示定义了一个二维数组 a，其元素的数据类型为整型，它有 3 行 4 列共 12 个元素，分别为：

a[0][0]　a[0][1]　a[0][2]　a[0][3]
a[1][0]　a[1][1]　a[1][2]　a[1][3]
a[2][0]　a[2][1]　a[2][2]　a[2][3]

可以把二维数组看作一种特殊的一维数组，即它的每个元素又是一个一维数组。

（2）二维数组的初始化赋值。与一维数组一样，二维数组也可以进行初始化赋值。二维数组初始化赋值的方法有以下几种。

① 给数组的所有元素赋初值。给数组的所有元素赋初值的方法有以下两种。

方法一：按行的顺序将每行元素的初值放在一个用花括号括起来的、各初值间用逗号分开的序列中，用花括号括起来的序列间用逗号分隔，全部初值再用一个花括号括起来。例如：

int　a[3][4]={{1,2,3,4},{5,6,7,8},{9,10,11,12}};

方法二：将所有初值放在一个花括号括起来的序列中，按数组排列的顺序给各元素赋初值。例如：

int　a[3][4]={1,2,3,4,5,6,7,8,9,10,11,12};

如果给二维数组的所有元素赋初值，则在定义二维数组时，第一维的长度（数组的行数）可以不指定，而第二维的长度（数组的列数）必须指定。例如：

int　a[ ][4]={{1,2,3,4},{5,6,7,8},{9,10,11,12}};

或

int　a[ ][4]={1,2,3,4,5,6,7,8,9,10,11,12};

② 给数组的部分元素赋初值。给数组的部分元素赋初值的方法与给数组的所有元素赋初值的方法类似。例如：

```
int    a[3][4]={{1,2},{5},{9,10,11}};
```

表示给二维数组 a 的元素 a[0][0]、a[0][1]、a[1][0]、a[2][0]、a[2][1]、a[2][2]赋了初值，其余元素的初值为 0。

### 2．二维数组在内存中的存储方式

虽然在逻辑上可以把二维数组看成一张表格或一个矩阵，但是在计算机中存储二维数组时，需要在内存中开辟一串连续的内存单元，依次存放各个数组元素。

C++中是按行顺序存放二维数组的各个数组元素的，即先存放第一行的元素，再存放第二行的元素，依次把各行的元素存入一串连续的内存单元中。

例如，把前面定义的数组 a 存储在内存中时各数组元素的排列顺序如图 4.8 所示。

### 3．二维数组元素的访问

二维数组元素的访问形式为：

<数组名>[<下标表达式 1>][<下标表达式 2>]

其中，下标表达式 1 和下标表达式 2 的值就是被访问的数组元素的两个下标，其数据类型必须为整型。

| | |
|---|---|
| a[0][0] | 1 |
| a[0][1] | 2 |
| a[0][2] | 3 |
| a[0][3] | 4 |
| a[1][0] | 5 |
| a[1][1] | 6 |
| a[1][2] | 7 |
| a[1][3] | 8 |
| a[2][0] | 9 |
| a[2][1] | 10 |
| a[2][2] | 11 |
| a[2][3] | 12 |

图 4.8  二维数组的存储方式

【例 4.5】　通过键盘给一个 3 行 4 列的二维数组输入整型数值，并按表格形式输出此数组的所有元素。

程序如下：

```cpp
#include <iostream>
#include <iomanip>
using namespace std;
int main( )
{    int a[3][4],i,j;
     cout<<"Input twelve integers:";
     for (i=0;i<3;i++)
       for (j=0;j<4;j++)
         cin>>a[i][j];
     for (i=0;i<3;i++)
     {    for (j=0;j<4;j++)
             cout<<setw(4)<<a[i][j];
          cout<<endl;
     }
     return 0;
}
```

程序执行后显示：

```
Input twelve integers: 1    2    3    4    5    6    7    8    9    10    11    12
1    2    3    4
5    6    7    8
9    10    11    12
```

多维数组的定义和使用方法与二维数组的定义和使用方法类似。

#### 4．二维数组应用举例

【例 4.6】　某小组有 5 名学生，考了 3 门课程，他们的学号及成绩，如表 4.1 所示，试编程求每名学生的平均成绩，并按表格形式输出每名学生的学号、3 门课程的成绩和平均成绩。

本题微课视频

表 4.1　学生成绩情况表一

| 学　　号 | 数　　学 | 语　　文 | 外　　语 | 平 均 成 绩 |
|---|---|---|---|---|
| 1001 | 90 | 80 | 85 | |
| 1002 | 70 | 75 | 80 | |
| 1003 | 65 | 70 | 75 | |
| 1004 | 85 | 50 | 60 | |
| 1005 | 80 | 90 | 70 | |

**分析**：可定义一个具有 5 行 5 列的二维数组来存放 5 名学生的学号、数学成绩、语文成绩、外语成绩、平均成绩。当统计某学生的平均成绩时，只需将二维数组某一行的数学成绩、语文成绩、外语成绩相加除以 3，然后将其存入平均成绩对应元素即可。像这类数据处理问题，采用程序让计算机来处理的一般过程为：输入数据→处理数据→输出数据。

程序如下：

```cpp
#include <iostream>
#include <iomanip>
#define M 5
#define N 5
using namespace std;
int main( )
{    int s[M][N];
     float sum;
     int i,j;
     cout<<"Input data:\n";                              //输入数据
     for (i=0;i<M;i++)                                   //输入 5 名学生的学号与 3 门课程的成绩
        for (j=0;j<N-1;j++)
            cin>>s[i][j];
     for (i=0;i<M;i++)                                   //处理数据
     {   sum=0.0;
         for (j=1;j<N-1;j++)                             //计算每名学生的总成绩
             sum=sum+s[i][j];
         s[i][j]=sum/(N-2);                              //计算每名学生的平均成绩
     }
     cout<<setw(5)<<" Num."<<" Math. Chin. Engl.Ave."<<endl;   //输出数据
     cout<<"----------------------------\n";
     for (i=0;i<M;i++)
     {   for (j=0;j<N;j++)                               //输出每名学生的学号与成绩
             cout<<setw(6)<<s[i][j];
         cout<<endl;
     }
     cout<<"----------------------------\n";
     return 0;
}
```

程序运行后，提示输入学号与成绩：

Input data:

```
1001        90   80   85
1002        70   75   80
1003        65   70   75
1004        85   50   60
1005        80   90   70
Num.   Math.  Chin.  Engl.  Ave.
------------------------------------------
1001    90     80     85     85
1002    70     75     80     75
1003    65     70     75     70
1004    85     50     60     65
1005    80     90     70     80
------------------------------------------
```

【例 4.7】 将一个二维数组的行和列元素互换，形成另一个二维数组，即数组的转置运算。例如：

数组 a

$$\begin{pmatrix} 1 & 2 & 3 & 4 \\ 5 & 6 & 7 & 8 \\ 9 & 10 & 11 & 12 \end{pmatrix}$$

数组 b

$$\begin{pmatrix} 1 & 5 & 9 \\ 2 & 6 & 10 \\ 3 & 7 & 11 \\ 4 & 8 & 12 \end{pmatrix}$$

分析：将数组 a 转置成数组 b，只要将其每个数组元素的两个下标交换即可，即 b[i][j]=a[j][i]，程序如下：

```cpp
#include <iostream>
#include <iomanip>
using namespace std;
int main( )
{   int a[3][4]={{1,2,3,4},{5,6,7,8},{9,10,11,12}};
    int b[4][3];
    int i,j;
    cout<<"Array a:\n";
    for(i=0;i<3;i++)                        //输出数组 a
    {   for(j=0;j<4;j++)
            cout<<setw(5)<<a[i][j];
        cout<<endl;
    }
    for (i=0;i<4;i++)                       //将数组 a 转置成数组 b
        for (j=0;j<3;j++)
            b[i][j]=a[j][i];
    cout<<"Array b:\n";
    for (i=0;i<4;i++)                       //输出数组 b
    {   for (j=0;j<3;j++)
            cout<<setw(5)<<b[i][j];
        cout<<endl;
    }
    return 0;
}
```

程序运行后输出：

```
Array   a:
    1    2    3    4
    5    6    7    8
```

```
              9    10    11    12
Array    b:
       1     5     9
       2     6    10
       3     7    11
       4     8    12
```

# 4.2  字符数组的定义和使用

## 4.2.1  字符串和字符数组

### 1. 字符串及其结束标志

字符串就是用一对双引号引起来的字符序列，如"C++ program"、"A"、"It is an integer.\n" 等。字符串中的字符可以是能显示的字符，也可以是转义字符（如换行符"\n"）。

在 C++中，为了判断字符串是否结束，系统会自动在字符串的末尾加一个字符'\0'，作为字符串的结束标志。例如，字符串 "C++ program"共 11 个字符，但实际上它在内存中占 12 个内存单元，最后一个内存单元存放'\0'，作为字符串的结束标志，因此它有 12 个字符。

需要指出的是，'\0'代表 ASCII 码为 0 的字符，它不是一个可显示的字符，而是一个"空操作"字符，即它什么也不做。用它作为字符串的结束标志不会产生任何附加操作或增加有效字符，只是作为一个供识别的标志。

**注意**：字符串和字符是有区别的，字符串是用双引号引起来的字符序列，而字符则是用单引号引起来的单个字符，它们所占的存储空间也不同。例如，"A"是字符串，而'A'则是字符；在内存中字符串"A"占两个内存单元，而字符'A'仅占一个内存单元。

### 2. 字符数组

字符数组就是存放字符数据的数组。在字符数组中，一个元素存放一个字符。字符数组必须先定义后使用。

（1）字符数组的定义。字符数组的定义与一般数组的定义完全相同，只是在字符数组中，每个元素的数据类型为字符型。定义字符数组的一般格式为：

〔存储类型〕 char <数组名>[<表达式>];

例如：

char s[10];

在 C++中，将字符串作为字符数组来处理，也就是说，用字符数组来存放字符串。例如，为了存放字符串" C++ program"，应定义一个字符数组：

char   str[12];

可以用前面介绍的方法，对定义的字符数组的元素一个一个地进行处理；但通常都是将字符数组作为一个整体（字符串）来处理的。

（2）字符数组的初始化赋值。对字符数组进行初始化赋值的方法有以下两种。

① 给字符数组的各个元素逐个赋初值。例如：

char   str[12]={'C','+','+',' ','p','r','o','g','r','a','m','\0'};

在用这种方法对字符数组进行初始化赋值时，可以不指定字符数组的长度。例如：

    char   str[ ]={'C','+','+',' ','p','r','o','g','r','a','m','\0'};

② 给字符数组指定一个字符串初值。例如：

    char str[]={"C++ program"};

其中花括号"{ }"可以省略，即可以写成：

    char str[]="C++ program";

在用这种方法对字符数组进行初始化赋值时，系统会自动在最后一个字符后面加一个字符'\0'，表示字符串的结束。字符数组的长度为12，而不是11。字符数组的存储方式如图4.9所示。

（3）字符数组的输入与输出。

字符数组和数值数组一样，可对其中的元素进行逐个输入/输出。但常把字符数组作为字符串进行整体的输入/输出。

在将字符数组作为字符串进行输入/输出时，在 cin/cout 中仅给出字符数组名即可。

| | |
|---|---|
| str[0] | C |
| str[1] | + |
| str[2] | + |
| str[3] | |
| str[4] | p |
| str[5] | r |
| str[6] | o |
| str[7] | g |
| str[8] | r |
| str[9] | a |
| str[10] | m |
| str[11] | \0 |

图 4.9  字符数组的存储方式

【例 4.8】   将两个字符串分别输入两个字符数组中，并输出这两个数组中的字符串。

程序如下：

```cpp
#include <iostream>
using namespace std;
int main( )
{      char s1[40],s2[40];
       cout<<"Input two strings:";
       cin>>s1>>s2;
       cout<<"s1="<<s1<<'\t'<<"s2="<<s2<<endl;
       return 0;
}
```

说明：

① 在输入字符串时，如果遇到空格字符或换行字符（"Enter"键），则认为一个字符串结束，接着的非空格字符作为一个新的字符串的开始，并且系统会自动在每个字符串后加一个'\0'。例如，在例 4.8 中，如果输入：

    very good

则 s1 的内容为字符串"very"，s2 的内容为字符串"good"。

当要把输入的一行字符（包括空格字符）作为一个字符串送到字符数组中时，要使用函数 cin.getline(str,n)，该函数的第一个参数 str 为字符数组名，第二个参数 n 为允许输入的最大字符个数。例如：

    char s[12];
    cin.getline(s,12);

如果输入：

    C++ program

则字符数组 s 的内容为"C++ program"。

② 当一个字符数组作为一个字符串输出时，必须保证在数组中包含字符串结束标志'\0'，当遇到'\0'时，输出自动结束，且'\0'不输出。因此，在例 4.8 中，如果输入 very good，则输出为：

```
s1=very    s2=good
```

## 4.2.2　字符串处理函数

在 C++的库函数中，提供了字符串处理函数，它们包含在头文件 string 中。这里介绍几个常用的字符串处理函数及其使用方法。

### 1．求字符串长度函数 strlen()

格式：strlen(<字符串>)。

功能：求字符串的长度。

例如，设有如下程序：

```
char str[]="C++ program";
cout<<strlen(str)<<endl;
```

则输出字符串的长度为 11。

说明：

（1）字符串可以是字符数组名，也可以是字符串常量。

（2）函数值为字符串的实际长度，不包括最后的'\0'。

### 2．字符串复制函数 strcpy()

格式：strcpy(<字符数组 1>,<字符串 2>)。

功能：将字符串 2 复制到字符数组 1 中。

例如，设有如下程序：

```
char str1[12],str2[]="C++ program";
strcpy(str1,str2);
```

则字符数组 str1 的内容为"C++ program"。

说明：

（1）字符数组 1 必须是字符数组名，字符串 2 可以是字符数组名，也可以是字符串常量。

（2）字符数组 1 必须足够大，以便容纳被复制的字符串 2。

（3）字符串 2 后的'\0'也一起被复制到字符数组 1 中。

（4）在赋值运算符“=”没有重载之前，不能用赋值语句将一个字符串常量或字符数组赋给另一个字符数组，只能用字符串复制函数来处理。例如，下面的操作是非法的：

```
str2="C++ program";
str1=str2;
```

有关运算符重载的概念会在第 11 章进行介绍。

### 3．字符串连接函数 strcat()

格式：strcat(<字符数组 1>,<字符串 2>)。

功能：将字符串 2 连接到字符数组 1 中的字符串后，其结果存放在字符数组 1 中。

例如，设有如下程序：

```
char str1[30]="I am a ";
char str2[]="student.";
strcat(str1,str2);
```

则字符数组 str1 的内容为"I am a student."。

**说明：**

（1）字符数组 1 必须是字符数组名，字符串 2 可以是字符数组名，也可以是字符串常量。

（2）字符数组 1 必须足够大，以便容纳连接后的新字符串。

（3）在连接时，字符串 1 之后的'\0'取消，只在新字符串最后保留一个'\0'。

#### 4．字符串比较函数 strcmp()

格式：strcmp(<字符串 1>,<字符串 2>)。

功能：将两个字符串从左到右进行逐个字符的比较（按 ASCII 码的大小比较），直到出现不同的字符或遇到'\0'。如果所有字符都相同，则认为两个字符串相等；如果出现不相同的字符，则以第一个不相同的字符的比较结果作为两个字符串的比较结果。比较结果由函数值返回。

（1）如果字符串 1=字符串 2，则函数值为 0。

（2）如果字符串 1>字符串 2，则函数值为一个正整数。

（3）如果字符串 1<字符串 2，则函数值为一个负整数。

**说明：**

（1）字符串 1 和字符串 2 都可以是字符数组名，也都可以是字符串常量。

（2）在比较运算符（如==）没有重载之前，两个字符串不能用关系运算符进行比较，而只能用字符串比较函数来处理。例如，下面的操作是非法的：

```
if(str1==str2)
    cout<<"True";
else
    cout<<"False";
```

#### 5．字符串中大写字母变换为小写字母函数 strlwr()

格式：strlwr(<字符数组>)。

功能：将字符数组中的所有大写字母变换为小写字母。

例如，设有如下程序：

```
char str[]="CHINA";
strlwr(str);
```

则 str 中的内容变换为"china"。

#### 6．字符串中小写字母变换为大写字母函数 strupr()

格式：strupr(<字符数组>)。

功能：将字符数组中的所有小写字母变换为大写字母。

例如，设有如下程序：

```
char str[]="china";
strupr(str);
```

则 str 中的内容变换为"CHINA"。

本题微课视频

【例 4.9】 通过键盘输入两个字符串，将它们连接成一个字符串。

方法一：使用字符串连接函数 strcat()连接两个字符串。

程序如下：

```
#include <iostream>
#include <string>
using namespace std;
int main( )
{    char str1[40],str2[20];              //定义字符数组 str1、str2
     cout<<"Input two strings:\n";
     cin.getline(str1,19);                //输入字符串 1 到 str1 中
     cin.getline(str2,19);                //输入字符串 2 到 str2 中
     strcat(str1,str2);                   //将 str1、str2 连接后存入 str1 中
     cout<<str1<<endl;                    //输出 str1
     return 0;
}
```

程序运行后显示：

```
Input two strings:
very
good
```

输出：

```
very good
```

方法二：不使用字符串连接函数 strcat()连接两个字符串。

定义两个变量 i、j，首先使 i 指向字符数组 str1 的第一个元素，移动 i 使其指向 str1 的末尾，即指向 str1 的最后一个元素'\0'；其次使 j 指向字符数组 str2 的第一个元素，将 str2 中的元素分别赋给 str1 中相应位置的元素，直到 str2 结束，即 j 指向 str2 的最后一个元素'\0'；最后在 str1 的末尾添加一个结束标志'\0'，如图 4.10 所示。

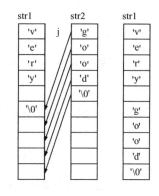

图 4.10 字符串的连接

程序如下：

```
#include <iostream>
using namespace std;
int main( )
{    char str1[40],str2[20];              //定义字符数组 str1、str2
     int i,j;
     cout<<"Input two strings:\n";
     cin.getline(str1,19);                //输入字符串 1 到 str1 中
     cin.getline(str2,19);                //输入字符串 2 到 str2 中
     i=0;                                 //使 i 指向 str1 的第一个元素
     while (str1[i]!='\0')                //判断 str1 是否结束
        i++;                              //str1 没有结束，使 i 指向下一个元素
     j=0;                                 //使 j 指向 str2 的第一个元素
     while (str2[j]!='\0')                //判断 str2 是否结束
        {   str1[i]=str2[j];             //str2 没有结束，将 str2[j]赋给 str1[i]
            i++;                          //使 i 指向 str1 的下一个元素
            j++;                          //使 j 指向 str2 的下一个元素
        }
     str1[i]='\0';                        //在 str1 的末尾添加结束标志'\0'
```

```
        cout<<str1<<endl;                                    //输出 str1
        return 0;
    }
```

# 4.3　数组应用举例

前面主要介绍了一维数组、二维数组和字符数组的定义与引用，现就这三类数组的定义、引用、数据输入/输出、主要应用总结如下。

## 4.3.1　一维数组应用举例

### 1．一维数组内容小结

（1）定义格式：

　　〔存储类型〕<类型><数组名>[长度]={初值}；

例如，N 个元素组成的一维整型数组 a[N]的定义格式为：

```
# define N 10
int a[N]={1,2,3,4,5,6,7,8,9,10};
```

（2）元素引用：

　　<数组名>[下标表达式]

（3）输入/输出：一维数组元素只允许进行单个元素的输入/输出。例如：

```
int i;
```

输入语句段：for(i=0;i<N;i++) cin>>a[i];

输出语句段：for(i=0;i<N;i++) cout<<a[i];

**注意**：不允许用数组名 a 进行输入或输出。例如，cin>>a;或 cout<<a;都是错误的。

### 2．一维数组具体应用举例

（1）求数组中的最大值与最小值。对数组 a[N]求最大值 max 与最小值 min 的程序段为：

```
int i;
float max=min=a[0];
for(i=0;i<N;i++)
{   if(a[i]>max) max=a[i];          //a[i]与 max 相比，大的留下，小的不要
    if(a[i]<min) min=a[i];          //a[i]与 min 相比，小的留下，大的不要
}
```

（2）求数组的和与平均值。对数组 a[N]求和与平均值的程序段为：

```
int i,sum=0;
for(i=0;i<N;i++)
    sum+=a[i];                      //将 a[i]依次累加到 sum 中
    ave=sum/N;                      //sum 除以 N 得到平均值
```

（3）对数组进行排序。对一维数组进行排序共有三种方法，即冒泡法、选择法与擂台法。

① 冒泡法。升序排序冒泡法的口诀是：相邻两数两两相比，上大下小则交换，共进行 N-1 轮，每轮进行 N-1-i 次，其核心程序段为：

```
for (i=0;i<N-1;i++)
{   for (j=0;j<N-i-1;j++)
    if (a[j]>a[j+1])
    { temp=a[j]; a[j] =a[j+1]; a[j+1]=temp; }
}
```

② 选择法。升序排序选择法的口诀是：首数与后数两两相比，首大后小则交换，共进行 N-1 轮，每轮从 i+1 开始到 N-1 结束，其核心程序段为：

```
for (i=0;i<N-1;i++)
{   for (j=i+1;j<N;j++)
    if (a[i]>a[j])
    { temp=a[i]; a[i] =a[j]; a[j]=temp; }
}
```

③ 擂台法。擂台法源于选择法。在选择法的每次比较后，若首大后小则交换，当数组元素较多时，频繁的交换将延长程序的执行时间，降低程序的执行效率。解决此问题的方法是改每次交换为每轮交换，具体做法如下。

每轮（第 i 轮）设一个擂主 k，初值为 k=i；使擂主值 a[k] 与后面的数 a[j] 相比，主大后小则换主，即 if(a[k]>a[j]) k=j;。在本轮结束时，判断擂主是否改变，若改变则将擂主值与首数值交换，即 if(k>i) { temp=a[i]; a[i]=a[k]; a[k]=temp; }，共进行 N-1 轮，每轮 j 从 i+1 开始到 N-1 结束，其核心程序段为：

```
for (i=0;i<N-1;i++)
{   int k=i;                          //每轮设置擂主 k，初值 k=i
    for (j=i+1;j<N;j++)
        if (a[k]>a[j]) k=j;           //主大后小则换主
    if (k>i)                          //当擂主改变时，将擂主值与首数值交换
    { temp=a[i]; a[i]=a[k]; a[k]=temp; }
}
```

由于擂台法采用每轮交换的方法，所以其排序效率大大高于冒泡法与选择法的排序效率。
若要进行降序排序，则只需将程序中两数相比的关系运算符由">"改为"<"即可。

【例 4.10】 已有一按从小到大次序排列的数组，现输入一数，要求按原来排序的规律将它插入数组中。

分析：先定位，找到插入元素 a[i]，然后向右移，将下标从 i 到 N-2 的元素向后移一个元素的位置，最后插入新元素值。

程序如下：

```
#include <iostream>
#include <iomanip>
#define N 10
using namespace std;
int main()
{   float a[N];
    int i,b,j;
    cout<<"Input sort array a[9]:"<<endl;
    for(i=0;i<N-1;i++)
        cin>>a[i];
    cout<<"Input number b:";
    cin>>b;
    i=0;
    while (i<N&&a[i]<b) i++;
    for(j=N-1;j>i;j--)    a[j]=a[j-1];
```

```
        a[i]=b;
        for(i=0;i<N;i++)
            cout<<setw(6)<<a[i];
        cout<<endl;
        return 0;
    }
```

输入：1 2 3 4 5 6 7 8 10

插入：9

输出：1 2 3 4 5 6 7 8 9 10

## 4.3.2 二维数组应用举例

（1）定义格式：

〔存储类型〕<类型><数组名>[行长][列长]={初值};

（2）元素引用：

<数组名>[行下标表达式] [列下标表达式]

（3）输入/输出：二维数组元素只允许进行单个元素的输入/输出，而不允许用数组名进行输入/输出。

【例4.11】 某小组有5名学生，考了3门课程，他们的学号及成绩如表4.2所示，试编程求每名学生的总成绩及每门课程的平均成绩，并按表格形式输出每名学生的学号、3门课程的成绩、总成绩及各门课程的平均成绩。要求用一个6行5列的数组完成上述操作。将学生成绩按总成绩降序排序后输出。

表4.2 学生成绩情况表二

| 学 号 | 数 学 | 语 文 | 外 语 | 总 成 绩 |
| --- | --- | --- | --- | --- |
| 1001 | 90 | 80 | 85 | |
| 1002 | 70 | 75 | 80 | |
| 1003 | 65 | 70 | 75 | |
| 1004 | 85 | 50 | 60 | |
| 1005 | 80 | 90 | 70 | |
| 平均成绩 | | | | |

程序如下：

```
#include <iostream>
#include <iomanip>
#define M 6
#define N 5
using namespace std;
int main()
{   float s[M][N],sum,temp;
    int i,j,k;
    cout<<"Input data:\n";                          //输入数据
    for (i=0;i<M-1;i++)                             //输入5名学生的学号与3门课程的成绩
    {   for (j=0;j<N-1;j++)
            cin>>s[i][j];
    }
    for (i=0;i<M-1;i++)                             //处理数据
    {   sum=0.0;
```

```
        for (j=1;j<N-1;j++)                          //计算每名学生的总成绩
            sum=sum+s[i][j];
        s[i][N-1]=sum;                               //存放每名学生的总成绩
    }
    for (j=1;j<N;j++)                                //处理数据
    {   sum=0.0;
        for (i=0;i<M-1;i++)                          //计算每门课程的总成绩
            sum=sum+s[i][j];
        s[M-1][j]=sum/(M-1);                         //计算每门课程的平均成绩
    }
    for (i=0;i<M-2;i++)
    {   k=i;                                         //按总成绩降序排序
        for(j=i+1;j<M-1;j++)
            if (s[k][N-1]<s[j][N-1]) k=j;
        if (k!=i)
            for (j=0;j<N;j++)
            {   temp=s[i][j];s[i][j]=s[k][j];s[k][j]=temp;}
    }
    cout<<setw(5)<<"Num. "<<"Math.Chin.Engl.Sum."<<endl;   //输出数据
    cout<<"-----------------------------\n";
    for (i=0;i<M;i++)
    {   for (j=0;j<N;j++)                            //输出学号、3门课程的平均成绩与总成绩
        if(i==M-1 && j==0) cout<<setw(6)<<"平均成绩";
        else cout<<setw(6)<<s[i][j];
        cout<<endl;
    }
    cout<<"-----------------------------\n";
    return 0;
}
```

**【例 4.12】** 设计一个程序，按下列格式打印杨辉三角形。

```
1
1    1
1    2    1
1    3    3    1
1    4    6    4    1
1    5    10   10   5    1
1    6    15   20   15   6    1
```

方法一：

杨辉三角形第 $n$ 行第 $m$ 个元素值为多项式 $(1+x)^n$ 展开式的系数 $C_n^m = \dfrac{n!}{m!(n-m)!}$。

例如，第 4 行各元素值为：

$$C_4^0 = \frac{4!}{0!(4-0)!} = 1 , \quad C_4^1 = \frac{4!}{1!(4-1)!} = 4 , \quad C_4^2 = \frac{4!}{2!(4-2)!} = 6 , \quad C_4^3 = \frac{4!}{3!(4-3)!} = 4 ,$$

$$C_4^4 = \frac{4!}{4!(4-4)!} = 1 。$$

因此，只需计算组合数 $C_n^m = \dfrac{n!}{m!(n-m)!}$ 即可得到第 $n$ 行第 $m$ 个元素值。

用二重循环即可打印杨辉三角形，程序如下：

```
#include <iostream>
```

```cpp
#include <iomanip>
#define N 7
using namespace std;
int main()
{   int c[N][N],m,n,k,m1,n1,n_m;
    for(n=0; n<N;n++)
        for(m=0; m<=n;m++)
        {   for(m1=1,k=1;k<=m;k++)   m1*=k;
            for(n1=1,k=1;k<=n;k++)   n1*=k;
            for(n_m=1,k=1;k<=n-m;k++)   n_m*=k;
            c[n][m]=n1/(m1*n_m);
        }
        for(n=0;n<N;n++)
        {   for(m=0; m<=n;m++)
                cout<<setw(6)<<c[n][m];
            cout<<endl;
        }
        return 0;
}
```

方法二：

从杨辉三角形各元素值可以看出如下规律。

（1）第一列和对角线元素值都为1。

（2）其他元素值为c[n][m]=c[n-1][m-1]+c[n-1][m]。

程序如下：

```cpp
#include <iostream>
#include <iomanip>
#define N 7
using namespace std;
int main()
{   int c[N][N],m,n;
    for(n=0;n<N;n++)
    {   c[n][n]=1;
        c[n][0]=1;
    }
    for(n=2; n<N;n++)
        for(m=1; m<=n-1;m++)
            c[n][m]=c[n-1][m-1]+c[n-1][m];
    for(n=0; n<N;n++)
    {   for(m=0;m<=n;m++)
            cout<<setw(6)<<c[n][m];
        cout<<endl;
    }
        return 0;
}
```

## 4.3.3 字符数组应用举例

（1）定义格式：

〔存储类型〕 char <数组名>[长度]="字符串"；

（2）数组元素引用：

```
<数组名>[下标];
```

（3）输入/输出：可以整体赋初值、整体输入/输出。例如：

```
# define N 80
char str[N]="String!";
cin.getline(str,60);
cout<<str;
```

上述语句是正确可行的。

（4）字符串处理函数：C++提供的字符串处理函数包含在头文件 string 中。常用的字符串处理函数有：

```
求字符串长度函数：strlen(str);        //返回字符串 str 的长度
字符串复制函数：strcpy(s1,s2);        //s1←s2
字符串连接函数：strcat(s1,s2);        //s1←s1+s2
字符串比较函数：strcmp(s1,s2);        //当 s1>s2 时函数值>0, 当 s1=s2 时函数值=0
                                      //当 s1<s2 时函数值<0
```

【例 4.13】 通过键盘输入 3 个字符串，找出其中的最大者。

**分析**：设一个有 3 行 20 列的二维字符数组 str[3][20]，C++规定二维数组 str[3][20]中的一行可用 str[i]来表示，因此二维数组 str[3][20]的 3 行分别为 str[0]、str[1]和 str[2]，而 str[0]、str[1]和 str[2]又分别是 3 个一维字符数组，它们各有 20 个元素。对于 str[0]、str[1]和 str[2]，可以像一维字符数组一样进行处理，用 cin.getline()函数输入 3 个字符串，找出其中的最大者，并存入一维字符数组 string 中。

程序如下：

```
#include <iostream>
#include <string>
using namespace std;
int main()
{    char str[3][20],string[20];        //定义字符数组 str[3][20]和 string[20]
     int i;
     cout<<"Input three strings:\n";
     for (i=0;i<3;i++)
        cin.getline(str[i],19);         //输入 3 个字符串并存放在 str[3][20]中
     if (strcmp(str[0],str[1])>0)       //找出 str[0]和 str[1]中的较大者，并将其存入 string 中
        strcpy(string,str[0]);
     else
        strcpy(string,str[1]);
     if (strcmp(str[2],string)>0)       //若 str[2]比 string 大，则将 str[2]存入 string 中
        strcpy(string,str[2]);
     cout<<string<<endl;                //输出 string
     return 0;
}
```

程序运行后显示：

```
Input three strings:
we
you
they
```

输出：

```
you
```

# 本 章 小 结

数组是一系列相同类型数据的有序集合。

## 1．一维数组

一维数组就是一组有序排列的数据。在定义一维数组的同时，可以为数组元素赋初值。当定义了一个一维数组后，系统就会在内存中开辟一串连续的内存单元，依次存放各个数组元素。

## 2．二维数组

二维数组就是按表格或矩阵形式排列的数据。在定义二维数组的同时，也可以为数组元素赋初值。当定义了一个二维数组后，系统也会在内存中开辟一串连续的内存单元，并按行顺序依次存放二维数组的各元素。

**注意**：无论是一维数组还是二维数组，都必须先定义后使用，并且只能对其中的元素进行访问；数组元素的下标从 0 开始，且不能超出范围。

## 3．字符串和字符数组

（1）字符串。

字符串就是用一对双引号引起来的字符序列。在字符串的末尾有一个结束标志'\0'。

（2）字符数组。

当数组元素为字符型数据时，就形成了字符数组。

在 C++中，将字符串作为字符数组来处理，也就是说，用字符数组来存放字符串。因此，对字符数组来说，可以进行整体赋初值、整体输入/输出。

（3）字符串处理函数。

在 C++的库函数中，提供了字符串处理函数，它们包含在头文件 string 中。常用的字符串处理函数有：求字符串长度函数 strlen()、字符串复制函数 strcpy()、字符串连接函数 strcat()、字符串比较函数 strcmp()、字符串中大写字母变换为小写字母函数 strlur()、字符串中小写字母变换为大写字母函数 strupr()。

**注意**：在字符串运算符未重载之前，不能用赋值语句将一个字符串或字符数组赋给另一个字符数组，只能用字符串复制函数来处理；两个字符串也不能用关系运算符进行比较，而只能用字符串比较函数来处理。

## 4．本章重点、难点

**重点**：一维数组和二维数组的定义、初始化赋值与使用，字符数组的定义、初始化赋值与使用，字符串处理函数。

**难点**：数组的应用编程，如三种排序方法。

# 习 题

4.1　什么是数组？

4.2　一维数组与二维数组在内存中是如何存储的？

4.3 有如下数组定义：

    int   a[20];

指出该数组的数组名、数组元素类型、数组元素个数、第一个数组元素的下标值和最后一个数组元素的下标值。

4.4 写出下列程序的运行结果。

```cpp
#include <iostream>
using namespace std;
int main( )
{    int i,a[10],p[3];
     for (i=0;i<10;i++)
       a[i]=i+1;
     for (i=0;i<3;i++)
       p[i]=a[i*(i+1)];
     for (i=0;i<3;i++)
       cout<<p[i]<<'\t';
     cout<<endl;
     return 0;
}
```

4.5 写出下列程序的运行结果。

```cpp
#include <iostream>
using namespace std;
int main( )
{    static int a[7]={1},i,j;
     for (i=1;i<=6;i++)
        for (j=i;j>0;j--)
           a[j]+=a[j-1];
     for (j=0;j<7;j++)
       cout<<a[j]<<endl;
     return 0;
}
```

4.6 写出下列程序的运行结果。

```cpp
#include <iostream>
using namespace std;
int main( )
{    int a[6][6],i,j;
     for (i=1;i<6;i++)
        for (j=1;j<6;j++)
          a[i][j]=(i/j)*(j/i);
     for (i=1;i<6;i++)
     {   for (j=1;j<6;j++)
            cout<<a[i][j]<<'\t';
         cout<<endl;
     }
     return 0;
}
```

4.7 写出下列程序的运行结果。

```cpp
#include <iostream>
#include <string>
```

```
using namespace std;
int main( )
{    char str[80];
     int i,j,k;
     cout<<"Input string:";
     cin>>str;
     for(i=0,j=strlen(str)-1;i<j;i++,j--)
     {    k=str[i];
          str[i]=str[j];
          str[j]=k;
     }
     cout<<str<<endl;
     return 0;
}
```

运行时输入:

abcdef（"Enter"键）

4.8    某班有 30 名学生，进行了数学考试，编写程序将考试成绩输入一维数组，并求数学的平均成绩和不及格学生的人数。

4.9    设有一个数列，它的前四项为 0、0、2、5，以后每项分别是其前四项之和，编程求此数列的前 20 项。用一维数组完成此操作。

4.10    某班有 30 名学生，进行了数学考试，编写程序将考试成绩输入一维数组，并将数学成绩用冒泡法、选择法与擂台法三种排序算法按由高到低的顺序排序后输出。

4.11    已有一按从大到小次序排列的数组，现输入一数，要求按原来排序的规律将它插入数组中。

4.12    定义一个二维数组，用编程的方法形成如下矩阵（数据不能通过键盘输入），并按下列格式输出矩阵。

$$A=\begin{pmatrix} 1 & 2 & 3 & 4 & 5 \\ 1 & 1 & 2 & 3 & 4 \\ 1 & 1 & 1 & 2 & 3 \\ 1 & 1 & 1 & 1 & 2 \\ 1 & 1 & 1 & 1 & 1 \end{pmatrix}$$

4.13    设计一个程序，打印如下格式的杨辉三角形。

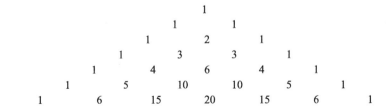

4.14    输入一个字符串，求出字符串的长度（不能用 strlen()函数），并输出字符串及其长度。

4.15    输入一行字符，分别统计其中英文字母、空格、数字字符和其他字符的个数。

4.16    编写一程序，对通过键盘输入的两个字符串进行比较，然后输出两个字符串中第一个不同字符的 ASCII 码之差。例如，输入的两个字符串分别为 abcdef 和 abceef，则第一个不同字符为 d 和 e，输出为-1。

4.17 通过键盘输入三个字符串，将其合并成一个字符串，并求合并后字符串的长度。

4.18 已知某运动会上男子百米赛跑决赛成绩。要求编写程序，按成绩排序，并按名次输出排序结果，输出包括名次、运动员号码和成绩三项内容。

4.19 某小组有 5 名学生，考了 3 门课程，他们的学号及成绩如表 4.3 所示，试编程求每名学生的总成绩及每门课程的最高分，并按表格形式输出每名学生的学号、3 门课程的成绩、总成绩及各门课程的最高分。要求用一个 6 行 5 列的数组完成上述操作。

表 4.3  学生成绩情况表三

| 学　　号 | 数　　学 | 语　　文 | 外　语 | 总　成　绩 |
|---|---|---|---|---|
| 1001 | 90 | 80 | 85 | |
| 1002 | 70 | 75 | 80 | |
| 1003 | 65 | 70 | 75 | |
| 1004 | 85 | 50 | 60 | |
| 1005 | 80 | 90 | 70 | |
| 最高分 | | | | |

4.20 将习题 4.19 中的学生成绩用擂台法按总成绩升序排序后输出，并输出每门课程不及格学生的学号、课程名称及成绩。

4.21 设 $A$ 为 $m$ 行 $n$ 列的矩阵，$B$ 为 $n$ 行 $k$ 列的矩阵，$C$ 为 $m$ 行 $k$ 列的矩阵。设计矩阵乘法程序，要求完成 $C=A \times B$ 的操作。$m$、$n$ 与 $k$ 用 define 定义为常量，其值由用户自定义。

# 实　验　A

## 1. 实验目的

（1）掌握一维数组的定义、初始化赋值、数组元素的引用方法。
（2）掌握二维数组的定义、初始化赋值、数组元素的引用方法。
（3）学会求数组元素中的最大值、最小值、平均值的方法。
（4）学会对数组元素进行排序的两种编程方法。

## 2. 实验内容

（1）某班第 1 组有 10 名学生，进行了 C++考试，编写程序将考试成绩输入一维数组，并求出 C++的平均成绩及优（90～100）、良（80～89）、中（70～79）、及格（60～69）与不及格（0～59）学生的人数。

实验数据：90、85、80、75、70、65、60、55、50、45。

（2）某班第 1 组有 10 名学生，进行了 C++考试，编写程序将考试成绩输入一维数组，并将 C++成绩用冒泡法、选择法两种排序算法按由低到高的顺序排序后输出。

实验数据：90、85、80、75、70、65、60、55、50、45。

（3）输入一个 5 行 5 列的二维数组，编程实现：
① 求出其中的最大值和最小值及其对应的行列位置；
② 求出主副对角线上各元素之和。

实验数据：

$$\begin{pmatrix} 1 & 2 & 3 & 4 & 5 \\ 2 & 3 & 4 & 5 & 6 \\ 3 & 4 & 5 & 6 & 7 \\ 4 & 5 & 6 & 7 & 8 \\ 5 & 6 & 7 & 8 & 9 \end{pmatrix}$$

（4）设 *A*、*B*、*C* 均为 *m* 行 *n* 列的矩阵。设计矩阵加法程序，要求完成 *C=A+B* 的操作。并输出 *C* 的元素值。*m* 与 *n* 用 define 定义为常量，取值 3、3。*A*、*B* 矩阵的元素值如下。

$$A = \begin{pmatrix} 1 & 2 & 3 \\ 4 & 5 & 6 \\ 7 & 8 & 9 \end{pmatrix} \qquad B = \begin{pmatrix} 3 & 2 & 1 \\ 6 & 5 & 4 \\ 9 & 8 & 7 \end{pmatrix}$$

### 3．实验要求

（1）编写实验程序。

（2）在 VC++运行环境中输入源程序。

（3）编译运行源程序。

（4）输入测试数据进行程序测试。

（5）写出运行结果。

# 实　验　B

### 1．实验目的

（1）初步掌握有序数组的查找、增加、删除的编程方法。

（2）初步掌握字符数组的定义、赋初值与字符串处理函数的使用方法。

（3）初步掌握字符串复制、连接、测长等程序的编写方法。

（4）学会打印杨辉三角形的编程方法。

（5）学会对二维数据表进行排序的编程方法。

### 2．实验内容

（1）已有一按从小到大次序排列的数组，现输入一数，要求用折半查找法（学生自己查阅资料学习）找出该数在数组中的位置。

实验数据：10、12、14、16、18、20、22、24、26、28。

输入数：16。

（2）编写程序，实现 str=str1+str2 的操作，此处运算符"+"表示将 str1、str2 两个字符串连接成一个字符串 str。用键盘将两个字符串输入字符数组 str1 与 str2 中，连接后的字符串存放在字符数组 str 中，并输出连接后的字符串 str。

① 用 C++提供的字符串处理函数完成上述要求。

② 不用 C++提供的字符串处理函数完成上述要求。

实验数据：a　b　c　d　e

f g h i j

（3）设计一个程序，按习题 4.13 的要求打印杨辉三角形。

（4）学生成绩如表 4.4 所示，编程求每名学生的最高分和每门课程的平均分，并按表格形式输出。

表 4.4　学生成绩情况表四

| 学　号 | 数　学 | 语　文 | 外　语 | 最　高　分 |
| --- | --- | --- | --- | --- |
| 1001 | 90 | 80 | 85 | |
| 1002 | 70 | 75 | 80 | |
| 1003 | 65 | 70 | 75 | |
| 1004 | 85 | 50 | 60 | |
| 1005 | 80 | 90 | 70 | |
| 平均分 | | | | |

## 3．实验要求

（1）编写实验程序。

（2）在 VC++运行环境中输入源程序。

（3）编译运行源程序。

（4）输入测试数据进行程序测试。

（5）写出运行结果。

说明：在后面章节的实验中，因为实验要求基本一样，所以实验要求不再一一列出。

# 第 5 章

# 函数

本章知识点导图

通过本章的学习，应理解函数的概念，熟练掌握函数的定义和调用方法，理解函数调用时实参和形参间数据的传递方法。理解函数递归的概念，初步掌握递归的使用方法，理解变量的作用域和存储类型的概念，了解内联函数、具有默认参数值的函数与函数重载的概念。

在 3.1 节中曾讲过，一个 C++ 程序可由一个或多个源程序文件组成；一个源程序文件可由一个或多个函数组成；函数是构成 C++ 程序的基础，任何一个 C++ 源程序都是由若干函数组成的。C++ 中的函数分为库函数与自定义函数两类，库函数是由 C++ 系统提供的标准函数（见附录 B），自定义函数是需要用户自己编写的函数，本章主要讨论自定义函数的定义格式和调用方法。

## 5.1 函数的定义和调用

### 5.1.1 函数的概念

在数学中，函数通常用于根据自变量的值求函数值，如 $f(x)=5x^2+3x+1$，当给定 $x=1$ 后，可求出对应的函数值 $f(1)=9$。为了完成类似于数学中的函数功能，C++ 提供了自定义函数。例如，求 $f(x)$ 的自定义函数可写成：

```
float f(float x)
{   float y;
    y=5*x*x+3*x+1;
```

```
        return y;
    }
```

函数定义的首行：float f(float x)中的 float f 表示定义了一个类型为 float、名为 f 的函数，函数的自变量 x 为形式参数（简称形参），x 的类型为 float。花括号中的内容为函数体，函数体第一行定义了一个实型变量 y，第二行将表达式的值赋给 y，第三行用函数返回语句 return y;将计算的函数值返回给调用程序。

一旦定义好函数，在主函数或其他函数中，就可以像调用标准库函数一样调用自定义函数。

**【例 5.1】** 在主函数中调用标准函数 sin(x)与自定义函数 f(x)。

```
#include <iostream>
#include <cmath>
using namespace std;
float f(float x)                              //A
{   float y;
    y=5*x*x+3*x+1;
    return y;
}
int main()
{   float z1,z2,x=1;
    z1=sin(x);                                //B
    z2=f(x);                                  //C
    cout<<"sin(x)= "<<z1<<endl;
    cout<<"f(x)= "<<z2<<endl;
    return 0;
}
```

程序运行结果：

```
sin(x)=0.841471
f(x)=9
```

在执行主函数的 B 行语句时，将调用由 C++系统提供的标准库函数求 sin(x)的值，将函数值赋给变量 z1，并返回主函数的 C 行处执行。而当执行 C 行语句时，则调用用户自定义函数 f(x)，程序从主函数 main()转到 A 行处执行 f(x)函数，求出 f(x)的值，并返回主函数 C 行处将函数值赋给变量 z2。最后执行输出函数值（sin(x)与 f(x)）的语句。

通常将调用 f(x)的函数（main()）称为主调函数，而将 f(x)称为被调函数。

**注意：** 为了调用库函数 sin(x)，必须在程序中使用文件包含命令 #include <cmath>（包含数学函数的头文件 cmath）。

## 5.1.2  函数的定义

### 1. 函数的定义格式

由例 5.1 可以看出，函数定义的一般格式为：

〔类型〕<函数名>(<形参表>)
{<函数体>}

例如，在函数 float f(float x) {…}中，其类型为 float、函数名为 f、形参为 float x。

**说明：**

（1）类型规定了函数返回值的数据类型，它可以是任何基本数据类型或导出数据类型。当函数返回值为整型时可省略；当函数没有返回值时，可定义其类型为 void。

（2）函数名为用户给函数起的名字，函数名的命名规则与标识符的命名规则相同。

（3）形参表的一般格式为：

        <类型> <形参名 1>,<类型> <形参名 2>,…

其中，类型为形参的数据类型，形参的命名规则与标识符的命名规则相同。

（4）函数体定义了函数要完成的具体操作，通常由变量定义与执行语句组成。当函数体为空时，称为空函数。空函数的定义格式为：

        〔类型〕<函数名>(void){}

### 2．函数的形参

（1）函数可以没有形参，形成无参函数。在定义无参函数时，形参表应该写成 void。

【例 5.2】　无参函数的实例。

```
#include <iostream>
using namespace std;
void print(void)
{   cout<<" This is no parameter example\n"; }
int main()
{   print();
    return 0;
}
```

程序中定义了一个无参函数 print()，然后在主函数中调用无参函数，程序执行的输出结果是：

This is no parameter example

（2）C++对形参的个数没有限制，可以只有一个形参，也可以有若干形参。

（3）对于形参表中的每个形参，必须依次说明其数据类型，即使相同类型参数的数据类型，说明也不能省略。在求最大值函数 int max(int x,int y)的形参表中，尽管形参 x 与 y 的类型相同，但必须对 x、y 分别进行类型说明（若写成 int max(int x,y)，则会出现编译错误）。

## 5.1.3　函数的调用

### 1．函数调用格式

由例 5.1 与例 5.2 可以看出，函数调用的一般格式为：

        <函数名>(<实参表>)

其中，实参表的一般格式为：

        实参 1,实参 2,…

### 2．函数的实参

（1）每个实参均可以是一个表达式，在函数调用时，首先求出表达式的值，然后将求出的值传递给对应的形参；若将例 5.1 中的函数调用改为 z2=f(x+1);，实参为表达式 x+1，则在调用时，先计算表达式 x+1 的值（若 x=1，则 x+1=2），再将此值传递给对应的形参 x，通过函数体的语句求出函数值为 5*x*x+3*x+1=5*2*2+3*2+1=27。

（2）在实参表中，每个实参的类型必须与对应的形参类型相兼容（或称为类型相匹配）。实参和形参的类型相兼容，是指在函数调用时，可以将实参的值转换成对应的形参的类型。若不能转换，则称为不兼容。

### 3．函数的三种调用方式

（1）函数语句。函数调用直接作为语句，一般格式为：

    <函数名>(实参表);

例如：

    print();

此时不要求函数有返回值，只要求函数完成一定的操作。

（2）函数表达式。如果函数调用出现在一个表达式中，如 z2=f(x)+2;，则在表达式中首先调用函数 f(x)，然后将函数值加 2 赋给 z2。此时要求函数有确定的返回值，以便参与表达式的运算。

（3）函数参数。函数调用作为一个函数的实参，现举例说明如下。

【例 5.3】　用自定义函数求三个整数的最大值。

```cpp
#include <iostream>
using namespace std;
int max(int x,int y)
{   int z;
    if (x>y)    z=x;
    else        z=y;
    return z;
}
int main()
{   int a,b,c,m;
    cout<<"Input a,b,c：";
    cin>>a>>b>>c;
    cout<<"max(b,c)= "<<max(b,c)<<endl;
    m=max(a,max(b,c));
    cout<<"max(a,b,c)= "<<m<<endl;
    return 0;
}
```

程序执行后显示：

```
Input a,b,c: 9   8   5
max(b,c)=8
max(a,b,c)=9
```

其中，max 为求两个数中最大值的函数。在函数调用 max(a,max(b,c)) 中，将函数调用 max(b,c) 作为实参，首先求出 max(b,c) 的最大值，然后求出 a 与 max(b,c) 的最大值，即 a、b、c 三个数中的最大值。

### 4．函数返回语句 return

当需要从被调函数返回一个值（供主调函数使用）时，被调函数中必须包含 return 语句。return 语句的一般格式为：

    return <表达式>;

或

    return (<表达式>);

例如，在例 5.3 中，max()函数可简写成如下形式：

```
int max(int x,int y)
{   return (x>y?x:y);}
```

则当执行该 return 语句时，首先计算表达式的值，并将该值转换成函数定义时规定的返回值的类型，然后将其作为函数的返回值，结束函数的执行，将控制转移到调用函数的位置继续执行。

说明：

（1）当被调函数类型为 void 时（不需要返回值），函数体中不写 return 语句。

（2）在一个函数中，可以有多条 return 语句。例如：

```
int max( int x,int y)
{   if (x>y) return x;          //函数返回 x 值，并返回主调函数继续执行
    else    return y;          //函数返回 y 值，并返回主调函数继续执行
}
```

（3）当函数返回值为整型时，可不指定返回值类型。例如，例 5.3 中的 max()函数可定义为：

```
max(int x,int y)
{…}
```

（4）函数返回值的类型一般应该和 return 语句中表达式值的类型一致。当函数返回值的类型和 return 语句中表达式值的类型不一致时，表达式的值会自动转换成函数返回值的类型。

与变量类似，函数也应先定义后调用，若要先调用后定义，则必须使用函数的原型说明。

### 5. 函数的原型说明

在 C++程序中，当函数定义在前、函数调用在后时，程序能被正确编译执行。而当函数调用在前、函数定义在后时，则应在主调函数中增加对被调函数的原型说明。例如，将例 5.3 中的 max()函数与 main()函数的位置对调，即主调函数 main()在前，被调函数 max()在后，此时必须在主调函数 main()中增加对被调函数 max()的原型说明：

```
int max(int x,int y);
```

修改后的程序如下：

```
#include <iostream>
using namespace std;
int main( )
{   int a,b,c,m;
    int max(int x,int y);
    cout<<"Input a,b,c： ";
    cin>>a>>b>>c;
    cout<<"max(b,c)= "<<max(b,c)<<endl;
    m=max(a,max(b,c));
    cout<<"max(a,b,c)= "<<m<<endl;
    return 0;
}
int max(int x,int y)
{   int z;
    if (x>y)   z=x;
    else       z=y;
    return z;
}
```

在 C++中，把函数的定义部分称为函数的定义性说明，而把对函数的引用性说明称为函数的原型说明。函数原型说明的一般格式为：

<类型> <函数名>(<形参表>);

函数原型说明的目的是告诉编译程序该函数返回值的类型、参数的个数和各参数的类型，以便在调用该函数时，编译程序对该函数的调用进行参数类型、个数及函数返回值是否有效的检查。因此，在函数原型说明中，可省略形参名。例如，求最大值函数 max() 的原型说明可简化为：

int max(int ,int);

即形参表中只有形参的类型说明，而无形参名，这称为形参类型说明表，因此函数原型说明的第二种定义格式为：

<类型> <函数名>(<形参类型说明表>);

**注意**：C++中的函数原型说明是一条说明语句，其后的分号不可缺少；函数的原型说明可以出现在程序中的任何位置，且对一个函数进行原型说明的次数是没有限制的。

C++中提供了很多库函数，对不同头文件中的库函数都做了原型说明。当使用某一个库函数时，必须包含相应的头文件。例如，所有的数学计算库函数均在头文件 cmath 中，当使用数学计算库函数时，在程序中要加入如下的文件包含命令：

#include <cmath>

字符串操作库函数都在头文件 string 中，当使用字符串操作库函数时，在程序中要加入如下的文件包含命令：

# include <string>

## 5.1.4 实参与形参的数据传送

在 C++中，实参和形参间数据传送的方式有三种：值传送、传地址和引用传送。这里先介绍值传送方式，传地址和引用传送在后面章节进行介绍。

实参和形参间的值传送是指，在调用函数时，首先给形参分配内存单元，然后将实参对应的值传送给形参。在函数执行过程中，都是形参参与运算，当函数调用结束后，形参所对应的内存单元被释放，实参保持原来的值不变。

【例 5.4】 定义变量交换函数 swap()，将两个整型变量交换数据后输出。

本题微课视频

```cpp
#include <iostream>
using namespace std;
void swap(int x,int y)
{   int temp;
    temp=x;
    x=y;
    y=temp;
}
int main()
{   int a=3,b=4;
    cout<<"a="<<a<<'\t'<<"b="<<b<<endl;
    swap(a,b);
    cout<<"a="<<a<<'\t'<<"b="<<b<<endl;
    return 0;
}
```

执行该程序后输出：

a=3          b=4

a=3          b=4

当程序执行调用函数 swap()时，系统先为形参 x、y 分配两个整型数的内存单元，然后将实参变量 a、b 中的值 3、4 传送给形参 x、y，并执行 swap()函数中的交换语句，使 x、y 中的内容交换，如图 5.1 所示。因为形参 x、y 与实参 a、b 是两组不同的内存单元，所以实参 a、b 中的值并未改变，仍为 3、4。从程序运行结果也可以看出这一点。这说明参数间的值传送并不能达到数据交换的目的。

由此可见，值传送的特点是：实参与形参占用不同的内存单元，在函数执行过程中，形参值的变化不影响实参值，函数只能通过 return 语句返回一个函数值。

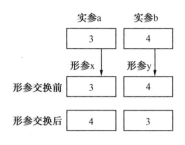

图 5.1　实参与形参间的值传送

## 5.2　函数的嵌套调用和递归调用

### 5.2.1　函数的嵌套调用

C++中的函数定义都是互相平行、独立的，即在定义一个函数时，不允许在其函数体内再定义另一个函数，也就是说，C++不能嵌套定义函数。

C++不能嵌套定义函数，但可以嵌套调用函数，即在调用一个函数的过程中，在该函数的函数体内又调用另一个函数。例如，主函数调用 a 函数，a 函数又调用 b 函数，如图 5.2 所示。

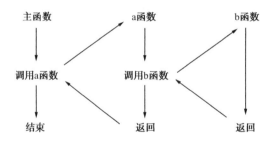

图 5.2　函数的嵌套调用

【例 5.5】　编写 C++程序，求组合数 $C_m^n$ 的值。

分析：求组合数的公式为：$C_m^n = \dfrac{m!}{n!(m-n)!}$。先定义一个函数 fac()用来求 k!；再定义一个函数 cmn()用来求 $C_m^n$。在函数 cmn()中需要调用三次 fac()函数。

程序如下：

```
#include <iostream>
using namespace std;
float fac(int k)                    //定义计算 k!的函数 fac()
{   int i;
    float t=1.0;
    for (i=1;i<=k;i++)
      t=t*i;
    return(t);
```

```
    }
    float cmn(int m1,int n1)                    //定义求组合数 $C_m^n$ 的函数 cmn()
    {   float p;
        p=fac(m1)/(fac(n1)*fac(m1-n1));         //调用求阶乘函数 fac()
        return(p);
    }
    int main( )
    {   float s;
        int m,n;
        cout<<"Input m,n:";
        cin>>m>>n;
        s=cmn(m,n);                             //调用求组合数的函数 cmn()
        cout<<"cmn="<<s<<endl;
        return 0;
    }
```

程序执行后显示：

```
Input m,n:5  2
cmn=10
```

在本例中，主函数 main()调用求组合数函数 cmn()，而在函数 cmn()中又调用求阶乘函数 fac()，从而形成函数的嵌套调用。

请思考：如何调用求组合数函数 cmn()来输出杨辉三角形？

## 5.2.2　函数的递归调用

在一个函数定义的函数体中再次出现直接或间接地调用该函数本身的情况，这种调用关系称为函数的递归调用。C++允许函数的递归调用。函数的递归调用有两种情况，即直接递归和间接递归。

### 1．直接递归

直接递归，即在函数 $f$ 的定义过程中出现调用函数 $f$ 的情况，如图 5.3 所示。

### 2．间接递归

间接递归，即在函数 $f_1$ 的定义过程中调用函数 $f_2$，而在函数 $f_2$ 的定义过程中又调用了 $f_1$ 函数，如图 5.4 所示。

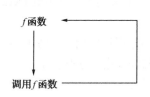

图 5.3　函数的直接递归调用

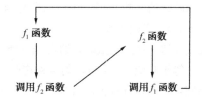

图 5.4　函数的间接递归调用

递归调用的实质，就是将原来的问题分解为新的问题，而在解决新问题时又用到了原有问题的解法。按照这一原则分解下去，每次出现的新问题都是原有问题简化的子问题，而最终分解的问题是一个已知解的问题，这就是有限的递归调用。只有有限的递归调用才有意义，无限的递回调用永远得不到解，没有实际意义。

【例 5.6】　用递归法求 $n!$。

分析：因为 $n!=n(n-1)!$，所以求 $n!$ 的问题可变为求 $(n-1)!$ 的问题；而 $(n-1)!=(n-1)(n-2)!$，则求 $(n-$

1)!的问题又可以变为求(n-2)!的问题；依次类推，直到变为求 0!的问题，而 0!为 1。这就是用递归法求 n!。求 n!的公式为：

$$n! = \begin{cases} 1 & n = 0 \\ 1 & n = 1 \\ n(n-1)! & n > 1 \end{cases}$$

在利用递归法求值时，必须注意以下三点。

（1）递归公式：$n(n-1)!$。

（2）递归结束条件：$n=0$ 或 $n=1$。

（3）递归约束条件：$n \geqslant 0$。

程序如下：

```cpp
#include <iostream>
using namespace std;
long int fac(int k)
{   long int f;
    if (k==1||k==0)                    //递归结束条件
        f=1;
    else
        f=k*fac(k-1);                  //递归公式
    return(f);
}
int main()
{   int n;
    long int t;
    cout<<"Input n:";
    cin>>n;
    t=fac(n);
    cout<<n<<"!="<<t<<endl;
    return 0;
}
```

程序执行后显示：

```
Input n: 5
5!=120
```

在求阶乘的函数 fac(k) 中调用自身函数 fac(k-1)，fac(k-1)又调用自身函数 fac(k-2)，依次类推。因此，fac(k)为递归函数。

在设计递归程序函数时，通常先判断递归结束条件，再进行递归调用。例如，在例 5.6 中，先判断 k 是否等于 0 或 1，若是，则结束递归；否则，根据递归公式进行递归调用。

递归函数的执行过程比较复杂，但都存在递归和回推两个阶段。

第一阶段：递归阶段。将原问题不断分解为新的子问题，逐渐从未知向已知推进，最终达到已知的条件，即递归结束条件，此时递归阶段结束。例如，在例 5.6 中，若求 5!，即求 f(5)，则递归阶段如下：f(5)→5*f(4)→4*f(3)→3*f(2)→2*f(1)→1。

第二阶段：回推阶段。从已知的条件出发，按照递归的逆方向，逐一求值回推，最后到达递归的开始处，结束回推阶段，从而完成整个递归调用过程。例如，在例 5.6 中，若求 5!，即求 f(5)，则回推阶段如下：f(5)=120←5*f(4)=120←4*f(3)=24←3*f(2)=6←2*f(1)=2←1。

递归求 5!的递归与回推的过程如图 5.5 所示。

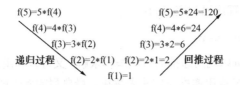

$$f(5)=5*f(4) \qquad\qquad f(5)=5*24=120$$
$$f(4)=4*f(3) \qquad\qquad f(4)=4*6=24$$
$$f(3)=3*f(2) \qquad\qquad f(3)=3*2=6$$
递归过程 $\quad f(2)=2*f(1) \quad f(2)=2*1=2 \quad$ 回推过程
$$f(1)=1$$

图 5.5　递归求 5!的递归与回推的过程

虽然递归函数求解比较抽象，但只要分析清楚递归公式、递归结束条件、递归约束条件，就可编写出求解问题的递归函数。

【例 5.7】　用递归法求裴波那契数列的前 20 个数，要求每行输出 4 个数。

本题微课视频

**分析**：在利用递归法求值时，首先应分析清楚递归公式、递归结束条件及递归约束条件。

（1）裴波那契数列的递归公式为：

$$\text{fib}(n) = \begin{cases} 1 & n=1 \\ 1 & n=2 \\ \text{fib}(n-1)+\text{fib}(n-2) & n>2 \end{cases}$$

（2）递归结束条件：$n=1$。

（3）递归约束条件：$n \geqslant 1$。

程序如下：

```cpp
#include <iostream>
#include <iomanip>
using namespace std;
long int fib(int n)
{   long int f;
    if (n==1||n==2)
        f=1;
    else
        f=fib(n-1)+fib(n-2);
    return(f);
}
int main()
{   int i;
    for (i=1;i<=20;i++)
    {   cout<<setw(10)<<fib(i);
        if (i%4==0)
            cout<<endl;
    }
    cout<<endl;
    return 0;
}
```

程序执行后输出：

|      |      |      |      |
|-----:|-----:|-----:|-----:|
| 1    | 1    | 2    | 3    |
| 5    | 8    | 13   | 21   |
| 34   | 55   | 89   | 144  |
| 233  | 377  | 610  | 987  |
| 1597 | 2584 | 4181 | 6765 |

例 5.6 和例 5.7 也可以采用递推的方法进行程序设计。例如，求 5!的递推法为：已知 1!=1，2!=1!×2，

3!=2!×3，依次类推，用循环程序语句表示为：

```
for(int n=1,int i=1; i<=5 ;i++) n=n*i;
```

则可求出 5!。大多数问题既可以利用递推的方法编程求解，又可以利用递归的方法编程求解。但是，并非所有的递归问题都能转换成用递推的方法来解决。最典型的例子就是汉诺（Hanoi）塔问题，该问题只能用递归的方法来解决，而无法用递推的方法解决。

## 5.3 数组作为函数参数

变量可以作为函数参数，数组也可以作为函数参数。数组作为函数参数分以下两种情况。
（1）数组元素作为函数参数。
（2）数组名作为函数参数。

### 5.3.1 数组元素作为函数参数

当函数形参为变量时，由于实参可以是表达式，而数组元素可以是表达式的组成部分，所以数组元素当然可以作为函数的实参。与用变量作为实参一样，在调用函数时，将数组元素的值传送给形参，即值传送。

【例 5.8】 定义显示变量值函数 print()，用数组元素作为函数实参，输出数组元素值。

```
#include <iostream>
using namespace std;
void print(int x)
{    cout<<x<<'\t';}
int main()
{    int a[5] ={3,7,9,12,92};
     for (int i=0 ;i<5;i++)
        print(a[i]);
     return 0;
}
```

程序执行后输出：

3    7    9    12    92

【例 5.9】 判断数组中的元素值是否为素数，若是素数，则保持不变；若不是素数，则将该元素置 0，最后输出数组中的所有素数。

本题微课视频

**分析**：可编写一个函数 prime(int b)，用于判断形参 b 是否为素数，若是素数则返回 1，否则返回 0。在主函数中，用循环语句调用函数 prime(a[i])，用于判断数组中每个元素 a[i]是否为素数，若是素数则保持不变，若不是素数则将该元素清 0。最后输出数组中所有的非零素数。

程序如下：

```
#include <iostream>
#include <cmath>
using namespace std;
int prime(int b)
{     int i;
     for(i=2;i<=sqrt(b);i++)
          if (b%i==0)   return 0;
     return 1;
}
```

```
int main()
{       int i;
        int a[10]={2,3,4,5,6,7,8,9,10,11};
        for( i=0;i<10;i++)
            if (prime(a[i])==0) a[i]=0;
        for(i=0;i<10;i++)
            if (a[i]!=0)   cout<<a[i]<<'\t';
        cout<<endl;
        return 0;
}
```

程序运行后输出：

2    3    5    7    11

## 5.3.2  数组名作为函数参数

对于自定义函数，读者必须掌握函数定义、函数调用及参数传送三项内容。当数组名作为函数参数时，同样需要讨论函数定义、函数调用及参数传送三项。因此，介绍数组名作为函数参数，实际上是对前面有关函数论述的复习。现就一维数组与二维数组作为函数参数分别进行讨论。

### 1．一维数组作为函数参数

（1）函数定义格式：

<类型><函数名>(<类型><数组名>[长度],…)
{函数体}

除形参表增加了有关数组的定义说明外，其他与前面所介绍的函数定义完全相同。对于一维数组，函数定义中的长度可省略。

（2）函数调用格式：

函数名(数组名,…)

**注意：实参数组名后不能加"[]"。**

（3）实参与形参的传送方式。在 C++中，数组名用于表示数组在内存中的首地址。例如，在图 5.6 中，若系统为数组 a[10]分配的内存首地址为 1000，则数组名 a 表示首地址 1000。因此，当数组名作为函数参数时，系统并没有为形参数组重新分配存储空间，而是将实参数组的首地址传送给形参数组，使形参数组与实参数组占用相同的存储空间。因此，对形参数组的修改就是对实参数组的修改。这种参数的传送方式称为传地址。

| a=1000 | | |
|---|---|---|
| a[0]=b[0] | 1000 | 2 |
| a[1]=b[1] | 1004 | 3 |
| a[2]=b[2] | 1008 | 4 |
| a[3]=b[3] | 1012 | 5 |
| a[4]=b[4] | 1016 | 6 |
| a[5]=b[5] | 1020 | 7 |
| a[6]=b[6] | 1024 | 8 |
| a[7]=b[7] | 1028 | 9 |
| a[8]=b[8] | 1032 | 10 |
| a[9]=b[9] | 1036 | 11 |

图 5.6  形参数组 b[10]与实参数组 a[10]占用相同的存储空间

**【例 5.10】**   编写判断素数的函数，要求用数组名作为函数参数，函数功能是将数组中所有非素数元素清 0。在主函数中调用判断素数的函数，并输出所有素数。

**分析：**编写一个函数 prime(int b[10])，用于判断形参数组 b[10]中的元素是否为素数，若不是素数则将该元素清 0，否则保持不变。在主函数中，调用函数 prime(a)将数组 a[10]中所有非素数元素清 0。最后输出数组中所有的非零素数。

程序如下：

```
#include <iostream>
```

```
#include <cmath>
using namespace std;
void prime(int b[10])
{   int i,j;
    for(i=0;i<10;i++)
       for(j=2;j<=sqrt(b[i]);j++)
            if (b[i]%j==0)   b[i]=0;
}
int main()
{   int i;
    int a[10]={2,3,4,5,6,7,8,9,10,11};
    prime(a);
    for(i=0;i<10;i++)
        if (a[i]!=0)   cout<<a[i]<<'\t';
    cout<<endl;
    return 0;
}
```

程序运行后输出：

2    3    5    7    11

当程序执行 int a[10]={2,3,4,5,6,7,8,9,10,11};语句时，系统会为数组 a[10]分配 10 个内存单元，假设所分配内存单元的首地址为 1000。在执行 prime(a);语句调用 prime(int b[10])函数时，系统并没有为形参数组 b[10]分配存储空间，而是将实参组 a[10]的首地址 1000 传送给形参数组 b[10]，使形参数组与实参数组占用同一存储空间，如图 5.6 所示。由于实参传给形参的是地址，所以数组名作为函数参数属于传地址。

由例 5.10 可以看出，当数组名作为函数参数时，实参必须为数组名 a，形参为有关数组的定义性说明 int b[10]。由于参数传送方式为传地址，所以形参数组与实参数组占用相同的存储空间，对形参数组 b[10]的修改就是对实参数组 a[10]的修改，即将形参数组 b[10]中所有的非素数元素清 0，也就是将实参数组 a[10]中所有的非素数元素清 0。因此，在主函数中可正确输出所有素数的值。

说明：

（1）当用数组名作为函数参数时，应该在主函数和被调函数中分别定义数组。例如，在例 5.10 的主函数中定义数组 int a[10]，被调函数定义形参数组 int b[10]。实参数组和形参数组的类型应一致，实参数组和形参数组的大小可以一致，也可以不一致。

（2）形参数组可不指定大小。在定义形参数组时，为了在被调函数中处理数组元素，需要在数组名后面跟一个空的方括号，可以另设一个参数，来传递数组元素的个数。现举例说明如下。

【例 5.11】 编写程序计算某班学生的平均成绩、最高分，并用擂台法对学生成绩进行升序排序。要求用函数完成上述工作，并编写如下函数。

（1）求平均成绩的函数 average()。

（2）求最高分的函数 maximun()。

（3）对学生成绩进行升序排序的函数 sort()。

在主函数中定义一维数组并输入 10 名学生的成绩。调用上述函数计算并输出班级的平均成绩及最高分，并输出排序后的学生成绩。

程序如下：

```
#include <iostream>
using namespace std;
float average(float a[],int n)              //形参数组的长度可省略，但需要另外定义数组长度的形参 n
```

```
{   float sum=0;
    for (int i=0;i<n;i++)
        sum+=a[i];
    return sum/n;
}
float maximun(float a[],int n)
{   float max=a[0];
    for(int i=0;i<n;i++)
        if (a[i]>max) max=a[i];
    return max;
}
void sort(float a[],int n)
{   int i,j,k,t;
    for (i=0;i<n-1;i++)
    {   k=i;
        for (j=i+1;j<n;j++)
            if (a[k]>a[j])    k=j;
        if (k>i)
            {t=a[k];a[k]=a[i];a[i]=t;}
    }
}
int main()
{   float s[10],ave,max;
    int i;
    cout<<"Input 10 score:";
    for (i=0;i<10;i++)
        cin>>s[i];
    ave=average(s,10);
    max=maximun(s,10);
    sort(s,10);
    cout<<"ave="<<ave<<endl;
    cout<<"max="<<max<<endl;
    cout<<"sort:";
    for (i=0;i<10;i++)
        cout<<s[i]<<'\t';
    cout<<endl;
    return 0;
}
```

程序执行后显示：

```
Input 10 score:    90   80   70   50   65   71   83   95   97   45
ave=74.6
max=97
sort:    45   50   65   70   71   80   83   90   95   97
```

## 2．二维数组作为函数参数

（1）函数定义格式：

&lt;类型&gt;&lt;函数名&gt;(&lt;类型&gt;&lt;数组名&gt;[行长度][列长度],…)
{函数体}

在函数定义时，可以明确指定二维数组的行长度和列长度，也可以不指定行长度，但必须指定二维数组的列长度。

（2）函数调用格式：

函数名(数组名,…)

（3）参数传送方式为传地址。

**【例 5.12】** 找出 3 行 4 列二维数组中的最大值。

程序如下：

```
#include <iostream>
using namespace std;
void inputarray(int array[3][4])
{   int i,j;
    cout<<"Input array[3][4]:"<<endl;
    for (i=0;i<3;i++)
        for (j=0;j<4;j++)
            cin>>array[i][j];
}
int maxvalue(int array[ ][4],int n)              //定义二维形参数组
{   int i,j,max;                                 //行长度可省略，但列长度不能省略
    max=array[0][0];
    for (i=0;i<n;i++)
        for (j=0;j<4;j++)
            if (array[i][j]>max)
                max=array[i][j];
    return max;
}
int main()
{   int a[3][4],m;
    inputarray(a);                               //实参为数组名 a
    m=maxvalue(a,3);                             //实参为数组名 a 及行长度 3
    cout<<"Max value is: "<<m<<endl;
    return 0;
}
```

程序执行后显示：

```
Input array[3][4]:
1     5     3     8
6     7     9     15
21    13    9     80
Max value is:80
```

# 5.4  变量的存储类型

一个 C++程序是由若干函数组成的，函数由变量定义与执行语句两部分组成。当一个变量被定义后，其作用范围是什么、分配在内存何处、何时分配存储空间，这就是变量的存储类型所要解决的问题。由于变量的存储类型与变量的作用域、局部变量与全局变量、动态变量与静态变量等有关，因此，本节首先介绍作用域、局部变量与全局变量、动态变量与静态变量的概念，然后介绍变量的存储类型。

## 5.4.1  作用域

作用域是变量在程序中可引用的区域。在 C++中，作用域共分成五种：块作用域、文件作用域、函数原型作用域、函数作用域和类作用域，这里先介绍前四种。

### 1．块作用域

（1）块。块是用花括号括起来的一部分程序。例如，在例 5.13 中，第 6 行到第 9 行的那部分程

序称为块。

（2）块作用域。在块内定义的变量具有块作用域，其作用域为从变量定义处到块的结束处（块的右花括号处）。具有块作用域的变量只能在变量定义处到块结束处的区域使用，而不能在其他区域使用。

【例 5.13】 块作用域示例。

```
#include <iostream>              //1
using namespace std;            //2
int main()                      //3
{   int i=1,j=2,k=3;            //4
    cout<<i<<'\t'<<j<<'\t'<<k<<endl;    //5
    {   int a=4,b=5;            //6
        k=a+b;                  //7
        cout<<a<<'\t'<<b<<'\t'<<k<<endl;    //8
    }                           //9
    cout<<i<<'\t'<<j<<'\t'<<k<<endl;    //10
    return 0;                   //11
}                               //12
```

程序执行后输出：

```
1    2    3
4    5    9
1    2    9
```

上述程序中有两个块，第一个块是从第 4 行到第 12 行的主函数块，在主函数块中定义的变量 i、j、k 的作用域从第 4 行开始到第 12 行结束；第二个块是从第 6 行到第 9 行的块，在块内定义的变量 a、b 的作用域从第 6 行开始到第 9 行结束。因此，第 6 行定义的变量具有块作用域，只能在第 6 行到第 9 行的块中使用，而不能在块外使用。若将第 10 行语句改为：

```
cout<<a<<'\t'<<b<<endl;
```

则在编译时会出现未定义 a、b 变量的错误信息。

引入块作用域的目的之一是解决变量的同名问题。当变量具有不同的作用域时，允许变量同名；当变量具有相同的作用域时，不允许变量同名。

【例 5.14】 将例 5.13 中的块变量 a、b 改名为 i、j，使之与第 4 行定义的变量 i、j 同名，讨论同名变量的作用域问题。

```
#include <iostream>              //1
using namespace std;            //2
int main()                      //3
{   int i=1,j=2,k=3;            //4
    cout<<i<<'\t'<<j<<'\t'<<k<<endl;    //5
    {   int i=4,j=5;            //6
        k=i+j;                  //7
        cout<<i<<'\t'<<j<<'\t'<<k<<endl;    //8
    }                           //9
    cout<<i<<'\t'<<j<<'\t'<<k<<endl;    //10
    return 0;                   //11
}                               //12
```

第 4 行定义的变量 i、j、k 的作用域从第 4 行开始到第 12 行结束，第 6 行定义的变量 i、j 的作用域从第 6 行开始到第 9 行结束，i、j 具有不同的块作用域，并且产生了块的嵌套。

C++规定：当程序块嵌套时，如果外层块中的变量与内层块中的变量同名，则在内层块执行时，外层块中的同名变量不发挥作用，即局部优先。

根据这一规则，例 5.14 中在执行第 7 行语句时，所用变量 i、j 为内层块定义的，因此 k=i+j=9。而在退出内层块后，内层块的变量 i、j 就不存在了。因此第 10 行语句中的变量 i、j 为外层块定义的，即在第 4 行定义的变量。在执行例 5.14 的程序后，输出结果为：

```
1        2        3
4        5        9
1        2        9
```

### 2．文件作用域

在函数外定义的变量或用 extern 定义的变量具有文件作用域。具有文件作用域的变量可在整个文件中被访问，其默认的作用域是，从定义变量的位置开始到该源程序文件结束为止，即符合变量先定义后使用的原则。当具有文件作用域的变量出现先使用后定义的情况时，要先用 extern 对其进行外部定义，方法会在后面介绍。

### 3．函数原型作用域

在函数原型的参数表中说明的变量所具有的作用域称为函数原型作用域，它从变量说明处开始，到函数原型说明的结束处为止。正因为如此，在函数原型中说明的变量可以与函数定义中说明的变量不同。由于函数原型中说明的变量与该函数的定义和调用无关，所以可以在函数原型说明中只进行参数的类型说明，而省略参数名。例如：

```
float    function (int x,float y);          //函数 function 的原型说明
…
float    function (int a,float b)           //函数 function 的定义中的变量 a 和 b
                                            //可与原型说明中变量 x 和 y 不同名
{  函数体  }
```

由于可以省略函数原型说明中的参数名，所以函数 function 的原型说明也可以写成：

```
float    function (int,float);              //原型说明可省略形参变量名
```

### 4．函数作用域

函数作用域是指在函数内定义的标识符在其定义的函数内均有效，即无论在函数内的任何位置定义，这种标识符均可以被引用。在 C++中，只有标号与在函数开始处定义的变量才具有函数作用域，可在整个函数内被引用。

综上所述，四种作用域可小结如下。

（1）块作用域：从块内变量定义开始到块结束。

（2）文件作用域：从函数外变量定义开始到文件结束（可用 extern 对其进行外部定义）。

（3）函数原型作用域：从原型变量说明开始到函数原型说明结束。

（4）函数作用域：从函数开始到函数结束。

## 5.4.2  局部变量与全局变量

### 1．局部变量

在函数或块内定义的变量称为局部变量。例如，例 5.13 中所有的变量 i、j、k、a、b 均为局部变

量，局部变量具有块作用域。在一个函数内定义的局部变量只能在函数内使用，当退出函数时，该局部变量就不能使用了。例如，例 5.13 的主函数中定义的变量 i、j、k 为局部变量，当退出主函数时，就不能使用了。同样，在块内定义的变量只能在块内使用，当退出块时，该局部变量就不能使用了。例如，例 5.13 的块中定义的变量 a、b 为局部变量，当退出块时，就不能使用了。

### 2. 全局变量

定义在函数外的变量称为全局变量。例如，例 5.15 中，在函数外定义的变量 a 为全局变量。全局变量具有文件作用域，即全局变量的作用域从变量定义开始到文件结束为止。

注意：当具有块作用域的局部变量与具有文件作用域的全局变量同名时，与局部变量同名的全局变量不发挥作用，即局部变量优先。但与块嵌套不同的是，在块作用域内可通过作用域运算符"::"来引用与局部变量同名的全局变量。

【例 5.15】 全局变量、局部变量与块内局部变量示例。

```
#include <iostream>
using namespace std;
int a=10;                        //定义全局变量::a=10
int main()
{   int a=20;                    //定义局部变量 a=20
    a=a+::a;                     //引用局部变量 a 和全局变量::a，a=20+10=30
    {int a=50;::a=::a+a;}        //定义块内局部变量 a，::a=10+50=60
    cout<<a<<'\t'<<::a<<endl;    //输出局部变量 a=30 与全局变量::a=60
    return 0;
}
```

执行程序后，其输出结果为：

30    60

## 5.4.3 动态变量与静态变量

### 1. 存储空间分类

一个 C++源程序经编译和连接后，会生成可执行程序文件，要执行该程序，系统必须为程序分配存储空间，并将程序装入所分配的存储空间内。一个程序在内存中占用的存储空间可以分为三部分：程序存储区、静态存储区和动态存储区。程序存储区是用来存放可执行程序的程序代码的；静态存储区是用来存放静态变量的；动态存储区是用来存放动态变量的。C++程序的存储空间分类如图 5.7 所示。

| |
|---|
| *程序存储区：存放程序代码* |
| *静态存储区：存放静态变量* |
| *动态存储区：存放动态变量* |

图 5.7　C++程序的存储空间分类

### 2. 动态变量

在程序的执行过程中，系统为其分配存储空间的变量称为动态存储类型变量，简称动态变量。对于动态变量，只有在定义变量时才为其分配存储空间；而当执行到该变量的作用域的结束处时，系统就会收回为该变量分配的存储空间。动态变量的生存期仅存在于其作用域内。

### 3. 静态变量

在程序开始执行时，系统就会为变量分配存储空间，直到程序执行结束才收回为变量分配的存储空间，这种变量称为静态存储类型变量，简称静态变量。在程序执行的整个过程中，静态变量一直占用为其分配的存储空间，而不管是否处于其作用域内。静态变量的生存期为整个程序的执行期。

### 5.4.4　存储类型

在 2.2 节中，变量的定义格式为：

　　〔存储类型〕<类型> <变量名表>；

在该变量定义中用到了存储类型，事实上变量的存储类型是对变量作用域、存储空间、生存期的规定，即规定了引用变量的有效区域、存储位置，以及为其分配存储空间与收回存储空间的时间。在 C++中，变量的存储类型分为四种：自动类型（auto）、寄存器类型（register）、静态类型（static）、外部类型（extern）。这四种类型定义的变量分别称为自动变量、寄存器变量、静态变量与外部变量。下面依次介绍这四种存储类型及存储变量。

#### 1．自动类型

用自动类型关键词 auto 定义的变量称为自动变量。自动变量属于动态局部变量，其定义格式为：

　　auto<类型><变量名表>；

例如：

　　auto　int a,b=3;

定义了自动变量 a 与 b，其类型为整型。

**说明：**

（1）auto 可以省略，若省略 auto 则隐含确定为自动存储类型。因此，在本节之前所定义的无存储类型的变量均属于自动变量。

（2）由于自动变量是局部变量，所以自动变量只能定义在函数内，其作用域为块作用域。

（3）由于自动变量是动态变量，所以自动变量存放在动态存储区内。当执行作用域中的定义变量时，系统会为变量分配存储空间，而当执行变量作用域的结束处时，系统将收回其占用的存储空间。

（4）对于自动变量，若没有明确地赋初值，则其初值是不确定的。

**【例 5.16】**　使用自动变量的示例。

```
#include <iostream>
using namespace std;
int main()
{   int x=5,y=10;
    for (int k=1;k<=2;k++)
    {   auto int m=0,n=0;                           //A
        m=m+1;
        n=n+x+y;
        cout<<"m="<<m<<'\t'<<"n="<<n<<endl;
    }                                               //B
    return 0;
}
```

执行程序后，其输出结果为：

```
m=1              n=15
m=1              n=15
```

在主函数的 A 行与 B 行之间定义了一个块（for 语句的循环体），在块中定义了自动变量 m 与 n，自动变量 m 与 n 的作用域为 A 行到 B 行的块作用域。当程序执行 A 行时，系统会为 m、n 动态地分配存储空间；当执行 B 行时，系统会收回为 m、n 分配的存储空间。for 语句循环两次，则系统两次为 m、n 分配及收回存储空间的次数也为两次。因此，m、n 的值并没有进行累加，均从初值 0 开始，程序执行的输出结果也证实了这一点。读者需要注意的是，没有存储类型定义的变量 x、y、k 均为自动变量。

## 2. 寄存器类型

用寄存器类型关键词 register 定义的变量称为寄存器变量。寄存器变量属于动态局部变量，其定义格式为：

```
register<类型><变量名表>;
```

例如：

```
register    int a,b=3;
```

定义了寄存器变量 a 与 b，其数据类型为整型。

因为寄存器变量属于动态局部变量，所以其存储特性与自动变量的存储特性类似，唯一的区别是，自动变量存放在动态存储区，而寄存器变量存储在 CPU 的寄存器中。由于 CPU 中寄存器的存取速度要比内存的存取速度快得多，所以使用寄存器变量的主要目的是提高程序的运行速度。寄存器变量常被用作循环控制变量。

**注意**：对寄存器变量的具体处理方式随不同的计算机系统而变化。例如，有的计算机把寄存器变量作为自动变量来处理，有的计算机限制了定义寄存器变量的个数等。当 CPU 中的寄存器放不下时，寄存器变量会自动转变为自动变量，存放在动态存储区。

【例 5.17】 使用寄存器变量的示例。

```
#include <iostream>
using namespace std;
int main()
{    int x=5,y=10;
     for (int k=1;k<=2;k++)
     {    register int m=0,n=0;                        //A
          m=m+1;
          n=n+x+y;
          cout<<"m="<<m<<'\t'<<"n="<<n<<endl;
     }                                                 //B
     return 0;
}
```

执行程序后，其输出结果为：

```
m=1              n=15
m=1              n=15
```

当执行 A 行时，系统会为寄存器变量 m、n 分配寄存器，完成数据的加法工作；当执行 B 行时，系统会收回为 m、n 分配的寄存器，因此，m、n 的生存期是从 A 行到 B 行。在 for 语句的两次循环中，系统两次为 m、n 分配寄存器并赋初值 0，又两次收回寄存器。因此，两次循环的结果是相同的。

## 3. 静态类型

用静态类型关键词 static 定义的变量称为静态变量。静态变量的定义格式为：

```
static   <类型><变量名表>;
```

例如：

```
static    int a,b=3;
```

表示定义 a、b 为静态整型变量。

根据定义在函数内还是函数外，静态变量可分为静态局部变量与静态全局变量。

（1）静态局部变量。定义在函数内的静态变量称为静态局部变量。对静态局部变量的说明如下。

① 当程序开始执行时，系统会为静态局部变量分配存储空间。当调用定义该变量的函数结束后，系统并不收回这些变量占用的存储空间；当再次调用函数时，变量仍使用相同的存储空间，因此这些变量仍保留原来的值，即在整个程序运行期间变量都存在。

② 静态局部变量存储在内存的静态存储区中。

③ 静态局部变量具有确定的值，其默认初值为 0。

④ 虽然静态局部变量在函数调用结束后仍然存在，但是它不能被其他函数引用，只能由定义它的函数引用。

【例 5.18】 用自动变量与静态局部变量求三个整数的和。

```
#include <iostream>
using namespace std;
void f(int x,int y)
{   int m=0;                              //定义自动变量 m
    static int n=0;                       //定义静态局部变量 n
    m=m+x+y;                              //用自动变量求三个整数的和
    n=n+x+y;                              //用静态局部变量求三个整数的和
    cout<<"m="<<m<<'\t'<<"n="<<n<<endl;
}
int main()
{   int i=5,j=10,k;
    for (k=1;k<=3;k++)
    f(i,j);
    return 0;
}
```

执行程序后，其输出结果为：

```
m=15            n=15
m=15            n=30
m=15            n=45
```

在函数 f() 中，定义了静态局部变量 n。在程序开始执行时，系统会为静态局部变量 n 分配存储空间，当调用函数 f() 结束后，系统并不收回变量 n 占用的存储空间；当再次调用函数 f() 时，变量 n 仍使用相同的存储空间。因此，在每次循环调用函数 f() 时，表达式 n=n+x+y 均对 n 进行累加，使每次调用函数 f() 后，n 都增加 15。当程序执行结束时才收回静态变量 n 占用的存储空间。由于自动变量 m 在每次调用函数 f() 时才建立，函数调用结束后便收回，所以表达式 m=m+x+y 总是从 m=0 开始增加的。

静态局部变量用于保存函数运行的结果，以便在下次调用函数时继续使用上次计算的结果。

注意：由于静态变量在程序开始执行到程序结束始终占用存储空间，当静态变量较多时会占用大量的存储空间，所以，在没有必要时，一般不主张使用静态局部变量。

（2）静态全局变量。定义在函数外的静态变量称为静态全局变量。对静态全局变量的说明如下。

静态全局变量与静态局部变量说明中的①、②、③条相同，此处不再叙述。不同之处如下。

① 静态全局变量定义中的 static 可以省略。若省略 static 则隐含确定为静态存储类型。因此，本节之前在函数外定义的无存储类型的全局变量均属于静态全局变量。

② 静态全局变量可被作用域内的所有函数引用，即可被程序内定义在静态全局变量后的所有函数引用。

③ 用 static 定义的静态全局变量只能被本文件引用，而不能被其他文件引用。

【例 5.19】 求两个整数的最大值。

```
#include <iostream>
using namespace std;
static int a=6,b=5;                    //定义静态全局变量 a、b，其中 static 可以省略
int max(int x,int y)
{    cout<<a<<'\t'<<b<<endl;           //在函数 max()中使用静态全局变量 a、b
     return x>y?x:y;
}
int main()
{    int c;
     c=max(a,b);                       //在主函数中使用静态全局变量 a、b
     cout<<"max="<<c<<endl;
     return 0;
}
```

程序执行后输出：

```
6    5
max=6
```

在上述程序中，静态全局变量 a、b 可被定义在其后的 max()函数与 main()函数引用。若将定义静态全局变量的语句 static int a=6,b=5;放在 max()函数的后面，就会出现先引用后定义的情形，则上述程序会出现编译错误。此时应对静态全局变量进行引用性说明，方法是用关键词 extern 将静态全局变量定义为外部类型变量。

### 4．外部类型

用外部类型关键词 extern 定义的全局变量称为外部变量，其定义格式为：

    extern　<类型><变量名表>；

例如：

    extern　int a,b;

定义了外部变量 a 与 b，其数据类型为整型。

用 extern 定义外部变量有两个目的：一是在同一文件中使用 extern 定义外部变量，扩展全局变量的作用域；二是在同一程序的不同文件中使用 extern 定义外部变量，使不同文件之间可以相互引用相同的全局变量或函数。

（1）在同一文件中使用 extern 定义外部变量。在同一文件中定义的全局变量，若定义在后引用在前，则引用前要将此全局变量定义为外部变量。在使用 extern 对全局变量进行定义后，就可以从 extern 语句定义处起合法地使用该全局变量，即在同一文件中扩展了全局变量的作用域。

【例 5.20】 在同一文件中定义全局变量为外部变量的示例，求两个整数的最大值。

```
#include <iostream>
using namespace std;
extern int a,b;                        //将静态全局变量 a、b 定义为外部变量
```

```
int max(int x,int y)
{    cout<<a<<'\t'<<b<<endl;                //在函数 max()中使用静态全局变量 a、b
     return x>y?x:y;
}
int a=6,b=5;                                //定义静态全局变量 a、b
int main()
{   int c;
    c=max(a,b);                             //在主函数中使用静态全局变量 a、b
    cout<<"max="<<c<<endl;
    return 0;
}
```

程序执行后输出：

```
6    5
max=6
```

（2）在同一程序的不同文件中使用 extern 定义外部变量。当一个完整的程序由多个文件组成，在一个文件中定义的全局变量要被其他文件引用时，引用的文件中要用 extern 将此全局变量定义为外部变量，这样就可以从引用文件的定义处起合法地使用该全局变量，即将一个文件中定义的全局变量的作用域扩展到了引用文件中。

**【例 5.21】** 将另一文件中的全局变量定义为本文件外部变量的示例。

**分析**：编写两个文件，第一个文件的内容为求最大值函数 max()和定义全局变量 a、b，文件名为 exemple5_211.cpp。第二个文件的内容为主函数 main()，文件名为 exemple5_21.cpp。由于要在主函数中引用第一个文件中的 max()函数和全局变量 a、b，所以必须在第二个文件中用 extern 将全局变量 a、b 定义为外部变量，用 extern 将函数 max()定义为外部函数。

第一个文件程序如下：

```
/*文件名：exemple5_211.cpp */
int max(int x,int y)
{    return x>y?x:y;}
int a=100,b=7;                             //定义静态全局变量 a、b
```

第二个文件程序如下：

```
/*文件名：exemple5_21.cpp*/
#include <iostream>
using namespace std;
extern int a,b;                            //定义 a、b 为外部变量，即对 a、b 进行引用性说明
extern int max(int x,int y);               //定义 max()为外部函数，即对函数进行引用性说明
int main( )
{   int c;
    c=max(a,b);
    cout<<"max="<<c<<endl;
    return 0;
}
```

在 C++中运行由这两个文件组成的程序的方法如下。

先建立一个工程 exemple5_21，然后新建源文件 exemple5_21.cpp，该文件必须包含主函数 main()，再新建源文件 exemple5_211.cpp，方法如下。

从主菜单中选择"文件"→"新建"→"文件"→"C++ Source File"选项，并输入文件名（exemple5_211）。然后将 exemple5_211.cpp 插入工程中。方法如下。

在主菜单中选择"工程"菜单项，再选择"添加到工程"子菜单，然后选择"文件"选项，输入要插入的文件 exemple5_211.cpp，最后单击"确定"按钮即可。

程序运行结果如下：

```
max=100
```

## 5.5  内联函数

由微机原理可知，在调用子程序的过程中，系统需要进行保存断点地址和保护现场等工作，当执行完子程序后，要取出断点地址并恢复现场，再接着执行源程序。也就是说，在调用子程序的过程中，系统要增加保护断点与现场、恢复断点与现场等操作，延长程序运行时间。在 C++中，调用函数的过程与调用子程序的过程类似，即调用函数的过程会延长程序运行时间。对于一些功能简单、规模小、使用频繁的函数，这种函数调用方式的运行时间相对而言是比较长的。此时，可使用 C++提供的内联函数。内联函数，就是在编译时把函数的函数体直接插入调用处，而不是在执行中发生调用函数时的控制转移。这样可以缩短程序运行时间，提高程序的执行效率。

内联函数的定义方法是在函数定义时，在函数的类型前增加关键字 inline，即：

```
inline  <类型>  <函数名>(<形式参数表>)
```

【例 5.22】    用内联函数实现求两个整数的和。

```cpp
#include <iostream>
using namespace std;
inline int sum(int x,int y)
{   return (x+y);}
int main()
{   int a,b;
    cout<<"Input a,b:";
    cin>>a>>b;
    cout<<"sum="<<sum(a,b)<<endl;
    return 0;
}
```

程序执行后显示：

```
Input a,b:2    5
sum=7
```

在编译程序后，将内联函数 sum()的函数体插到调用函数语句 sum(a,b)处，因此上述程序经内联编译处理后变为如下程序：

```cpp
#include <iostream>
using namespace std;
int main( )
{   int a,b,m;
    cout<<"Input a,b:";
    cin>>a>>b;
    cout<<"sum="<<a+b<<endl;
    return 0;
}
```

在程序执行时，不再需要调用函数 sum()，从而减少了由于调用函数而引起的系统开销，提高了程序的执行效率。

**说明：**

（1）内联函数的函数体内一般不能含有循环、switch 分支和复杂嵌套的 if 语句。

（2）内联函数的实质，是用存储空间（使用更多的存储空间）来换取执行时间（缩短执行的时间），从而加速程序的执行。当多次调用同一内联函数时，程序本身占用的存储空间将有所增加。因此，对于循环调用语句较多的函数，采用内联函数是不可取的。

## 5.6　具有默认参数值的函数

在 C++中定义函数时，允许给形参指定默认值，即形参表可写成如下形式：

　　<类型> <形参 1>=<表达式 1>,···,<类型> <形参 $n$>=<表达式 $n$>

其中，表达式必须有确定的默认值。在调用函数时，若明确给出了实参值，则使用相应的实参值；若没有给出相应的实参值，则使用默认值。这种函数称为具有默认参数值的函数。

**【例 5.23】**　编写具有默认参数值的函数求三个整数的和。

```
#include <iostream>
using namespace std;
int add(int x=5,int y=6,int z=7)              //定义形参和默认值
{    return x+y+z; }
int main()
{    int s1,s2,s3;
     s1=add(10,20,30);                        //形参 x、y、z 都使用给定的实参值
     cout<<"s1="<<s1<<endl;                   //即求 10+20+30
     s2=add(10,20);                           //形参 x、y 使用给定的实参值 10、20
     cout<<"s2="<<s2<<endl;                   //z 使用默认值 7，即求 10+20+7
     s3=add();                                //形参 x、y、z 使用默认值
     cout<<"s3="<<s3<<endl;                   //即求 5+6+7
     return 0;
}
```

程序执行后输出：

```
s1=60
s2=37
s3=18
```

当使用具有默认参数值的函数时，应注意以下几点。

（1）具有默认参数值的函数应先定义后调用，如例 5.23。若先调用后定义，则必须在调用之前给出函数的原型说明，并在原型说明中依次列出参数的默认值，在后面定义函数时，不必再指定参数的默认值。例如，例 5.23 的程序可改成：

```
#include <iostream>
using namespace std;
int add(int x=5,int y=6,int z=7);             //先调用后定义函数，必须先给出函数的原型说明
int main( )
{    int s1,s2,s3;
     s1=add(10,20,30);                        //先调用函数 add()
     cout<<"s1="<<s1<<endl;
     s2=add(10,20);
     cout<<"s2="<<s2<<endl;
```

```
        s3=add();
        cout<<"s3="<<s3<<endl;
        return 0;
    }
    int add(int x,int y,int z)                      //后定义函数 add()，可不指定形参的默认值
    {   int s;
        s=x+y+z;
        return s;
    }
```

函数原型说明也可以简写为：

```
    int add(int =5,int =6,int =7);
```

（2）在定义函数时，具有默认值的参数必须位于参数表的最右侧。例如：

```
    int add(int x,int y=6,int z=7);                 //正确
    int add(int x=5,int y=6,int z);                 //错误，最右侧参数 int z 不是具有默认值的参数
    int add(int x=5,int y,int z=7);                 //错误，中间的参数 int y 不是具有默认值的参数
```

（3）在函数调用时，若省略某个实参而使形参采用默认值，则其后的实参都应省略。不允许某个实参省略后再给其后的实参指定参数值。例如，下列调用 add()函数的方式是错误的：

```
    s2=add(,20,30);                                 //省略第一个实参后，其后的第二个和第三个都应省略
    s2=add(10,,30);                                 //省略第二个实参后，其后的第三个实参必须省略
```

# 5.7 函数的重载

同一个函数名或同一个运算符，根据不同的对象可以完成不同的功能或运算，这种特性称为重载性。例如，"+"运算符可以完成两个整数的求和运算，也可以完成两个实数的求和运算，还可以完成两个复数的求和运算，当然，也可以完成两个字符串的连接。又如，相同的函数名 abs 可以分别求整数、实数、双精度实数的绝对值。C++中有两种重载，函数的重载和运算符的重载。这里先介绍函数的重载。函数的重载是指用重名函数完成不同功能的函数运算。当然，这种函数的定义必须符合函数重载的规定。

【例 5.24】　利用重载求和的函数，分别求两个整数、两个实数和两个双精度数的和。

程序如下：

```
    #include <iostream>
    using namespace std;
    int add(int x,int y)                            //求两个整数的和的函数 add()
    {   return x+y; }
    float add(float x,float y)                      //求两个实数的和的函数 add()
    {   return x+y; }
    double add(double x,double y)                   //求两个双精度数的和的函数 add()
    {   return x+y; }
    int main( )
    {   int a,b;
        float m,n;
        double u,v;
        cout<<"Input 2 integers:";
        cin>>a>>b;
        cout<<a<<"+"<<b<<"="<<add(a,b)<<endl;        //实参为整数，调用第一个 add()函数
        cout<<"Input 2 float numbers:";
```

```
        cin>>m>>n;
        cout<<m<<"+"<<n<<"="<<add(m,n)<<endl;        //实参为实数，调用第二个 add()函数
        cout<<"Input 2 double numbers:";
        cin>>u>>v;
        cout<<u<<"+"<<v<<"="<<add(u,v)<<endl;        //实参为双精度数，调用第三个 add()函数
        return 0;
    }
```

程序执行后显示：

```
        Input 2 integers: 2    3
        2+3=5
        Input 2 float numbers: 2.5        3.5
        2.5+3.5=6
        Input 2 double numbers: 2.55555        3.55555
        2.55555+3.55555=6.1111
```

例 5.24 中定义了三个同名重载函数 add()，分别用于求两个整数、两个实数、两个双精度数的和。在主函数中，根据实参的类型调用这三个重载函数，完成相应的加法操作。在定义重载函数时，要注意以下几点。

（1）定义重载函数的形参必须不同（参数个数不同或者数据类型不同）。只有这样，编译器才可能根据不同的参数去调用不同的重载函数。例如，在例 5.24 中，当实参为整数时，调用整数求和函数；当实参为实数时，调用实数求和函数。

（2）如果函数名、形参的个数和类型均相同，但函数的返回值不同，则不能将此函数定义为重载函数。

# 本 章 小 结

## 1．函数的定义和调用

函数可分成系统提供的标准库函数和用户自定义函数。标准库函数可以直接使用，用户自定义函数必须先定义后使用。

函数调用的方式通常有三种：函数语句、函数表达式和函数参数。

## 2．实参和形参间数据的传递

（1）值传送。当函数的形参为变量时，其实参为常量、变量、数组元素与表达式。在调用函数时，系统会给形参分配内存单元，并将实参的值传送给对应的形参；在函数执行过程中，形参参与运算；当函数返回时，形参值的改变不影响实参，实参保持原来的值，这就是实参与形参间的值传送方式。

（2）传地址。当函数的形参为数组时，其实参只能是相同类型的数组名（不能加"[]"）。C++中规定，数组名表示数组的首地址，因此在调用函数时，系统将实参数组的首地址传送给形参数组，使两个数组占用相同的存储空间。在执行函数的过程中，形参数组中各元素值的变化会使实参数组元素的值也发生变化，这就是实参与形参间的传地址方式。

## 3．函数的返回值

函数可用 return 语句给主调函数返回一个值。当函数不使用 return 语句返回值时，函数类型应为 void。

#### 4．函数的原型说明

在 C++程序中，当函数调用在前而定义在后时，应在调用前增加对被调函数的原型说明。

#### 5．函数的嵌套调用和递归调用

（1）函数的嵌套调用是在调用一个函数的过程中，在该函数的函数体内又调用另一个函数。

（2）函数的递归调用是在一个函数定义的函数体中又出现直接或间接地调用该函数本身的情形。当利用递归方法解决问题时，必须注意三点：递归的公式、递归的结束条件和递归的约束条件。

#### 6．变量的作用域和存储类型

（1）作用域。作用域是变量在程序中可引用的区域。作用域共分为块作用域、文件作用域、函数原型作用域、函数作用域、类作用域五种。前四种作用域范围的总结如下。

① 块作用域：从块内变量定义开始到块结束。

② 文件作用域：从函数外变量定义开始到文件结束（可用 extern 对其进行外部定义）。

③ 函数原型作用域：从原型变量说明开始到函数原型说明结束。

④ 函数作用域：从函数开始到函数结束。

（2）局部变量与全局变量。

① 局部变量是在函数内部定义的或在块内定义的变量，具有块作用域。

② 全局变量是在函数外定义的变量，具有文件作用域。

③ 当局部变量与全局变量同名时，局部变量优先。

④ 在块作用域内可通过作用域运算符"::"引用与局部变量同名的全局变量。

（3）动态变量与静态变量。

① 动态变量是在程序的执行过程中为其分配内存的变量。

② 静态变量是在程序开始执行时就为其分配内存，直到程序执行结束时才收回内存的变量。

（4）C++存储区。C++程序在内存中占用的存储空间可以分为三部分：程序存储区、静态存储区和动态存储区。动态变量存储在内存中的动态存储区；静态变量存储在内存中的静态存储区。

（5）变量的存储类型。在 C++中，变量的存储类型有四种：自动类型（auto）、寄存器类型（register）、静态类型（static）、外部类型（extern）。自动类型、寄存器类型属于动态存储类型；静态类型、外部类型属于静态存储类型。变量存储类型如表 5.1 所示。

表5.1　变量存储类型

| 变量类型 | 全局/局部变量 | 作用域 | 静态/动态变量 | 存储区 |
|---|---|---|---|---|
| 自动变量 | 局部变量 | 块作用域 | 动态变量 | 动态存储区 |
| 寄存器变量量 | 局部变量 | 块作用域 | 动态变量 | CPU 寄存器 |
| 静态局部变量 | 局部变量 | 块作用域 | 静态变量 | 静态存储区 |
| 静态全局变量 | 全局变量 | 文件作用域 | 静态变量 | 静态存储区 |
| 外部变量 | 全局变量 | 文件作用域 | 静态变量 | 静态存储区 |

#### 7．内联函数

用关键字 inline 定义的函数称为内联函数。

内联函数的实质是，在编译时，把函数体直接插入调用处，其目的是减少系统的开销，提高程序的执行效率。

### 8. 具有默认参数值的函数

给形参指定默认值的函数称为具有默认参数值的函数。指定默认值的形参必须写在形参表的右侧。在调用函数时，若明确给出了实参的值，则使用相应实参的值；若没有给出相应实参的值，则使用默认值。

### 9. 函数的重载

同一个函数名或同一个运算符，根据不同的对象可以完成不同的功能和运算，这种特性被称为重载性。函数的重载是指用重名函数完成不同功能的函数运算。重载函数的形参必须不同（参数个数不同或者数据类型不同）。

### 10. 本章重点、难点

**重点：**函数的定义和调用，实参和形参间数据的传送方式，数组名作为函数参数的调用过程及方法。

**难点：**数组名作为函数参数的调用过程及方法，变量的作用域和存储类型，函数的递归调用。

# 习　　题

5.1　函数是如何分类的？

5.2　自定义函数如何定义？有哪三种调用方式？

5.3　在函数的调用过程中，实参传送给形参有哪两种方式？这两种传送方式有什么区别？

5.4　在什么情况下必须使用函数的原型说明？在函数原型说明的形参表中，形参名是否是必需的？为什么？

5.5　什么是递归？当用递归方法解决问题时，必须分析清楚哪三个问题？

5.6　什么是作用域？在 C++中，作用域分为哪五类？在前四类作用域中，变量的有效作用区域是什么？

5.7　什么是局部变量与全局变量？局部变量与全局变量的作用域是什么？什么是静态变量与动态变量？静态变量与动态变量分别存放在什么存储区？静态变量与动态变量各自的生存期是什么？

5.8　变量的存储类型有哪四种？按存储类型不同，变量可分为哪五种？叙述每类存储变量的存储特性。

5.9　如何定义内联函数？使用内联函数的实质与目的是什么？

5.10　什么是函数的重载？在调用重载函数时，通过什么来区分不同的重载函数？

5.11　写出下列程序的运行结果。

```
#include <iostream>
using namespace std;

void modify(int x,int y)
{    cout<<"x="<<x<<'\t'<<"y="<<y<<endl;
     x=x+3; y=y+4;
     cout<<"x="<<x<<'\t'<<"y="<<y<<endl;
}
int main( )
{    int a,b;
     a=1;b=2;
     cout<<"a="<<a<<'\t'<<"b="<<b<<endl;
```

```
    modify(a,b);
    cout<<"a="<<a<<'\t'<<"b="<<b<<endl;
    return 0;
}
```

5.12 写出下列程序运行后的输出图形。

```
#include <iostream>
using namespace std;
int main( )
{   int i=4,j;
    void printchar(int,char);
    printchar(25,' ');
    j=i;
    printchar(i+2*j-2,'*');
    cout<<endl;
    for (j=2;j>=0;j--)
    {   printchar(28-j,' ');
        printchar(i+2*j,'*');
        cout<<endl;
    }
    return 0;
}
void printchar(int len,char c)
{   int k;
    for (k=1;k<=len;k++)
    cout<<c;
}
```

5.13 写出下列递归程序的递归公式、约束条件、结束条件及运行结果。

```
#include <iostream>
using namespace std;
int fac(int n)
{   int z;
    if (n>0)
        z=n*fac(n-2);
    else
        z=1;
    return z;
}
int main( )
{   int x=7,y;
    y=fac(x);
    cout<<y<<endl;
    return 0;
}
```

5.14 写出下列以数组名作为参数的函数调用的运行结果。

```
#include <iostream>
#include <string>
using namespace std;
int main( )
{   char a[]="abcdef";
    int n;
    void fun(char s[],int k);
```

```
        n=strlen(a);
        fun(a,n);
        cout<<a<<endl;
        return 0;
    }
    void fun(char s[],int k)
    {   int x,y;
        char c;
        x=0;
        for (y=k-1;x<y;y--)
        {   c=s[y]; s[y]=s[x]; s[x]=c;
            x++;
        }
    }
```

5.15 写出下列程序的运行结果。

```
    #include <iostream>
    using namespace std;
    int a=10;
    int main( )
    {int a=20,b=30;
        {int a=0,b=0;
         for (int i=1;i<4;i++)
            {a=a+b;b=::a+b;}
         cout<<a<<' '<<b<<endl;
        }
      cout<<a<<' '<<b<<endl;
      return 0;
    }
```

5.16 指出下列程序各函数中的全局变量与局部变量、静态变量与动态变量，以及各变量的存储类型、作用域与生存期，并写出程序的运行结果。

```
    #include <iostream>
    using namespace std;
    extern int x;
    void change(void)
    {   register int y=0,z=3;
        cout<<x<<'\t'<<y<<'\t'<<z<<endl;
        x=2;y=2;
        cout<<x<<'\t'<<y<<'\t'<<z<<endl;
    }
    int x=3,y=4;
    int main( )
    {   auto int x,z=-3;
        x=1;
        cout<<x<<'\t'<<y<<'\t'<<z<<endl;
        change();
        cout<<x<<'\t'<<y<<'\t'<<z<<endl;
        cout<<::x<<'\t'<<::y<<'\t'<<z<<endl;
        return 0;
    }
```

5.17 指出下列程序各函数中各变量的存储类型、作用域与生存期,并写出下列程序的运行结果。

```cpp
#include <iostream>
using namespace std;
int main( )
{   int i;
    void add1(void),add2(void);
    for (i=0;i<3;i++)
    {   add1();
        add2();
        cout<<endl;
    }
    return 0;
}
void add1(void)
{   int x=0;
    x++;
    cout<<x<<'\t';
}
void add2(void)
{   static int x=0;
    x++;
    cout<<x<<'\t';
}
```

5.18 指出下列各文件中变量的存储类型、作用域与生存期,并写出下列程序的运行结果。在 exercise5_181.cpp 文件中能否将 exercise5_18.cpp 文件中的变量 z 定义为外部变量?

```cpp
//文件名:exercise5_18.cpp
#include <iostream>
using namespace std;
int x=1,y=2;
static int z=3;
extern void add(void);
int main( )
{   add();
    cout<<"x="<<x<<'\t'<<"y="<<y <<'\t'<<"z="<<z<<endl;
    return 0;
}
//文件名:exercise5_181.cpp
#include <iostream>
using namespace std;
extern int x,y;
void add(void)
{   x+=3;
    y+=4;
    cout<<"x="<<x<<'\t'<<"y="<<y<<endl;
}
```

5.19 编写一个函数,把华氏温度转换成摄氏温度,温度转换公式为: $c=(f-32)\times5/9$。在主函数中输入华氏温度值,转换后输出相应的摄氏温度值。

5.20 编写一个函数,判断一个整数是否为素数。在主函数中输入一个整数,并输出该整数是否为素数的信息。

5.21 编写一个函数 power(float x,int n),用于计算数学表达式 $x^n$。在主函数中实现输入/输出。

5.22 编写一个计算 $1 \sim n$ 的平方和的函数，并调用此函数计算：

$$(1^2 + 2^2 + \cdots + 12^2) + (1^2 + 2^2 + \cdots + 15^2)^2$$

5.23 编写两个函数，分别求两个整数 $m$、$n$ 的最大公约数和最小公倍数。在主函数中输入两个整数，分别调用这两个函数求得结果并输出。求两个整数 $m$、$n$ 的最大公约数和最小公倍数的算法提示如下。

（1）将 $m$、$n$ 中的最大数赋给变量 $a$，最小数赋给变量 $b$。

（2）用大数 $a$ 除以小数 $b$，若余数 $c$ 为 0，则 $b$ 为最大公约数，否则进行步骤（3）。

（3）将小数 $b$ 赋给 $a$，余数 $c$ 赋给 $b$，再进行步骤（2），直到余数等于 0。

（4）最小公倍数=$(m \times n)$/最大公约数。

例如，求 20 与 14 的最大公约数的方法为：20%14=6，14%6=2，6%2=0，则 2 为 20 与 14 的最大公约数。最小公倍数=20×14/2=140。

5.24 编写一个函数，用递归的方法求 $1+2+3+4+\cdots+n$ 的值。在主函数中实现输入/输出。

5.25 编写一个函数 power(float x,int n)，用递归法计算数学表达式 $x^n$。在主函数中实现输入/输出。

5.26 编写一个排序函数，用选择法对一批整数按从大到小的次序进行排序。在主函数内输入数据，调用排序函数对数据进行排序，并输出排序结果。

5.27 用输入 input(int s[6][5])、计算 calculate(int s[][5],int n)、输出 output(int s[6][5]) 三个函数完成习题 4.19 所要求功能。在主函数中定义二维数组 s[6][5]，调用 input()、calculate()、output() 三个函数完成学号与成绩的输入、总成绩与最高分的计算、结果的输出。

5.28 用内联函数求一维数组的最大值。在主函数中输入数组元素值，调用求最大值函数，并输出数组最大值。

5.29 编写一个函数，求长方体的体积，长方体的长、宽、高的默认值分别为 30、20、10。在主函数中实现输入/输出。

5.30 编写两个名为 max 的重载函数，分别用于求两个整数及两个实数的最大值。

# 实　　验

## 1. 实验目的

（1）初步掌握函数的定义方法及函数的三种调用方法。

（2）理解参数在传送过程中，值传送与传地址的过程与区别。

（3）初步学会用递归编写程序的方法。

（4）学会用数组名作为函数参数的编程方法。

## 2. 实验内容

（1）用冒泡法编写一个对一维数组进行降序排序的函数 sort()。再定义一个输出数组元素值的函数 print()。在主函数中定义一维整型数组 a[N](N=10)，用键盘输入 10 个整数并赋给数组 a[N]，调用 sort() 函数对数组进行降序排序，再调用 print() 函数输出数组内容。在上述内容完成后，对 sort() 函数再改用选择法、擂台法进行降序排序。

实验数据：10，25，90，80，70，35，65，40，55，5。

（2）编写一个函数 px(float x,int n)，用递归的方法求下列级数前 $n$ 项的和 $s$。

$$s = x - x^2 + x^3 - x^4 + x^5 - x^6 + \cdots + (-1)^{n-1} x^n$$

在主函数中定义变量 $x$ 与 $n$，通过键盘输入 $x$ 与 $n$ 的值，调用 px() 函数计算并返回级数前 $n$ 项的和 $s$，并输出 $s$ 的值。

实验数据：$x$=1.2　　$n$=10。

（3）编写一个字符串连接函数 str_cat(char s[],char s1[],char s2[])，完成 s=s1+s2 的字符串连接工作。具体要求为，先将字符串 s1 复制到 s 中，然后将字符串 s2 连接到 s 后面。在主函数中定义 3 个字符串数组 str[80]、str1[40]、str2[40]，将两个字符串输入到 str1 与 str2 中，调用字符串连接函数 str_cat() 将 str1 与 str2 连接到 str 中，最后输出连接后的字符串 str。要求用两种方法编写 str_cat() 函数：方法一，用字符串复制与连接函数实现；方法二，用 while 语句编程实现。

实验数据：

　　　str1="I am student"　　str2="And You are student too"

（4）编写一个计算 sin(x) 的函数，在主函数中输入 $x$，调用 sin(x) 函数计算并输出 $y$ 值。

$$y = \sin(x) = \frac{x}{1} - \frac{x^3}{3!} + \frac{x^5}{5!} - \frac{x^7}{7!} + \cdots + (-1)^{n+1} \frac{x^{(2n-1)}}{(2n-1)!}$$

要求：在 sin(x) 函数内，将级数中各项值累加到变量 $s$ 中，直到最后一项的绝对值小于 0.00001。

实验数据：$x$=3.14159。

# 第 6 章

# 编译预处理

本章知识点导图

通过本章的学习，应理解编译预处理的概念。理解文件包含的概念，掌握文件包含命令的使用方法。理解宏定义的概念，掌握不带参数的宏定义命令和带参数的宏定义命令的使用方法。理解条件编译的概念，初步掌握条件编译命令的使用方法。

在前面章节的程序中，经常会用到#include <iostream>、#include <iomanip>、#include <cmath>、#define PI 3.14159 等命令，这些命令称为编译预处理命令。所谓编译预处理，是指在对源程序进行通常的编译之前，根据编译预处理程序提供的预处理命令对源程序进行相应的处理。C++具有编译预处理功能，C++源程序中可以加入预处理命令，但预处理命令不是 C++的语句，也不属于 C++的语法范畴。

C++的预处理功能主要有以下三种。

（1）文件包含处理。

（2）宏定义。

（3）条件编译。

它们分别用文件包含命令、宏定义命令、条件编译命令来实现。为了与一般的 C++语句区分，这些命令以符号"#"开头，且其行尾没有分号；一条预处理命令单独占一行；它们一般放在源程序的开头位置。

## 6.1 文件包含处理

文件包含处理是指一个源程序文件可以将另外一个源程序文件的全部内容包含进来，即将另外一个文件嵌入本文件中。

C++提供了文件包含命令#include 来实现文件包含处理，其一般格式为：

    #include    "文件名"

或

    #include    <文件名>

文件包含命令的功能：根据文件名，把指定文件的全部内容读到当前处理的文件中，作为当前文件的一个组成部分,即用文件的内容替代该#include 命令行。例如,源程序文件 file1.cpp 中有文件包含命令:

    #include    "file2.h"

则编译预处理程序将 file2.h 文件的全部内容复制并插入 file1.cpp 文件中的#include    "file2.h"命令处,即 file2.h 被包含到 file1.cpp 中,并将包含 file2.h 文件全部内容的 file1.cpp 文件作为一个源程序文件来处理,如图 6.1 所示。

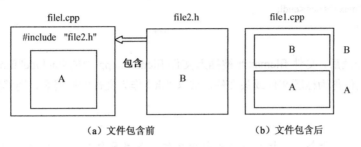

图 6.1    文件包含

【例 6.1】    输入两个整数 a 和 b,输出其中较大的一个数。

文件 filemax.h 的内容为:

```
int max(int x,int y)
{    int z;
     if (x>=y)
       z=x;
     else
       z=y;
     return(z);
}
```

文件 filemain.cpp 的内容为:

```
#include <iostream>                          //包含输入/输出头文件 iostream
                                             //iostream 为 C++系统提供的头文件,不包括后缀“.h”
#include "filemax.h"                          //包含文件 filemax.h
using namespace std;
int main( )
{    int a,b,m;
     cout<<"Input a,b:";
     cin>>a>>b;
     m=max(a,b);
     cout<<"max="<<m<<endl;
     return 0;
}
```

经过编译预处理后,文件 filemain.cpp 变为如下形式:

```
#include <iostream>                          //由于 iostream 头文件是由 C++系统
                                             //提供的,所以此处不再将该文件展开

int max(int x,int y)
{    int z;
     if (x>=y)
       z=x;
     else
```

```
            z=y;
        return(z);
    }
    using namespace std;
    int main( )
    {   int a,b,m;
        cout<<"Input a,b:";
        cin>>a>>b;
        m=max(a,b);
        cout<<"max="<<c<<endl;
        return 0;
    }
```

经过编译预处理后，文件 filemax.h 被插入文件 filemain.cpp 中的#include"filemax.h"处。将在文件头部的被包含文件称为标题文件或头文件，常以".h"作为文件的扩展名，当然也可以使用其他扩展名。

**说明：**

（1）一个#include 命令只能指定一个被包含文件，如果要包含 *n* 个文件，则要用 *n* 个#include 命令。

（2）一个被包含文件中又可以包含另一个被包含文件，即文件包含是可以嵌套的。例如，file1.cpp 中有命令#include "file2.h"，file2.h 中有命令#include "file3.h"。相当于 file1.cpp 中有命令：

```
#include "file3.h"
#include "file2.h"
```

（3）在#include 命令中，文件名可以用双引号引起来或用尖括号括起来。例如，file1.cpp 中有命令：

```
#include "file2.h"
```

也可以写成：

```
#include <file2.h>
```

在#include 命令中，文件名用双引号引起来或用尖括号括起来都是合法的。两者的区别是：用尖括号时，系统直接到存放 C++库函数头文件所在的目录（include 目录）中查找要包含的文件，这称为标准方式；用双引号时，系统先在用户当前工作目录中查找要包含的文件，这称为用户方式，若找不到再按标准方式查找（按尖括号的方式查找）。因此，一般来说，如果为调用库函数而用#include 命令来包含相关的文件，则用尖括号，以节省查找时间；如果要包含的是用户自己编写的文件（这种文件一般都在当前工作目录中），则用双引号。

（4）文件包含命令可以出现在程序中的任何位置。通常，将文件包含命令放在源程序文件的开始部分。

文件包含主要在两种情况下使用，一种情况是在程序文件要用到 C++的库函数时，必须把含有该库函数的头文件包含到本文件中。例如，当要实现输入/输出时，必须包含头文件 iostream；当要使用数学函数时，必须包含头文件 cmath，并且 C++标准库中提供的头文件不包括后缀.h。另一种情况是在设计大型程序时，可将程序公用的一些数据结构、输出格式定义成头文件，然后在相应的处理程序中用文件包含命令将相应的头文件包含进来。

**【例 6.2】** 求矩形的对角线的长、周长和面积。

```
#include <iostream>                          //包含输入/输出头文件 iostream
#include <cmath>                             //包含数学函数头文件 cmath
```

```cpp
using namespace std;
int main( )
{    float a,b,p,l,s;                        //定义变量 a、b、p、l、s
     cout<<"输入矩形的边长:";
     cin>>a>>b;                              //输入矩形的边长 a、b
     p=sqrt(a*a+b*b);                        //计算矩形的对角线长 p
     l=2*(a+b);                              //计算矩形的周长 l
     s=a*b;                                  //计算矩形的面积 s
     cout<<"矩形对角线="<<p<<endl;           //输出矩形的对角线长 p
     cout<<"矩形周长="<<l<<endl;             //输出矩形的周长 l
     cout<<"矩形面积="<<s<<endl;             //输出矩形的面积 s
     return 0;
}
```

程序执行后显示：

```
输入矩形的边长:3    4
矩形对角线=5
矩形周长=14
矩形面积=12
```

# 6.2 宏定义

宏定义，就是用一个指定的标识符来代表一个字符串。宏定义有两种形式：不带参数的宏定义和带参数的宏定义。宏定义通过宏定义命令#define 来实现。

## 6.2.1 不带参数的宏定义

不带参数的宏定义命令的一般格式为：

    #define   标识符   字符串

不带参数的宏定义的功能：用一个简单的名字来代替一个长的字符串。其中，标识符称为宏名，字符串可以用引号引起来，也可以不用引号引起来，但两者有区别；#define 称为宏定义命令。在编译预处理时，将宏名替换成字符串的过程称为宏展开。例如：

    #define   PI    3.14159

其作用是将宏名 PI 定义为实数 3.14159。若程序中有如下语句：

    s=PI*r*r;

则将 PI 用 3.14159 来代替，即：

    s=3.14159*r*r;

又如：

    #define PROMPT "Area is"

其作用是将宏名 PROMPT 定义为字符串"Area is"。若程序中有如下语句：

    cout<<PROMPT;

则将 PROMPT 用"Area is"代替，即：

    cout<<"Area is";

【例6.3】 求圆的周长、面积及圆球的体积。

```
#include <iostream>
#define PI 3.14159
using namespace std;
int main( )
{   float r,l,s,v;
    cout<<"Input radious:";
    cin>>r;
    l=2.0*PI*r;
    s=PI*r*r;
    v=4.0/3.0*PI*r*r*r;
    cout<<" Perimeter ="<<l<<endl;
    cout<<"Area="<<s<<endl;
    cout<<"Volume="<<v<<endl;
    return 0;
}
```

程序执行后显示：

```
Input radious:10
Perimeter=62.8318
Area=314.159
Volume=4188.79
```

**说明：**

（1）宏名一般习惯用大写字母表示，以便与变量名进行区分。但这并非规定，因此，宏名也可以用小写字母表示。

（2）使用宏名代替一个字符串，可以减少程序中重复书写某些字符串的工作量。

（3）宏定义是用宏名代替一个字符串，仅进行简单的替换，不进行正确性检查。

（4）宏定义不是C++语句，不必在行末加分号。如果加了分号，则会连同分号一起进行替换。

（5）宏定义可出现在程序中的任何位置。通常，将宏定义放在源程序文件的开始部分。宏名的作用域为从宏定义开始到本源程序文件结束。

（6）可以用#undef命令终止宏名的作用域，其一般格式为：

```
#undef    标识符
```

例如：

```
#define N 100
main()
{
    ...
}
#undef N
f()
{
...
}
```

其中，#undef N 终止了 N 的作用域，说明在 f()函数中不能使用宏名 N。

（7）在进行宏定义时，可以引用已定义的宏名，即宏名可以层层替换。

【例6.4】 求圆的周长、面积及圆球的体积。

```
#include <iostream>
#define PI 3.14159
#define R 10.0
#define L 2*PI*R
#define S PI*R*R
#define V 4.0/3.0*PI*R*R*R
using namespace std;
int main( )
{     cout<<"L="<<L<<endl;
      cout<<"S="<<S<<endl;
      cout<<"V="<<V<<endl;
      return 0;
}
```

程序执行后输出：

```
L=62.8318
S=314.159
V=4188.79
```

（8）程序中用双引号引起来的字符串内的字符，即使它与宏名相同，也不对其进行替换。例如，例 6.4 中在 cout<<"S="<<S<<endl;语句中有两个 S，前一个 S 在双引号内，与宏名 S 相同，但不会被替换；后一个 S 在双引号外，与宏名 S 相同，将被替换。

（9）在同一个作用域内，同一个宏名只能被定义一次。

（10）宏定义与定义变量的含义不同。对于宏定义只进行字符替换，不分配存储空间。

## 6.2.2 带参数的宏定义

带参数的宏定义命令的一般格式为：

#define    标识符(参数表)    字符串

其中，字符串中包含括号内的参数，称为形参，以后在程序中它们将被实参替换。

带参数的宏定义的功能：将带形参的字符串定义为一个带形参的宏名。程序中如果有带实参的宏名，则按#define 命令行中指定的字符串进行替换，并用实参替换形参，这称为宏调用。例如，有如下宏定义：

#define    S(a,b)    a*b

其作用是定义一个宏 S，它带有两个形参 a、b。若程序中有语句：

area=S(2,3);

则替换成：

area=2*3;

又如，有如下宏定义：

#define    SQ(x)    (x*x)

若程序中有语句：

y=SQ(a)+SQ(b);

则替换成：

y=(a*a)+(b*b);

【例6.5】 求圆的周长、面积及圆球的体积。

本题微课视频

```cpp
#include <iostream>
#define PI 3.14159
#define L(r) 2.0*PI*r
#define S(r) PI*r*r
#define V(r) 4.0/3.0*PI*r*r*r
using namespace std;
int main( )
{    float radius,length,area,volume;
     cout<<"Input radius:";
     cin>>radius;
     length=L(radius);
     area=S(radius);
     volume=V(radius);
     cout<<"L="<<length<<endl;
     cout<<"S="<<area<<endl;
     cout<<"V="<<volume<<endl;
     return 0;
}
```

**说明：**

（1）带参数宏调用时，只是将语句中宏名后括号内的实参用#define 命令行中的形参代替。当宏调用中包含的实参有可能是表达式时，在宏定义时要用括号把形参括起来，以避免错误。例如，在使用带参数的宏定义求圆面积时，宏定义为：

　　　　#define　S(r)　3.14159*r*r

若程序中有语句：

　　　　area=S(a);

则替换成：

　　　　area=3.14159*a*a;　　　　　　　　//正确

若程序中有语句：

　　　　area=S(a+b);

则替换成：

　　　　area=3.14159*a+b*a+b;　　　　　　//错误

因此宏定义应改为：

　　　　#define　S(r)　3.14159*(r)*(r)

若程序中有语句：

　　　　area=S(a+b);

则替换成：

　　　　area=3.14159*(a+b)*(a+b);　　　　//正确

（2）在宏定义时，宏名与带参数的括号之间不能有空格，否则系统会将空格以后的全部字符都作为不带参数的宏定义的字符串。例如：

```
#define    S (r)    3.14159*r*r
```

则认为 S 是不带参数的宏定义，它代表字符串"(r)    3.14159*r*r"。若程序中有：

```
area=S(a);
```

则替换成：

```
area=(r)    3.14159*r*r (a);                  //错误
```

**注意**：带参数的宏和函数的区别。

（1）两者的定义形式不一样。宏定义中只给出形参，不指定每个形参的类型；而在函数定义时，必须指定每个形参的类型。

（2）函数调用是在程序运行时进行的，系统会为其分配临时的内存单元；而宏调用则是在编译前进行的，系统并不会为其分配内存单元，不进行值的传送处理。

（3）在函数调用时，先求实参表达式的值，然后将值代入形参；而在宏调用时，只简单地用实参替换形参。

（4）在函数调用时，要求实参和形参的类型一致；而在宏调用时，不存在类型问题。

（5）当使用宏次数多时，宏展开后源程序增长，因为每次宏展开都会使源程序增长；而函数调用不会使源程序增长。

# 6.3　条件编译

在一般情况下，源程序中所有的行都参加编译。但是，有时希望只在其中的一部分内容满足一定条件时才进行编译；有时希望当满足某条件时对一组语句进行编译，而当条件不满足时，则编译另一组语句，即对源程序的一部分内容指定编译条件，这就是条件编译。

条件编译命令有以下三种格式。

### 1．格式 1

格式为：

```
#ifdef   标识符
    程序段 1
#else
    程序段 2
#endif
```

功能：若所指定的标识符已经被 #define 命令定义，则在程序编译阶段只编译程序段 1；否则编译程序段 2。其中，#else 部分可以没有，即：

```
#ifdef   标识符
    程序段 1
#endif
```

这里的程序段可以是语句组，也可以是预处理命令。

例如，在程序调试时常常需要输出一些调试信息，而在程序调试完后不需要输出这些信息，此时可以把调试信息的输出语句用条件编译括起来，即：

```
#ifdef DEBUG
    cout<<"x="<<x<<"   y="<<y<<"   z="<<z<<endl;
#endif
```

在程序调试期间，在源程序的开头加入宏定义：

```
#define DEBUG
```

由于 DEBUG 是已定义的标识符，所以条件编译命令 # ifdef DEBUG 为真，执行输出调试变量 x、y 与 z 的语句：

```
cout<<"x="<<x<<"   y="<<y<<"   z="<<z<<endl;
```

当程序调试结束后，删除#define DEBUG 命令，由于 DEBUG 是未定义的标识符，所以条件编译命令# ifdef DEBUG 为假，不执行输出调试变量 x、y 与 z 的语句。

## 2. 格式 2

格式为：

```
#ifndef   标识符
    程序段 1
#else
    程序段 2
#endif
```

功能：若所指定的标识符未被 #define 命令定义，则在程序编译阶段只编译程序段 1；否则编译程序段 2。其中，#else 部分可以没有，即：

```
#ifndef   标识符
    程序段 1
#endif
```

## 3. 格式 3

格式为：

```
#if   表达式
    程序段 1
#else
    程序段 2
#endif
```

功能：当指定的表达式的值为真（非 0）时，编译程序段 1；否则编译程序段 2。当使用格式 3 时，可以事先给定一定的条件，使程序在不同的条件下执行不同的功能。

说明：

（1）条件编译命令与宏定义一样，可以出现在程序中的任何位置。

（2）当把表达式的值作为条件编译的条件时，在编译预处理时，必须求出表达式的值，即该表达式中只能包含一些常量的运算。

（3）条件编译命令不仅可用于调试程序，还可用于文件包含命令中，下面举例说明。

【例 6.6】    使用条件编译命令解决由于文件包含而出现的变量重名的问题。

设有头文件 example6_6.h，其内容如下：

```
#define R 6
float    volume;
```

源文件 example6_6.cpp 的内容如下：

```
# include <iostream>
```

```
# include " example6_6.h"
# define PI 3.14159
# define R 6
# define   AREA   R*R*PI
float    volume;
using namespace std;
int main( )
{    volume=4*PI*R*R*R /3;
     cout<<"圆的面积="<<AREA<<endl;
     cout<<"圆球体积="<<volume<<endl;
     return 0;
}
```

　　该程序在编译时，出现 volume 变量被重复定义的错误。事实上，经预编译后，已将头文件包含在源文件中。因此预编译后的源文件为：

```
# include <iostream>
# define R 6
float    volume;
# define PI 3.14159
# define R 6
# define   AREA   R*R*PI
float    volume;
using namespace std;
int main( )
{    volume=4*PI*R*R*R /3;
     cout<<"圆的面积="<<AREA<<endl;
     cout<<"圆球体积="<<volume<<endl;
     return 0;
}
```

　　显然，表示圆球体积的变量 volume 被重复定义了两次，表示圆半径的宏名 R 也被重复定义了两次。为了解决写在两个不同文件中可能出现变量重名的问题，可使用条件编译命令。采用条件编译命令后的头文件 example6_6.h 修改如下：

```
#ifndef _EX_ H
   # define _EX_ H                        //2
   # define R 6                           //3
   float    volume;                       //4
# endif
```

采用条件编译命令后的源文件 example6_6.cpp 修改如下：

```
# include <iostream>
# include "example6_6.h"
#ifndef _EX_ H
   # define _EX_ H                        //5
   # define R 6                           //6
   float    volume;                       //7
# endif
# define PI 3.14159
# define   AREA   R*R*PI
using namespace std;
int main( )
{    volume=4*PI*R*R*R /3;
     cout<<"圆的面积="<<AREA<<endl;
```

```
        cout<<"圆球体积="<<volume<<endl;
        return 0;
    }
```

程序执行后输出：

```
圆的面积=113.097
圆球体积=904.778
```

程序在预编译头文件时，先判断是否定义过标识符_EX_H，若没有定义过，则执行 2、3、4 行语句，定义标识符_EX_H、全局变量 volume 与宏名 R；否则不执行 2、3、4 行语句。在编译源文件时，同样先判断是否定义过标识符_EX_H，若没有定义过，则执行 5、6、7 行语句，定义标识符_EX_H、全局变量 volume 与宏名 R；否则不执行 5、6、7 行语句。由于头文件先编译，在头文件中已定义了标识符_EX_H、全局变量 volume 与宏名 R，所以在编译源文件时，#ifndef _EX_H 为假，不再重复定义全局变量 volume 与宏名 R。避免变量重名产生编译错误。这种用条件编译命令解决由多个用户编写多文件程序中出现的变量重名的问题是非常有效的。

# 本 章 小 结

### 1．文件包含处理

文件包含处理是指将一个头文件或源程序文件的内容包含到本文件中的操作。C++提供了 #include 命令，用来实现文件包含处理。

### 2．宏定义

宏定义是用一个标识符来代表一个字符串。宏定义有两种形式，即不带参数的宏定义和带参数的宏定义。

**注意**：带参数的宏定义和函数的区别。

### 3．条件编译

条件编译就是对源程序的部分内容指定编译条件，条件编译命令有三种形式。

### 4．本章重点、难点

**重点**：宏定义（带参数的宏定义、不带参数的宏定义）和文件包含处理。
**难点**：带参数的宏定义的应用。

# 习　　题

6.1　什么是编译预处理？C++具有哪几种编译预处理功能？

6.2　什么是文件包含处理？在什么情况下需要使用文件包含处理？

6.3　什么是宏定义？宏定义有哪两种形式？

6.4　带参数的宏定义和函数有什么区别？

6.5　写出下列程序的运行结果。

```
#include <iostream>
#define S(x) x*x
```

```
using namespace std;
int main( )
{int k=2;
 cout<<++S(k+k)<<'\n';
 cout<<k<<'\n';
 return 0;
}
```

6.6 设计一个程序，将求两个实数中的较大数的函数放在头文件中，在源程序文件中包含该头文件，并实现输入三个实数，求出其中的最大数。

6.7 设计一个程序，定义一个带参数的宏以求两个数中的较大数。在主函数中输入三个数，求出其中的最大数。

6.8 设计一个程序，分别用带参数的宏定义和函数求矩形的面积、周长。矩形边长用键盘输入。

6.9 设计一个程序，三角形的三条边的长值用键盘输入，用带参数的宏定义求三角形的面积、周长。最后输出三角形的面积、周长。在调试程序阶段，定义标识符 DEBUG，使用条件编译命令输出调试信息（如三角形的三条边的边长）。程序调成功后，删除定义标识符 DEBUG 的命令，不输出调试信息。

# 第 7 章

# 指针

本章知识点导图

通过本章的学习，要求了解指针、指针变量、指针数组、指向一维数组的指针、返回指针值的函数、函数指针、引用类型变量等的概念，掌握指针变量的定义格式及使用方法，重点掌握用指针变量处理有关变量、一维数组与字符串数组的问题。掌握当指针变量与数组作为函数参数时函数的使用方法。了解二维数组中有关行首地址、行地址与元素地址的概念，了解二维数组中元素的各种表示方法。初步学会指针数组、指向一维数组的指针、返回指针值的函数、函数指针的定义格式与简单使用方法。学会用 new 运算符和 delete 运算符动态分配与收回存储空间的方法。掌握引用类型变量的定义与使用方法。

## 7.1 指针与指针变量

### 7.1.1 指针的概念

在计算机中，内存由若干内存单元组成，每个内存单元均有一个唯一的编号用于标识该内存单元，该编号称为内存单元的地址。例如，存储器容量为 1KB，则该内存由 1024 个内存单元组成，对这 1024 个内存单元从 0 开始编号，则 0～1023 为该内存的地址，如图 7.1 所示。内存主要用于存放程序与数据，在 C++中，数据是用变量或数组等形式存放在内存中的。事实上，

| 地址 | 存储单元 |
|------|----------|
| 0 | |
| 1 | |
| ⋮ | |
| 1000 | 变量 a |
| 1001 | |
| ⋮ | |
| 1023 | |

图 7.1 内存单元地址

在 C++中定义变量的目的是为变量分配内存单元，以便存放数据。例如，int a;，该语句定义了整型变量 a，编译系统将为变量 a 分配 4B 的内存单元，用于存放整数。假设编译系统为变量 a 分配的内存单元地址为 1000，则将为变量 a 分配的内存单元首地址 1000 称为变量 a 的指针。因此，指针就是变量、数组、函数等的内存地址。

专门用于存放内存单元地址（指针）的变量称为指针变量。因此，指针变量是用于存放指针的变量。引入指针变量的目的是提供一种对变量值进行间接访问的手段。指针变量必须先定义后引用。

## 7.1.2 指针变量的定义与引用

### 1. 指针变量的定义

指针变量的定义格式为：

〔存储类型〕<类型> *<指针变量名 1>〔,*<指针变量名 2>,…,*<指针变量名 n>〕;

其中，存储类型的用法与普通变量相同，星号"*"说明定义的是指针变量，类型指出指针变量所指的数据类型，即指针变量所指内存单元中存放数据的类型。例如：

```
int   *p;
float *pf;
char *pc;
```

分别定义了整型指针变量 p、实型指针变量 pf、字符型指针变量 pc。

### 2. 指针变量的赋值

在定义指针变量后，需要用赋值语句将变量的内存地址赋给指针变量，使指针变量指向一个具体的变量，以便通过指针变量间接地使用该变量。例如：

```
int * p;
p=&a;
```

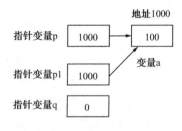

图 7.2　指针变量

其中，&为取地址运算符，其作用是取出变量的内存地址。若变量 a 的地址为 1000，则&a 的运算结果为 1000，赋值表达式 p=&a 是将变量 a 的地址 1000 赋给指针变量 p，使 p 指向变量 a，以便用指针变量 p 间接地使用变量 a，如图 7.2 所示。

### 3. 指针变量的引用

定义指针变量的目的是通过指针变量间接地访问变量，这可以通过指针运算符"*"来实现。指针运算符"*"的作用是根据指针所指内存单元地址间接地访问对应的内存单元。若指针变量 p 指向变量 a，则*p 运算的结果为变量 a 的内容，即*p 表示变量 a 的内容。

【例 7.1】　定义指针变量 p、p1、q，并将变量 a 的地址赋给 p、p1，输出 a、p、p1、*p、*p1 的值。

```
#include <iostream>
using namespace std;
int main( )
{   int a=100;                    //定义整型变量 a，并赋初值 100
    int *p,*p1,*q;                //定义整型指针变量 p、p1 与 q
    p=&a;                         //将变量 a 的地址赋给指针变量 p
    p1=p;                         //将 p 中 a 的地址赋给 p1，使 p1 与 p 均指向变量 a
    q=0;                          //指针变量 q 赋空值 0，表示 q 不指向任何变量
```

```
cout<<"a="<<a<<'\t'<<"*p="<<*p<<'\t'<<"p="<<p<<endl;
*p1=200;                                    //通过指针运算符"*"间接地给变量 a 赋值 200
cout<<"a="<<a<<'\t'<<"*p="<<*p<<'\t'<<"p="<<p<<endl;
cout<<'\t'<<"*p1="<<*p1<<'\t'<<"p1="<<p1<<endl;
return 0;
}
```

假设变量 a 的地址为 1000，则程序执行后的输出结果为：

```
a=100     *p=100     p= 1000
a=200     *p=200     p= 1000
          *p1=200    p1=1000
```

**注意：** 在实际执行程序时，变量 a 的地址是由操作系统动态分配的，事先无法确定，因此，实际执行程序后输出的 p 值不是 1000，而是由操作系统动态分配的十六进制数地址，如 p=0x0065FDF4。

通常，指针变量的使用方法是：首先定义指针变量，然后给指针变量赋值，最后引用指针变量。现具体说明如下。

（1）定义指针变量。在变量定义语句 int *p,*p1,*q;中用 * 定义的变量均为指针变量。因此，该语句定义了名为 p、p1 与 q 的三个整型指针变量。因为指针变量用于存放变量地址，而地址通常为 4B，所以指针变量的长度均为 4B。

（2）给指针变量赋值。指针变量定义后，其值为随机数，若此随机数为系统区的地址，则对该指针变量所指系统区某内存单元进行赋值运算，这将改变系统区该单元中的内容，可能导致系统崩溃。因此，在定义指针变量后，必须给其赋某个变量的地址或 0。

从例 7.1 可以看出，给指针变量赋初值有三种情况：第一种情况是用取地址运算符"&"将变量地址赋给指针变量，如 p=&a;第二种情况是将一个指针变量中的地址赋给另一个指针变量，如 p1=p;第三种情况是给指针变量赋空值 0，如 q=0，表示该指针变量不指向任何变量。

经过赋值，指针变量 p、p1 指向变量 a，而 q 不指向任何变量，如图 7.2 所示。

（3）引用指针变量。指针变量的引用是通过指针运算符"*"实现的。在例 7.1 中，*p 与 *p1 均表示变量 a，因此，第一个输出语句 cout<<*p 被执行后，输出的是变量 a 的内容 100。而赋值语句 *p1=200;是通过指针变量 p1 间接地将数据 200 赋给变量 a 的，因此，在第二个输出语句中，a、*p、*p1 同为赋值后变量 a 的内容（200）。

（4）指针变量初始化。指针变量可以像普通变量一样，在定义指针变量时赋初值。例如，在例 7.1 中，定义指针变量 p 的语句可写成：

```
int *p=&a;
```

## 7.1.3　指针变量的运算

指针变量的运算有三种：赋值运算、算术运算与关系运算。

### 1. 指针变量的赋值运算

指针变量的赋值运算就是将变量的地址赋给指针变量，7.1.2 节已介绍过，现再举一例，以加深读者对指针变量赋值运算的理解。

【例 7.2】　定义三个整型变量 a1、a2、a3，用指针变量完成 a3=a1+a2 的操作。再定义两个实型变量 b1、b2，用指针变量完成 b1+b2 的操作。

程序如下：

```
# include <iostream>
```

```
using namespace std;
int main ( )
{   int     a1=1,a2=2,a3;
    int     *p1,*p2,*p3;
    float   b1=12.5,b2=25.5;
    float   *fp1,*fp2;
    p1=&a1;
    p2=&a2;
    p3=&a3;
    *p3= * p1 + *p2;
    fp1=&b1;
    fp2=&b2;
    cout<<" *p1="<<*p1<<'\t'<<" *p2="<<*p2<<'\t' <<"*p1+*p2="<<*p3<<'\n';
    cout<<"a1="<<a1<<'\t'<<" a2="<<a2<<'\t' <<"a1+a2="<<a3<<'\n';
    cout<<"b1=" <<*fp1<<'\t'<<" b2="<<*fp2<<'\t'<<"b1+b2="<<*fp1+*fp2<<'\n';
    return 0;
}
```

程序执行后输出：

```
*p1=1    *p2=2       *p1+ *p2=3
a1=1     a2=2        a1+a2=3
b1=12.5  b2=25.5     b1+b2=38
```

在例 7.2 中，经过指针变量赋值运算后，整型指针变量 p1、p2、p3 分别指向变量 a1、a2、a3，即*p1=a1，*p2=a2，*p3=a3。因此，*p3= *p1 + *p2 操作就是 a3=a1+a2 操作，如图 7.3（a）所示。

实型指针变量 fp1、fp2 分别指向变量 b1、b2，因此 *fp1=b1=12.5，*fp2=b2=25.5，b1+b2=*fp1+*fp2=38，如图 7.3（b）所示。

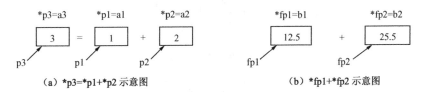

（a）*p3=*p1+*p2 示意图　　　　　　　　（b）*fp1+*fp2 示意图

图 7.3　指针变量的赋值运算

## 2．指针变量的算术运算

指针变量的算术运算主要有指针变量的自加、自减、加 $n$ 和减 $n$ 操作。

（1）指针变量自加运算。指令格式：

  <指针变量>++;

指针变量自加运算并不是将指针变量值加 1 的运算，而是将指针变量指向下一个元素的运算。当计算机执行"<指针变量>++"指令后，指针变量实际增加值为指针变量类型字节数，即：

  <指针变量>=<指针变量>+sizeof(<指针变量类型>)

假设数组 a 的首地址为 1000，有如下程序：

```
int *p=&a[0];                          //p=1000，指向 a[0]元素
p++;
```

则第一条语句将数组 a 的首地址 1000 赋给指针变量 p，使 p=1000。第二条语句使 p 做自加运算：p=p+sizeof(int)=p+4=1004，使 p 指向下一个元素 a[1] 。

（2）指针变量自减运算。指令格式：

　　　　<指针变量>--;

指针变量的自减运算是将指针变量指向上一个元素的运算。当计算机执行"<指针变量>--"指令后，指针变量实际减少值为指针变量类型字节数，即：

　　　　<指针变量>=<指针变量>-sizeof(<指针变量类型>)

自加运算和自减运算既可后置，又可前置。

（3）指针变量加 $n$ 运算。指令格式：

　　　　<指针变量>=<指针变量>+n;

指针变量的加 $n$ 运算是将指针变量指向下 $n$ 个元素的运算。当计算机执行"<指针变量>+$n$"指令后，指针变量实际增加值为指针变量类型字节数与 $n$ 的乘积，即：

　　　　<指针变量>=<指针变量>+sizeof(<指针变量类型>)*n

（4）指针变量减 $n$ 运算。指令格式：

　　　　<指针变量>=<指针变量>-n;

指针变量的减 $n$ 运算是将指针变量指向上 $n$ 个元素的运算。当计算机执行"<指针变量>-$n$"指令后，指针变量实际减少值为指针变量类型字节数与 $n$ 的乘积，即：

　　　　<指针变量>=<指针变量>-sizeof(<指针变量类型>)*n

【例7.3】　指针变量的自加、自减、加 $n$ 和减 $n$ 运算。假设数组 a 的首地址为1000，如图7.4所示。

| 地址 | 数组 |
|------|------|
| p → 1000 | a[0]=0 |
| ⋮ | |
| 1004 | a[1]=1 |
| ⋮ | |
| 1008 | a[2]=2 |
| ⋮ | |
| 1012 | a[3]=3 |
| ⋮ | |
| p1 → 1016 | a[4]=4 |

图 7.4　指针变量的算术运算

程序如下：

```cpp
# include <iostream>
using namespace std;
int main( )
{   int   a[5]={0,1,2,3,4};
    int   *p;
    p=&a[0];                        //p 指向 a[0], p=1000
    p++ ;                           //p 指向下一个元素 a[1], p=1004
    cout<< *p<<'\t';               //输出 a[1]的内容 1
    p=p+3;                          //p 指向下 3 个元素 a[4], p=1016
    cout<< *p<<'\t';               //输出 a[4]的内容 4
    p--;                           //p 指向上一个元素 a[3], p=1012
```

```
        cout<< *p<<'\t';                    //输出 a[3]的内容 3
        p=p-3;                              //p 指向上 3 个元素 a[0]，p=1000
        cout<< *p<<'\t';                    //输出 a[0]的内容 0
        return 0;
    }
```

程序执行后输出：

    1    4    3    0

从例 7.3 可以看出，通过对指针变量进行加、减算术运算，可以达到移动指针变量指向下 $n$ 个元素单元或指向上 $n$ 个元素单元的目的。

### 3. 指针变量的关系运算

指针变量的关系运算是指针变量值的大小比较，即对两个指针变量内的地址进行比较，主要用于对数组元素进行判断。

【例 7.4】 用指针变量求一维整型数组元素的和，并输出数组每个元素的值及数组元素的和。

```
        # include <iostream>
        using namespace std;
        int main( )
        {   int a[5]={1,2,3,4,5},sum=0;
            int *p,*p1;
            p1=a+4;                         //指针 p1=a+4=&a[4]指向数组最后一个元素 a[4]
            for (p=a;p<=p1;p++)             //指针 p=a 指向数组第一个元素 a[0]
            {   sum+=*p;
                cout <<*p<<'\t';
            }
            cout <<"\n sum="<<sum<<endl;
            return 0;
        }
```

执行程序后输出：

    1    2    3    4    5
    sum=15

在 C++中，规定数组名 a 表示数组 a[5]的首地址，而 a+4 则表示数组第 4 个元素 a[4]的地址，即 a+4=&a[4]。因此，p1=a+4=&a[4]使指针 p1 指向数组最后一个元素 a[4]的地址，如图 7.4 所示。在 for 语句中，指针变量 p 为循环变量，将数组首地址 a 赋给 p。在循环时，先将循环控制变量 p 与 p1 中的地址进行比较，若 p<=p1，则用 sum+=*p;将元素 a[i]累加到 sum 中，并用 cout<<*p<<'\t';输出元素 a[i]的值；而 p++则将 p 自加指向下一个元素。循环直到 p>p1。

### 4. 指针运算符的混合运算与优先级

（1）指针运算符的优先级与取地址运算符的优先级相同，具有右结合性。

设有变量定义语句：

        int a, *p=&a;

则表达式&*p 的求值顺序为先 "*" 后 "&"，即& (*p)=&a=p。而表达式*&a 的求值顺序为先 "&" 后 "*"，即* (&a)=*p=a 。

（2） "++" "--" "*" "&" 的优先级相同，都具有右结合性。下面结合例子加以说明。

设有变量定义语句：

```
int a[4]={100,200,300,400},b;
int * p=&a[0];
```

为了叙述方便，假设系统给数组 a 分配的首地址为 1000（以下①～⑤连续执行）。

① b=*p++：由于"++"为后置运算符，所以遵循先用后加的原则，表达式应先执行 b=*p，后执行 p++的操作，即赋值表达式 b=*p++;等同于下面两条语句：

```
b=*p;                         // b=*p=a[0]=100
p++;                          //p=p+sizeof(int)= 1004，使 p 指向 a[1]
```

运算的结果为 b=100，p=1004 指向 a[1]。

② b=*++p：由于"++"为前置运算符，所以遵循先加后用的原则，表达式应先执行++p，后执行 b=*p 的操作。因此赋值表达式 b=*++p;等同于下面两条语句：

```
++p;                          //p=p+sizeof(int)= 1008，指向 a[2]
b=*p;                         // b=*p=a[2]=300
```

运算的结果为 b=300，p=1008 指向 a[2]。

③ b=(*p)++：由于"++"为后置运算符，所以遵循先用后加的原则，表达式应先执行 b=(*p)=a[2]；后执行(*p)++=a[2]++的操作。因此表达式 b=(*p)++等同于下面两条语句：

```
b=*p;                         //b=a[2]=300
a[2]++ ;                      // a[2]=300+1=301
```

运算的结果为 b=300，a[2]=301，p 仍指向 a[2]。

④ b=*(p++)：遵循后置运算符先用后加的原则，该表达式等同于*p++，由①可知：

```
b=*p;                         //b=a[2]=301
p++;                          // p=p+sizeof(int)=1012，指向 a[3]
```

运算的结果为 b=301，p=1012 指向 a[3]。

⑤ b=++*p：遵循右结合性，该表达式等价于 b=++(*p)=++a[3]=400+1=401，而 p 仍指向 a[3]不变。

将上述讨论中的各语句汇总为例 7.5。

【例 7.5】 指针运算符"*""&""++"的优先级与结合性示例。

本题微课视频

```
# include <iostream>
using namespace std;
int main()
{    int a[4]={100,200,300,400},b;
     int *p=&a[0];
     cout<<'\t'<<"p="<<p<<endl;
     b=*p++;
     cout<<"b="<<b<<'\t'<<"p="<<p<<endl;
     b=*++p;
     cout<<"b="<<b<<'\t'<<"p="<<p<<endl;
     b=(*p)++;
     cout<<"b="<<b<<'\t'<<"p="<<p<<endl;
     b=*(p++);
     cout<<"b="<<b<<'\t'<<"p="<<p<<endl;
     b=++*p;
     cout<<"b="<<b<<'\t'<<"p="<<p<<endl;
     return 0;
}
```

运行结果为：

```
                p=0x0065FDE8
b=100           p=0x0065FDEC
b=300           p=0x0065FDF0
b=300           p=0x0065FDF0
b=301           p=0x0065FDF4
b=401           p=0x0065FDF4
```

说明：在定义数组时，数组 a 的地址是由操作系统存储管理动态分配的，因此，数组 a 的地址是不确定的，每次运行的结果都可能不同，一般用十六进制数表示。例 7.5 中系统为数组 a 分配的首地址为 0x0065FDE8。图 7.4 中假设的地址 1000～1016 完全是为了便于读者理解。

## 7.2  指针与数组

由例 7.4 可知，可以用指针变量访问数组中的任意元素，通常将数组的首地址称为数组的指针，而将指向数组元素的指针变量称为指向数组的指针变量。使用指向数组的指针变量来处理数组中的元素，不仅可以使程序紧凑，还可以提高程序的运算速率。

### 7.2.1  一维数组与指针

#### 1. 数组指针

将数组的首地址称为数组指针。若定义整型数组 a[5]，系统为数组分配的地址为 1000～1016，如图 7.5 所示，则数组 a 的首地址 1000 为数组 a 的数组指针。C++规定，数组的首地址可用数组名表示，因此数组 a 的数组指针=a=&a[0]。

#### 2. 数组指针变量

存放数组元素地址的变量称为数组指针变量。例如：

```
int a[5];
int *p=&a[0];
```

| 内存地址 | 数组元素 |
|---|---|
| 1000 | a[0] |
| ⋮ | |
| 1004 | a[1] |
| ⋮ | |
| 1008 | a[2] |
| ⋮ | |
| 1012 | a[3] |
| ⋮ | |
| 1016 | a[4] |

p=a →（指向 1000 行）
p+i=a+i →（指向 1008 行）

图 7.5  一维数组与指针

则 p 为数组指针变量。在 C++中，数组名可用于表示数组的首地址，即数组名可作为数组指针使用。因此，p=a 与 p=&a[0]的作用是相同的。但数组名不能被赋值，也不能进行"++""--"等运算。

当指针变量指向数组首地址后，就可使用该指针变量对数组中的任何一个元素变量进行存取操作。现举例说明如下。

【例 7.6】  用指针变量访问数组元素。

```
# include <iostream>
# define N 5
using namespace std;
int main( )
{   int a[5]={0,1,2,3,4},i,*p;
    for (p=a;p<a+N;p++)   cout <<*p<<'\t';
    cout<<endl;
    p=a;
    for (i=0;i<N;i++)   cout <<*(p+i)<< '\t';
    cout<<endl;
```

```
        for (i=0;i<N;i++)   cout <<*(a+i)<< '\t';
        cout<<endl;
        for (i=0;i<N;i++)   cout <<p[i]<< '\t';
        cout<<endl;
        return 0;
    }
```

执行程序后输出：

```
0    1    2    3    4
0    1    2    3    4
0    1    2    3    4
0    1    2    3    4
```

由例 7.6 可以看出，访问数组元素有以下三种方法。

（1）通过移动指针变量，依次访问数组元素。例如：

```
        for (p=a;p<a+N;p++)   cout <<*p<<'\t';
```

（2）指针变量不变，用 p+i 或 a+i 访问数组第 i 个元素。例如：

```
        for (i=0;i<N;i++)   cout <<*(p+i)<< '\t';
        for (i=0;i<N;i++)   cout <<*(a+i)<< '\t';
```

C++中允许用 p+i 或 a+i 表示第 i 个元素的地址。因此，*(p+i)与*(a+i)均表示第 i 个元素的内容。

（3）以指针变量名作为数组名访问数组元素。例如：

```
        for (i=0;i<N;i++)   cout <<p[i]<< '\t';
```

若用指针变量名 p 作为数组名，则 p[i]表示数组的第 i 个元素 a[i]。

### 3．数组元素的引用

综上所述，对一维数组 a 而言，当 p=a 后，有如下等同关系成立：①p+i=a+i=&a[i]，即 p+i、a+i 均表示第 i 个元素的地址&a[i]；②*(p+i) =*(a+i)=p[i]= a[i]，即*(p+i)、*(a+i)、p[i]均表示第 i 个元素值 a[i]。其中 p[i]的运行效率最高。

由上述可知，一维数组的第 i 个元素可用四种方式来引用，即 a[i]、*(p+i)、*(a+i)、p[i]。

## 7.2.2  二维数组与指针

### 1．二维数组元素在内存中的存放方式

在 C++中，二维数组元素在内存中是按行的顺序存放的。若定义二维整型数组 a[3][3]，假设编译系统为数组 a[3][3]分配的存储空间从 1000 开始到 1035 结束，则数组中各元素（a[0][0]～a[2][2]）在内存中按行存放的次序如图 7.6 所示。因此，与一维数组类似，可用指针变量来访问二维数组元素。

【例 7.7】  用指针变量输出二维数组各元素的值。

```
        # include <iostream>
        using namespace std;
        int main( )
        {    int a[3][3]={{1,2,3},{4,5,6},{7,8,9}};
             int *p=&a[0][0];              //将二维数组首地址赋给指针变量 p
             for (int i=0;i<9;i++,p++)      //指针变量 p 加 1，指向下一个元素
             cout<<*p<<'\t';               //输出二维数组中第 i 个元素值
             return 0;
        }
```

程序执行后输出结果为：

1 2 3 4 5 6 7 8 9

| 内存地址 | 数组元素 |
|---|---|
| 1000 | a[0][0] |
| 1004 | a[0][1] |
| 1008 | a[0][2] |
| 1012 | a[1][0] |
| 1016 | a[1][1] |
| 1020 | a[1][2] |
| 1024 | a[2][0] |
| 1028 | a[2][1] |
| 1032 | a[2][2] |

p→（指向1000）

图 7.6　二维数组在内存中的存放次序

但要用上述指针变量 p 访问二维数组中任意指定元素 a[i][j]，就会觉得很不方便，为此 C++提供了另外几种访问二维数组元素的方法，要理解访问二维数组元素的方法，必须先了解三个地址概念，即二维数组行首地址、行地址、元素地址。

**2．二维数组行首地址**

二维数组各元素按行排列，可写成如图 7.7 所示的矩阵形式，若将第 i 行中的元素 a[i][0]、a[i][1]、a[i][2]组成一维数组 a[i]（i=0，1，2），则二维数组 a[3][3]可看成是由三个一维数组元素 a[0]、a[1]、a[2]组成的，即 a[3][3]=(a[0],a[1],a[2])。其中，a[0]、a[1]、a[2]分别表示二维数组 a[3][3]的第 0 行、第 1 行、第 2 行元素，即：

a[0]=(a[0][0],a[0][1],a[0][2])
a[1]=(a[1][0],a[1][1],a[1][2])
a[2]=(a[2][0],a[2][1],a[2][2])

| | | | |
|---|---|---|---|
| a[0] | a[0][0] | a[0][1] | a[0][2] |
| a[1] | a[1][0] | a[1][1] | a[1][2] |
| a[2] | a[2][0] | a[2][1] | a[2][2] |

图 7.7　二维数组各元素按行排列

因为数组名可用来表示数组的首地址，所以一维数组名 a[i]可表示一维数组 (a[i][0],a[i][1],a[i][2])的首地址&a[i][0]，即可表示第 i 行元素的首地址。因此，二维数组 a 中第 i 行首地址（第 i 行第 0 列元素地址）可用 a[i]表示。

由例 7.6 可知，一维数组的第 i 个元素地址可表示为：数组名+i。因此，一维数组 a[i]中第 j 个元素 a[i][j]的地址可表示为 a[i]+j。也就是说，二维数组 a 中第 i 行第 j 列元素 a[i][j]的地址可用 a[i]+j 来表示，而元素 a[i]][j]的值为*(a[i]+j)。

**【例 7.8】**　定义一个 3 行 3 列数组，输出每行的首地址及所有元素值。

```cpp
# include <iostream>
using namespace std;
int main( )
{   int a[3][3]={{1,2,3},{4,5,6},{7,8,9}};
```

```
            for (int i=0;i<3;i++)
            {    cout<<"a[" <<i<<"]="<<a[i]<< "="<<&a[i][0]<<endl;
                for (int j=0;j<3;j++)
                    cout<<"a[" <<i<<"]["<<j<<"]="<<*(a[i]+j)<< "="<<a[i][j]<<endl;
            }
            return 0;
        }
```

程序执行后输出：

```
    a[0]=0x0065FDD4=0x0065FDD4
    a[0][0]=1=1
    a[0][1]=2=2
    a[0][2]=3=3
    a[1]=0x0065FDE0=0x0065FDE0
    a[1][0]=4=4
    a[1][1]=5=5
    a[1][2]=6=6
    a[2]=0x0065FDEC=0x0065FDEC
    a[2][0]=7=7
    a[2][1]=8=8
    a[2][2]=9=9
```

从例 7.8 的输出结果可以看出，a[i]=&a[i][0]（i=0，1，2），这表明 a[i]确实可以表示第 i 行首地址（第 i 行第 0 列地址）&a[i][0]。

**注意**：由于数组在内存中的地址是由操作系统动态分配的，所以实际输出的各行首地址并不会如图 7.6 假设的 1000～1032。通常地址用十六进制数表示。例如，在例 7.8 中，第 0 行实际首地址是 a[0]=0x0065FDD4；第 1 行实际首地址是 a[1]=0x0065FDE0；第 2 行实际首地址是 a[2]=0x0065FDEC。

### 3．二维数组行地址

为了区别数组指针与指向一维数组的指针，C++引入了行地址的概念，并规定二维数组 a 中第 i 行地址用 a+i 或&a[i]表示，行地址的值与行首地址的值是相同的，即：

    a+i=&a[i]=a[i]=&a[i][0]

但行地址与行首地址的类型不同，所以行地址 a+i 或&a[i]只能用于指向一维数组的指针变量，而不能用于普通的指针变量。例如：

    int a[3][3];
    int *p=a+0;

则在编译第 2 条指令时会出错，编译系统提示用户 p 与 a+0 的类型不同。如果要将行地址赋给普通指针变量，则必须用强制类型转换。例如：

    int *p=(int *) (a+0);

关于指向一维数组的指针会在后面章节中进行介绍。

二维数组名 a 可用于表示二维数组的首地址，但 C++规定，该首地址并不是二维数组中第 0 行第 0 列的地址（a≠&a[0][0]），而是第 0 行的行地址，即 a=a+0=&a[0]。

### 4．二维数组的元素地址与元素值

了解了二维数组的行地址与行首地址，下面讨论二维数组的元素地址。

因为 a[i]=*&a[i]= *(a+i)，所以 *(a+i) 可以表示第 i 行的首地址。因此二维数组第 i 行首地址有三种表示方法：a[i]、*(a+i)、&a[i][0]。

由此可推得，第 i 行第 j 列元素 a[i][j]的地址有四种表示方式，即 a[i]+j、*(a+i)+j、&a[i][0]+j、&a[i][j]。第 i 行第 j 列元素 a[i][j]的值也有四种表示方式，即*(a[i]+j)、*(*(a+i)+j)、*(&a[i][0]+j)、a[i][j]。

现将二维数组有关行地址、行首地址、元素地址、元素值的各种表示方式进行总结归纳，如表 7.1 所示。

表 7.1　二维数组 a 的行地址、行首地址、元素地址、元素值的各种表示方式

| 行地址、行首地址、元素地址、元素值 | 表 示 方 式 |
| --- | --- |
| 第 i 行行地址 | a+i、&a[i] |
| 第 i 行行首地址（第 i 行第 0 列地址） | a[i]、 *(a+i)、 &a[i][0] |
| 元素 a[i][j]的地址 | a[i]+j、*(a+i)+j、&a[i][0]+j、&a[i][j] |
| 第 i 行第 j 列元素值 | *(a[i]+j)、 *(*(a+i)+j)、 *(&a[i][0]+j)、a[i][j] |

为了加深读者对二维数组 a 的行地址、行首地址、元素地址、元素值的各种表示方式的理解，现举例如下。

【例 7.9】　定义二维数组 a[3][3]，分别用表 7.1 中的 a+i、a[i]、a[i]+j、*(a[i]+j)的表示方式输出行地址、行首地址、元素地址及元素值。

```
# include <iostream>
using namespace std;
int main( )
{    int a[3][3]={{1,2,3},{4,5,6},{7,8,9}};
     for (int i=0;i<3;i++)
     {    cout<<"\n 第 "<<i<<"行行地址 a+"<<i<<":  "<<a+i<<endl;       //输出第 i 行行地址
          cout<<"第"<<i<<"行行首地址 a["<<i<<"]:  "<<a[i]<<endl;        //输出第 i 行行首地址
          for (int j=0;j<3;j++)
          {    cout<<"第"<<i<<"行"<<j<<"列元素地址 a["<<i<<"]+"<<j<<":  "
                    <<a[i]+j<<'\t';   //输出元素 a[i][j]的地址
               cout<<"第"<<i<<"行"<<j<<"列元素值*(a["<<i<<"]+"<<j<<"):  "
                    <<*(a[i]+j)<<endl;   //输出元素 a[i][j]的值
          }
     }
     return 0;
}
```

程序执行后的输出结果为：

第 0 行行地址 a+0:  0x0012FF24
第 0 行行首地址 a[0]:  0x0012FF24
第 0 行 0 列元素地址 a[0]+0:  0x0012FF24　　　第 0 行 0 列元素值*(a[0]+0):  1
第 0 行 1 列元素地址 a[0]+1:  0x0012FF28　　　第 0 行 1 列元素值*(a[0]+1):  2
第 0 行 2 列元素地址 a[0]+2:  0x0012FF2C　　　第 0 行 2 列元素值*(a[0]+2):  3
第 1 行行地址 a+1:  0x0012FF30
第 1 行行首地址 a[1]:  0x0012FF30
第 1 行 0 列元素地址 a[1]+0:  0x0012FF30　　　第 1 行 0 列元素值*(a[1]+0):  4
第 1 行 1 列元素地址 a[1]+1:  0x0012FF34　　　第 1 行 1 列元素值*(a[1]+1):  5
第 1 行 2 列元素地址 a[1]+2:  0x0012FF38　　　第 1 行 2 列元素值*(a[1]+2):  6
第 2 行行地址 a+2:  0x0012FF3C
第 2 行行首地址 a[2]:  0x0012FF3C
第 2 行 0 列元素地址 a[2]+0:  0x0012FF3C　　　第 2 行 0 列元素值*(a[2]+0):  7
第 2 行 1 列元素地址 a[2]+1:  0x0012FF40　　　第 2 行 1 列元素值*(a[2]+1):  8
第 2 行 2 列元素地址 a[2]+2:  0x0012FF44　　　第 2 行 2 列元素值*(a[2]+2):  9

例 7.9 的输出结果可以说明表 7.1 中的二维数组 a 的行地址、行首地址、元素地址、元素值的各种表示方式是正确的。

### 7.2.3 字符串与指针

#### 1. 字符串与字符串指针

字符串存放在字符数组中，在对字符数组中的字符进行逐个处理时，前面介绍的指针与数组之间的关系完全适用于字符数组。通常将字符串作为一个整体来使用，用指针来处理字符串更加方便。当用指向字符串的指针来处理字符串时，我们不需要关心存放字符串的数组大小，而只需关心是否已处理到字符串的结束符。

【例 7.10】 用指针实现字符串的复制。

```
# include <iostream>
# include <string>
using namespace std;
int main( )
{   char *p1="I am a student" ;
    char s1[30],s2[30];
    strcpy(s1,p1);                //用函数复制字符串
    char *p2=s2;                  //将数组 s2 的首地址赋给 p2
    while(*p1!=0)                 //当指针 p1 未指向字符串尾时循环
    {   *p2= *p1;                 //用指针变量依次复制字符
        p1++;p2++;                //移动指针变量 p1 与 p2
    }
    *p2=0;                        //s2 字符串尾加结束标志\'0'
    cout<<"s1="<<s1<<endl;
    cout<<"s2="<<s2<<endl;
    return 0;
}
```

程序执行后输出：

    s1=I am a student
    s2=I am a student

**说明：**

（1）编译系统在执行定义语句 char *p1="I am a student";时，首先为字符串"I am a student"分配存储空间，然后将该存储空间的首地址赋给指针变量 p1。

（2）用指针变量复制字符串的过程是，先将指针变量 p2 指向字符串数组 s2 的首地址，然后通过赋值语句*p2=*p1;将字符由字符串 s1 复制到 s2 中，再将 p1、p2 移动到下一个字符单元，依次循环，直到字符串结束符'\0'，如图 7.8 所示。全部复制过程用一个 while 语句完成。上述 while 语句及*p2=0;语句可简写成一条语句：while(*p2++=*p1++);。

（3）指针变量 p1 可以作为复制函数 strcpy(s1,p1)的参数。

#### 2. 字符型指针变量与字符数组的区别

（1）分配内存。设有定义字符型指针变量与字符数组的语句如下：

    char *pc ,str[100];

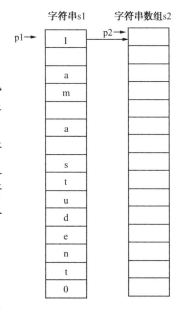

图 7.8　用指针复制字符串

则系统将为字符数组 str 分配 100B 的内存单元，用于存放 100 个字符。而系统只为指针变量 pc 分配 4B 的内存单元，用于存放一个内存单元的地址。

（2）初始化赋值含义。字符数组与字符指针变量的初始化赋值形式相同，但其含义不同。例如：

```
char str[ ] ="I am a student ! " ;
char *pc="You are a student ! " ;
```

对于字符数组，是将字符串放到为数组分配的内存单元中；而对于字符型指针变量，是首先将字符串存放到内存单元中，然后将存放字符串的内存单元的起始地址送到指针变量 pc 中。

（3）赋值方式。对于字符数组，只能对其元素逐个进行赋值，而不能将字符串赋给字符数组名。对于字符指针变量，可直接将字符串地址赋给字符指针变量。例如：

```
str="I love China! ";          //字符数组名 str 不能直接赋值，该语句是错误的
pc="I love China! ";           //指针变量 pc 可以直接赋字符串地址，该语句是正确的
```

（4）输入/输出方式。

① 字符数组的输入与输出。可用 cin 将字符串直接输入字符数组中，也可用 cout 将字符串从字符数组中输出。例如：

```
cin >> str;                    //正确
cout<<str;                     //正确
```

② 字符指针变量的输入与输出。字符指针变量定义后，在没有赋字符数组地址前，不能用 cin 输入字符串；在没有赋字符串地址前，不能用 cout 输出字符串。例如：

```
char *pc;
cin>>pc;                       //错误
cout<<pc;                      //错误
```

当字符指针变量被赋字符数组地址后。可用 cin/cout 来输入/输出指针变量所指字符串。例如：

```
char s[80],*pc=s;
cin>>pc;                       //正确
cout<<pc;                      //正确
```

（5）值的改变。在程序执行期间，字符数组名表示的起始地址是不能改变的，而指针变量的值是可以改变的。例如：

```
str=str+5;                     //错误
pc=str+5;                      //正确
```

字符数组与字符型指针变量的区别如表 7.2 所示。

表 7.2　字符数组与字符型指针变量的区别

| 项　目 | 字符数组 s[100] | 指针变量 pc |
|---|---|---|
| 分配内存 | 分配 100B 的内存单元 | 分配 4B 的内存单元 |
| 赋值含义 | 字符串存入数组存储空间 | 先将字符串存放到内存中，再将串首地址送给 pc |
| 赋值方式 | 只能逐个元素赋值 | 字符串地址赋给 pc |
| 输入/输出 | cin>>s; cout<<s; | pc=s; cin>>pc;cout<<pc; |
| 值的改变 | 字符数组首地址不能改变 | 指针变量的值可以改变 |

由表 7.2 可以看出，在某些情况下，用指针变量处理字符串比用数组处理字符串方便。

## 7.3 指针变量与数组作为函数参数

### 7.3.1 指针变量作为函数参数

对于函数,读者应掌握函数定义、函数调用及参数传送三项内容。当指针变量作为函数参数时,同样需要讨论函数定义、函数调用及参数传送三项内容,现介绍如下。

**1. 函数定义格式**

函数定义格式为:

```
<类型><函数名>(<类型> *<指针变量名>,…)
{ 函数体}
```

**2. 函数调用格式**

函数调用格式为:

```
函数名(&变量,…)
```

或

```
函数名(指针变量,…)
```

**3. 实参与形参的传送方式**

在用指针变量作为函数参数时,传送给函数的是变量地址或指针,为传地址方式。由于传送的是变量地址,可直接对函数内指针变量所指数据进行修改,并返回修改后的值,所以传地址可对实参单元进行修改,并返回修改值。

当函数需要返回多个值时,可使用指针变量作为参数来实现。而传值方式的函数调用只能返回一个函数值,其形参值是无法返回的。

【**例 7.11**】 编写两个数据交换函数,用指针变量作为函数参数实现两个数据的交换,交换过程如图 7.9 所示。

本题微课视频

程序如下:

```cpp
# include <iostream>
using namespace std;
void swap (float *p,float *q)        //用指针变量作为形参
{   float temp;
    temp=*p;
    *p=*q;
    *q=temp;
}
int main( )
{   float x=10.5,y=20.5;
    cout<<"x="<<x<<'\t'<<"y="<<y<<endl;
    swap (&x,&y);                    //用变量地址作为实参
    cout<<"x="<<x<<'\t'<<"y="<<y<<endl;
    return 0;
}
```

程序执行后输出:

```
x=10.5    y=20.5
x=20.5    y=10.5
```

在程序执行后，系统为变量 x、y 分配存储空间，输出 x、y 值后调用交换函数 swap()，在调用交换函数 swap(&x,&y)的过程中，变量 x、y 的地址&x、&y 作为实参传送给形参 p、q。因此，参数的传送过程相当于执行了两条指针变量的赋值语句：

p=&x;    q=&y;

使指针变量 p 与 q 分别指向变量 x 与 y，即*p=x，*q=y。因此，在交换函数中，对*p 与*q 的数据进行交换就是对变量 x 与 y 的值进行交换，如图 7.9 所示。

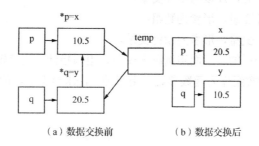

（a）数据交换前          （b）数据交换后

图 7.9    通过指针实现数据交换

若将例 7.11 改为传值调用（如例 5.4 所述），由于在传值调用过程中，形参与实参占用不同的内存单元，所以在函数调用后形参的值被交换，但实参 x、y 的值保持不变。由此可见，对传值函数的调用不能返回参数值，而对传地址函数的调用能返回参数值。

【例 7.12】    用指针变量作为函数参数，编写字符串复制函数 str_cpy(char *p1,char *p2)。在主函数中定义两个字符数组 str1[80]、str2[80]，用 getline()函数将字符串输入 str2 中，然后调用 str_cpy()函数将 str2 复制到 str1 中，最后输出 str1。

程序如下：

```
# include <iostream>
using namespace std;
void str_cpy(char *p1,char *p2)          //用指针变量作为形参
{   while(*p1++=*p2++);}
int main( )
{   char str1[80],str2[80];
    char *q1=str1,*q2=str2;
    cout<<"String2:";
    cin.getline(str2,80);
    str_cpy(q1,q2);                       //用指针变量作为实参
    cout<<"String1:"<<str1<<endl;
    return 0;
}
```

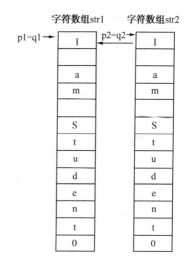

程序执行后，先为字符数组 str1、str2 分配内存，定义字符指针变量 q1、q2 分别指向字符数组 str1、str2 的首地址。然后将字符串输入 str2 中，并调用字符串复制函数 str_cpy(q1,q2)，将实参指针（地址）q1、q2 分别传送给形参指针变量 p1、p2，使 p1、p2 分别指向数组 str1、str2 的首地址，如图 7.10 所示。函数 str_cpy()会完成将 str2 复制到 str1 中的工作（复制函数 str_cpy()

图 7.10    复制函数 str_cpy()的工作原理

的工作原理见例 7.10 的说明（2））。最后输出字符数组 str1 中的字符串。事实上，在例 7.12 中可不定义指针变量 q1、q2，而直接用数组名 str1、str2 作为函数实参，即 str_cpy(str1,str2)，这就是下面要介绍的数组与指针作为函数参数的内容。

## 7.3.2　数组与指针作为函数参数

由于数组名为数组的起始地址，所以当把数组名作为函数参数时，其作用与指针相同，均为传地址。数组与指针作为函数参数有以下四种形式。

（1）函数的实参为数组名，形参为数组；

（2）函数的实参为数组名，形参为指针变量；

（3）函数的实参为指针变量，形参为数组；

（4）函数的实参为指针变量，形参为指针变量。

这四种形式的效果是一样的。下面用例题来说明数组与指针作为函数参数的四种形式。

【例 7.13】　用指针与数组作为函数参数，用四种方法求整型数组的最大值。

```
#include <iostream>
using namespace std;
int max1( int a[ ],int n)                        //形参为数组
{   int i,max=a[0];
    for (i=1;i<n;i++)
       if (a[i]>max)   max=a[i];
    return max;
}
int max2( int *p,int n)                          //形参为指针变量
{   int i,max=*(p+0);
    for (i=1;i<n;i++)
      if (*(p+i)>max)   max=*(p+i);
    return max;
}
int max3( int a[ ],int n)                        //形参为数组
{   int i,max=*(a+0);
    for (i=1;i<n;i++)
       if   (*(a+i)>max)   max=*(a+i);
    return max;
}
int max4(int *p,int n)                           //形参为指针变量
{    int i,max=p[0];
     for (i=1;i<n;i++)
       if   (p[i]>max) max=p[i];
     return max;
}
int main( )
{   int b[ ]={1,3,2,5,4,6},*pi;
    cout<<"max1="<<max1(b,6)<<endl;             //实参为数组名，形参为数组
    cout<<"max2="<<max2(b,6)<<endl;             //实参为数组名，形参为指针变量
    pi=b;
    cout<<"max3="<<max3(pi,6)<<endl;            //实参为指针变量，形参为数组
    pi=b;
    cout<<"max4="<<max4(pi,6)<<endl;            //实参为指针变量，形参为指针变量
    return 0;
}
```

程序执行后的输出结果为：

```
max1=6
max2=6
max3=6
max4=6
```

调用函数 max1() 的过程是，将实参数组 b 的地址传送给形参数组 a，使数组 a 与 b 共用同一内存区，然后通过形参数组 a 求出最大值，并通过调用函数 max1() 返回。

调用函数 max2() 的过程是，将实参数组 b 的地址传送给形参指针变量 p，使指针变量 p 指向数组 b 的首地址，然后用*(p+i) 表示数组 b 的第 i 个元素 b[i]，求出数组 b 的最大值，并通过调用函数 max2() 返回。

调用函数 max3() 的过程是，首先将数组 b 的首地址赋给指针变量 pi，然后通过实参指针变量 pi 将数组 b 的首地址传送给形参数组 a，最后用*(a+i)表示数组第 i 个元素 a[i]，求出数组 a 的最大值，并通过调用函数 max3() 返回。

调用函数 max4() 的过程是，首先将数组 b 的首地址赋给指针变量 pi，然后通过实参指针变量 pi 将数组 b 的首地址传送给形参指针变量 p，使指针变量 p 指向数组 b 的首地址。用 p[i]表示数组 b 的第 i 个元素 b[i]，求出数组 b 的最大值，并通过调用函数 max4() 返回。

由四个求最大值函数 max1()～max4()可以看出，一维数组 a 第 i 个元素的表示方式有四种：a[i]、*(p+i)、*(a+i)、p[i]。在程序的运算过程中，p[i]的效率最高。

【例 7.14】 用指针与数组作为函数参数，用四种形式实现一维整型数组的排序。

```cpp
#include <iostream>
using namespace std;
void sort1( int a[ ],int n)                    //形参为数组
{   int i,j,temp;
    for (i=0;i<n-1;i++)                        //使用冒泡法升序排序
      for (j=0;j<n-i-1;j++)
        if   (a[j]>a[j+1])
          { temp=a[j]; a[j]=a[j+1]; a[j+1]=temp; }
}
void sort2( int *p,int n)                      //形参为指针变量
{   int i,j,temp;
    for (i=0;i<n-1;i++)                        //使用选择法降序排序
      for (j=i+1;j<n;j++)
        if   (*(p+i)<*(p+j))
          { temp=*(p+i); *(p+i)=*(p+j); *(p+j)=temp; }
}
void sort3( int a[ ],int n)                    //形参为数组
{   int i,j,k,temp;
    for (i=0;i<n-1;i++)                        //使用擂台法升序排序
    {   k=i;
        for (j=i+1;j<n;j++)
          if   (*(a+k)>*(a+j)) k=j;
        if   (k>i)
          { temp=*(a+i); *(a+i)=*(a+k); *(a+k)=temp; }
    }
}
void sort4( int *p,int n)                      //形参为指针变量
{   int i,j,k,temp;
    for (i=0;i<n-1;i++)                        //使用擂台法降序排序
    {   k=i;
        for (j=i+1;j<n;j++)
```

```
            if  (p[k]<p[j]) k=j;
          if (k>i)
            { temp=p[i]; p[i]=p[k]; p[k]=temp; }
      }
   }
   int main( )
   {  int a[6]={1,3,2,5,4,6},*p,i;
      sort1(a,6);                              //实参为数组名，形参为数组
      for (i=0;i<6;i++) cout<<a[i]<<'\t';
      cout<<endl;
      sort2(a,6);                              //实参为数组名，形参为指针变量
      for (i=0;i<6;i++) cout<<a[i]<<'\t';
      cout<<endl;
      p=a;
      sort3(p,6) ;                             //实参为指针变量，形参为数组
      for (i=0;i<6;i++) cout<<a[i]<<'\t';
      cout<<endl;
      p=a;
      sort4(p,6) ;                             //实参为指针变量，形参为指针变量
      for (i=0;i<6;i++) cout<<a[i]<<'\t';
      cout<<endl;
      return 0;
   }
```

程序执行后输出结果：

```
1    2    3    4    5    6
6    5    4    3    2    1
1    2    3    4    5    6
6    5    4    3    2    1
```

总之，指针变量、数组指针变量、字符型指针变量都属于同一类型的指针变量，它们的定义格式均为：

　　　<类型>*<指针变量名>= &变量;

只有在给指针变量赋地址时，才能确定它属于哪一类指针变量。例如：

```
int x=10,* p1=&x;                            //变量的指针变量
int a[5]={1,2,3,4,5},*p2=a;                  //数组的指针变量
char s[5]="ABCD",*p3=s;                      //字符串的指针变量
```

因此，上述指针变量具有统一的定义格式，属于同类指针变量。下面介绍具有不同定义格式的另外四类指针，即指针数组、指向一维数组的指针变量、返回指针值的函数与函数指针变量。

# 7.4  指针数组

将由若干同类型指针变量组成的数组称为指针数组。指针数组中的每个元素都是一个指针变量。指针数组定义格式为：

　　　〔存储类型〕<类型> *<数组名>[<数组长度>];

其中，*<数组名>[<数组长度>] 表示定义了一个指针数组；类型指明指针数组中每个元素所指向的数据类型。

与指针变量定义格式（<类型> *<指针变量名>;）相比，指针数组定义格式多了一个表示数组的

符号，即数组长度。例如：

    int    *pi[4];

该语句若没有"[4]"，则表示定义了一个指针变量 pi，加上"[4]"后，就表示定义了一个由 4 个整型指针元素 pi[0]、pi[1]、pi[2]、pi[3]组成的整型指针数组。又如：

    char *pc[4];

该语句定义了一个由 4 个字符型指针元素 pc[0]、pc[1]、pc[2]、pc[3]组成的字符型指针数组。

**【例7.15】**    用指针数组输出字符串数组中各元素的值。

```
# include <iostream>
using namespace std;
int main( )
{   int i;
    char c[3][4]={"ABC","DEF","GHI"};
    char *pc[3]={c[0],c[1],c[2]};
    for (i=0;i<3;i++)
        cout<<"c["<<i<<"]="<<c[i]<<"="<<pc[i]<<'\n';
    return 0;
}
```

程序执行后输出：

    c[0]=ABC=ABC
    c[1]=DEF=DEF
    c[2]=GHI=GHI

例 7.15 首先定义了一个二维字符串数组 c[3][4]，该数组由三个一维数组 c[0]、c[1]与 c[2]组成，分别存放三个字符串："ABC"，"DEF"，"GHI"，如图 7.11 所示。然后定义了一个指针数组 pc[3]，其中每个元素 pc[i]均为字符型指针变量，经初始化后，pc[i]指向字符串数组中的第 i 行 c[i]，即 pc[i]=c[i]（i=0，1，2）。因此，通过指针数组的元素 pc[i]可访问字符串数组中的第 i 行字符串 c[i]。

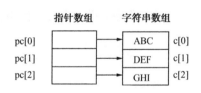

图 7.11    指针数组指向字符串数组

**注意**：除了用初始化方法给字符串数组 c 赋值，还可用 cin 语句向 c[i]中输入字符串。

**【例7.16】**    将若干字符串按升序排序后输出。

**分析**：先定义一个字符型指针数组 s，并通过初始化语句使指针数组中各元素 s[i]指向各字符串，如 s[0]= "PASCAL"等，如图 7.12（a）所示。此时，通过对指针数组中各元素 s[i]进行排序就能完成对各字符串的排序。排序后指针数组各元素所指字符串如图 7.12（b）所示，最后用指针数组元素 s[i]输出各字符串的值。

程序如下：

```
#include <iostream>
# include <string>
using namespace std;
int main( )
{   char c[5][20], *s[5], *pc;
    int i,j;
    cout<<"Input 5 strings:"<<endl;
    for(i=0;i<5;i++)
    {   s[i]=c[i]; cin>>s[i];}
    for (i=0;i<4;i++)
```

```
    {    for (j=i+1;j<5;j++)
                if (strcmp (s[i],s[j])>0)
                    { pc=s[i];s[i]=s[j];s[j]=pc; }
    }
    for ( i=0;i<5;i++) cout<<s[i]<<'\t';
        cout<<endl;
    for ( i=0;i<5;i++) cout<<c[i]<<'\t';
    return 0;
}
```

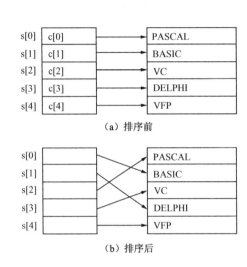

图 7.12  用指针数组对字符串排序

执行程序后提示输入 5 个字符串：

```
Input 5 strings:
PASCAL          BASIC          VC          DELPHI          VFP
```

输出：

```
BASIC          DELPHI          PASCAL          VC          VFP
PASCAL          BASIC          VC          DELPHI          VFP
```

在主函数中，先定义二维字符数组 c[5][20]，用于存放 5 行字符串，再定义字符型指针数组 s[5]。使用循环语句，将字符串用 cin 依次输入由 s[i] 所指数组 c 的第 i 行中，如图 7.12 所示。在使用 cin>>s[i] 前，必须将字符数组的地址 c[i] 赋给 s[i]。再用选择法对指针数组 s[5] 按升序排序，排序后会改变 s[i] 内的指针值，使 s[i] 所指字符串按升序排序，但不会改变数组 c 中字符串的值，这一点从输出结果可以看出。

# 7.5  指向一维数组的指针变量

在介绍二维数组时，曾提到行地址主要用于指向一维数组的指针变量，现介绍指向一维数组的指针变量的作用、定义格式及用法。

### 1. 指向一维数组的指针变量的作用

指向一维数组的指针变量用于表示二维数组中某行的各元素值。

## 2．指向一维数组的指针变量的定义格式

指向一维数组的指针变量的定义格式为：

&lt;类型&gt; (*&lt;指针变量名&gt;)[&lt;二维数组的列长度&gt;];

例如：

```
int a[3][3]={{1,2,3},{4,5,6},{7,8,9}};
int (*p)[3];                        //数组长度 3 必须与二维数组 a 的列长度相同
p=&a[0];
```

定义语句 int (*p)[3];表示定义了一个名为(*p)、长度为 3 的一维数组，该数组由(*p)[0]、(*p)[1]、(*p)[2]三个元素组成，而 p 是指向该一维数组的指针变量，如图 7.13 所示。

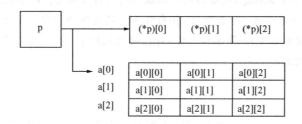

图 7.13　指针变量 p 的指向

赋值语句 p=&a[0];将 p 指向二维数组 a 的第 0 行，因此 p 所指的一维数组可表示三维数组 a 的第 0 行的各元素，即(*p)[0]=a[0][0]、(*p)[1]=a[0][1]、(*p)[2]=a[0][2]。

## 3．指向一维数组的指针变量的用法

在定义了指向一维数组的指针变量 p 后，只要将二维数组 a 第 i 行的行地址 a+i 或&a[i]赋给 p，即：

p=a+i; 或 p=&a[i];

就可用(*p)[0]，(*p)[1]，…，(*p)[n-1]来表示数组 a 第 i 行的元素 a[i][0]，a[i][1]，…，a[i][n-1]。现举例说明如下。

【例 7.17】　用指向一维数组的指针变量，输入/输出二维数组中各元素值，求二维数组元素和，并输出。

```
# include <iostream>
using namespace std;
int main ( )
{    int i,j,sum=0;
     int a[3][3],(*p)[3];                        //定义指向一维数组的指针变量 p
     cout<<"输入 a[3][3]各元素值："<<endl;
     for(i=0;i<3;i++)
     {    p=a+i;                                 //将第 i 行的行地址赋给 p
          for(j=0;j<3;j++)
               cin>>(*p)[j];                     //用(*p)[j]输入 a[i][j]的值
     }
     for (p=a;p<a+3;p++)
       for (j=0;j<3;j++)
          sum+=(*p)[j];                          //等价于 sum+=a[i][j];
      cout<<"sum="<<sum<<endl;
      return 0;
}
```

输入 a[3][3]各元素值：

```
1        2        3
4        5        6
7        8        9
```

程序执行后的输出结果为：

sum=45

**说明：**

（1）由于(*p)[j]表示数组 a 第 i 行第 j 列的元素值 a[i][j]，所以 p 所指一维数组的长度应与数组 a 的列长度相同，如 int(*p)[3]的长度与 int a[3][3]中的列长度均为 3。

（2）只能将行地址 a+i 或&a[i]赋给指向一维数组的指针变量 p，而不能将行首地址 a[i]或*(a+i)赋给指向一维数组的指针变量 p。行首地址 a[i]或*(a+i) 只能赋给指向数组元素的指针变量。

（3）当指向数组元素的指针变量 q 加 1 后，q 指向数组的下一个元素。当指向一维数组的指针变量 p 加 1 后，p 指向数组的下一行。

例如：

```
float     (*p) [3],*q,a[3][3];
q=a[0];                          // q 为指向数组元素的指针变量，给它赋行首地址 a[0]或元素地址&a[0][0]
p=&a[0];                         // p 为指向一维数组的指针变量，给它赋行地址&a[0]
q++;
p++;
```

在例 7.17 中，q 是指向数组元素的指针变量，因此在执行 q++后，q 指向数组 a 的第 2 个元素 a[0][1]；p 是指向一维数组的指针变量，因此在执行 p++后，p 指向数组 a 的第 1 行 a[1]。

**【例 7.18】** 用指向一维数组的指针变量作为函数的形参，求二维整型数组元素和。

本题微课视频

```
# include <iostream>
using namespace std;
int sum(int (*p)[3],int m)          //形参 p 为指向一维数组的指针变量
{   int i,j,sum=0;
    for (i=0;i<m;i++)
    {   for (j=0;j<3;j++)
            sum+=(*p)[j];           //(*p)[j]表示 a[i][j]的元素值
        p++;                        //执行 p++后，p 将指向数组的下一行
    }
    return sum;
}
int main ( )
{   int i,j,a[3][3];
    cout<<"输入 a[3][3]各元素值："<<endl;
    for(i=0;i<3;i++)
        for(j=0;j<3;j++)
            cin>>a[i][j];
    cout<<"sum="<<sum(a,3)<<endl;    //实参 a 为数组第 0 行的行地址
    return 0;
}
```

输入 a[3][3]各元素值：

```
1        2        3
4        5        6
7        8        9
```

程序执行后的输出结果为：

sum=45

# 7.6 返回指针值的函数

在前面介绍的自定义函数中，函数的返回类型可以是整型、实型、字符型等，如求两个整数最大值函数 int max(int x,int y) 的返回类型为整型。事实上，C++还允许自定义函数的返回类型为指针类型，如 int * max(int x,int y)。若函数的返回值为指针类型，则称该函数为返回指针值的函数。现介绍返回指针值的函数的定义与调用。

### 1. 函数定义格式

返回指针值的函数的定义格式为：

&lt;类型&gt; *&lt;函数名&gt;(&lt;形参&gt;)
    {&lt;函数体&gt;}

其中，"*"说明函数返回一个指针值，即返回一个地址。

### 2. 函数调用格式

返回指针值的函数的一般调用格式为：

指针变量=&lt;函数名&gt;(实参);

或

&lt;函数名&gt;(实参)

现举例说明如下。

**【例 7.19】** 用返回指针值的函数求两个整数的最大值。

```cpp
#include <iostream>
using namespace std;
int z;
int * max(int x,int y)              //定义返回指针的函数
{   z=x>y?x:y;
    return &z;                      //返回最大值变量 z 的地址
}
int main( )
{   int a=5,b=9,*p;
    p=max(a,b);                     //将调用函数后返回最大值变量 z 的地址赋给指针变量 p
    cout<<"max="<<*p<<endl;         //*p 表示最大值单元的内容 9
    return 0;
}
```

程序执行后输出：

max=9

该程序定义了一个返回整型指针值的函数 int * max(int x,int y)，在主函数中定义了变量 a、b，系统为 a、b 分配内存单元，并赋初值 5、9，如图 7.14 所示。在调用 max(a,b)函数时，系统又为形参 x、y 分配内存单元，并将实参 a、b 的值传送给形参 x、y。在 max()函数中，求出 x

| | | |
|---|---|---|
| a | 1000 | 5 |
| b | 1004 | 9 |
| x | 1008 | 5 |
| y | 1012 | 9 |
| p→ z | 1016 | 9 |

图 7.14　系统分配的内存单元

与 y 的最大值并赋给变量 z，又将变量 z 的地址返回给指针变量 p。因此*p=z=max(a,b)=9，即最后输出*p 中的最大值 9。

【例 7.20】 设计简单的加密程序，将字符串存入字符数组 s 中，然后将 s 中的每个字符按下述加密函数进行加密处理：

$$s[i] = \begin{cases} s[i]-16 & \text{当 } 48 \leqslant s[i] \leqslant 57 \text{ 时，s[i]中的字符为数字 } 0 \sim 9 \\ s[i]-23 & \text{当 } 65 \leqslant s[i] \leqslant 90 \text{ 时，s[i]中的字符为大写字母 } A \sim Z \\ s[i]+5 & \text{当 } 97 \leqslant s[i] \leqslant 122 \text{ 时，s[i]中的字符为小写字母 } a \sim z \end{cases}$$

其中，s[i]为字符串中第 i 个字符的 ASCII 码，输入的字符串只能由字符或数字组成。

```
# include <iostream>
# include <string>
using namespace std;
char *encrypt(char *pstr)              //定义加密函数为返回指针值的函数
{   char *p=pstr;                      //将字符串首地址保存到指针变量 p 中
    while (*pstr)
    { if (*pstr>=48 && *pstr<=57) *pstr-=16;   //用指针变量*pstr 表示 s[i]
      else if (*pstr>=65 && *pstr<=90) *pstr-=23;   //进行加密处理
      else if (*pstr>=97 && *pstr<=122) *pstr+=5;
      pstr++;                          //指针变量加 1，指向下一个元素
    }
    return p;                          //返回字符串指针
}
int main( )
{   char s[80];
    cin.getline(s,80);                 //向数组 s 中输入字符串
    cout<< encrypt (s)<<endl;          //将字符串加密后输出
    return 0;
}
```

程序执行时输入：

123ABCabc

加密后输出：

!"#*+,fgh

程序执行后，首先向字符数组 s 中输入字符串，然后调用加密函数 encrypt (s)。实参 s 将字符串数组首地址传送给指针变量 pstr，使指针变量 pstr 指向数组的第 1 个元素。赋值语句 char*p=pstr;将字符串首地址记录在指针变量 p 中，以便在函数的最后用 return p;语句将字符串首地址返回给调用函数。在循环程序中，用*pstr 表示数组 s 的元素值 s[i]，按加密函数进行处理，处理后将 pstr 加 1 指向下一个元素，程序循环直到字符串结束标志'\0'，完成加密工作。

## 7.7 函数指针变量

要讨论函数指针变量，首先应了解函数指针的概念。

### 1. 函数指针

函数指针就是函数的入口地址。与用数组名表示数组首地址类似，在 C++中，用函数名来表示函数的入口地址。

## 2. 函数指针变量的概念

函数指针变量是用于存放函数指针的变量，即存放函数入口地址的变量。函数指针变量必须先定义后使用。

## 3. 函数指针变量的定义格式

函数指针变量的定义格式如下：

> <类型> (*<变量名>) (<参数表>);

例如：

> float (*pf) (float x);

定义了一个名为 pf 的函数指针变量。

## 4. 函数指针变量的赋值

由于函数指针变量用于存放函数的入口地址，而函数的入口地址是用函数名来表示的，所以在使用函数指针变量前，必须将函数名（函数入口地址）赋给函数指针变量。例如：

```
float (*pf)( float);            //定义名为 pf 的函数指针变量
float f( float x)               //定义名为 f 的实型函数
{ return 1+x;}
pf=f;                           //将函数 f()的入口地址赋给函数指针变量 pf
```

**注意**：只能将与函数指针变量具有同类型和同参数的函数名赋给函数指针变量。例如：

```
float (*pf) ( );
float   f( float x) { return 1+x;};
pf=f;                           //错误，因为函数 f()与函数指针变量 pf 的参数类型不同
```

## 5. 函数指针变量的作用

只要将函数入口地址 f 赋给函数指针变量 pf，就可以使用函数指针变量 pf 来表示函数 f()。因此，函数指针变量的作用是，用函数指针变量代替多个函数，完成某项运算操作，如对不同函数的定积分值进行计算（见例 7.22）。

## 6. 函数指针变量的调用格式

在对函数指针变量进行赋值后，可用该指针变量调用函数。调用函数的格式为：

> (*<指针变量>) (<实参表>);

或

> <指针变量>(<实参表>);

例如：

```
float y;
y=(*pf)(1);
```

或

```
y=pf(1);
```

此时 y=pf(1)=2，说明函数指针变量 pf 可代替函数 f()去调用函数 f(1)，可以得到相同的函数值 2。

【例 7.21】 当变量 $x$=1 时，用函数指针变量计算下列三个函数的值。

$$f_1(x)=1+x, \quad f_2(x)=\frac{x}{1+x^2}, \quad f_3(x)=\frac{x+x^2}{1+\cos x+x^2}$$

**分析**：首先定义三个函数 f1(x)、f2(x)、f3(x)。然后在主函数中定义一个函数指针变量 float（*pf）(float x)将函数名 f1 赋给函数指针变量 pf（pf=f1），此时可调用 pf(1)计算 f1(1)的值。对于其余两个函数，可进行相同的处理，以计算 f2(1)与 f3(1)的值。

程序如下：

```
# include <iostream>
# include <cmath>
using namespace std;
float f1(float x)
{   return (1+x);}
float f2(float x)
{   return (x/(1+x*x));}
float f3(float x)
{   return (x+x*x)/(1+cos(x)+x*x);}
int main ( )
{       float y1,y2,y3;
            float (*pf)(float x);           //定义函数指针变量 pf
        pf=f1;                          //将函数 f1()的入口地址赋给函数指针变量 pf
        y1=pf(1);                       //用函数指针变量 pf 调用函数 pf(1)，以计算 f1(1)的值
        pf=f2;                          //将函数 f2()的入口地址赋给函数指针变量 pf
        y2=pf(1);                       //用函数指针变量 pf 调用函数 pf(1)，以计算 f2(1)的值
        pf=f3;                          //将函数 f3()的入口地址赋给函数指针变量 pf
        y3=pf(1);                       //用函数指针变量 pf 调用函数 pf(1)，以计算 f3(1)的值
        cout<<"y1="<<y1<<'\t'<<"y2="<<y2<<'\t'<<"y3="<<y3<<endl;
        return 0;
}
```

程序执行后输出：

    y1=2      y2=0.5      y3=0.787308

由例 7.21 可以看出，函数指针变量的使用方法与指向一维数组的指针变量的使用方法类似。用 int (*p)[3]定义指向一维数组的指针变量 p，当 p=a+i 时，可用(*p)[j]表示 a[i][j]。同样，用 float (*p)(float x)定义函数指针变量 p，当 p=f1 时，可用 p(1)来调用函数 f1(1)。

函数指针变量的一个典型应用是，用梯形法计算不同函数的定积分值。

**【例 7.22】**　设计一个程序，用梯形法求下列定积分的值。

$$s_1 = \int_1^4 (1+x)\mathrm{d}x$$

$$s_2 = \int_0^1 (\frac{x}{1+x^2})\mathrm{d}x$$

$$s_3 = \int_1^3 \frac{x+x^2}{1+\cos(x)+x^2}\mathrm{d}x$$

**分析**：由高等数学知识可知，$\int_a^b f(x)\mathrm{d}x$ 的定积分值等于由曲线 y=f(x)、直线 x=a、x=b、y=0 所围曲边梯形的面积 S，如图 7.15 所示。现将曲边梯形划分成 n 个小曲边梯形 $\Delta S_0$，$\Delta S_1$，$\Delta S_2$，…，$\Delta S_{n-1}$。每个曲边梯形的高均为 h=(b−a)/n，用梯形近似曲边梯形后，各曲边梯形的面积近似为：

$\Delta S_0=(y_0+y_1)\cdot h/2$

$\Delta S_1=(y_1+y_2)\cdot h/2$

$\Delta S_2=(y_2+y_3)\cdot h/2$

$\vdots$

$\Delta S_{n-1}=(y_{n-1}+y_n)\cdot h/2$

$S=\Delta S_0+\Delta S_1+\Delta S_2+\cdots+\Delta S_{n-1}=(y_0+(y_1+y_2+\cdots+y_{n-1})\cdot 2+y_n)\cdot h/2$

$=((f(x_0)+f(x_n))/2+(f(x_1)+f(x_2)+\cdots+f(x_{n-1}))\cdot h$

$\because x_0=a,\ x_n=b,\ x_i=a+i\cdot h$

$\therefore$ 用梯形法求定积分面积的公式为： $S=[\dfrac{f(a)+f(b)}{2}+\sum\limits_{i=1}^{i=n-1}f(a+i\cdot h)]\cdot h$

其中，$a$、$b$ 分别为积分的下限和上限；$n$ 为积分区间的分隔数；$h$ 为积分步长；$f(x)$ 为被积函数。

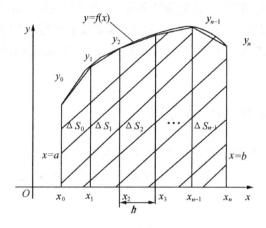

图 7.15  用梯形法求定积分面积

先编一个求定积分的通用函数 integral()，它需要四个形参：指向被积函数的函数指针变量 f、积分下限 a、积分上限 b、积分区间的分隔数 n。

程序如下：

```cpp
# include <iostream>
# include <cmath>
using namespace std;
float f1(float x)
{    return (1+x);}
float f2(float x)
{    return (x/(1+x*x));}
float f3(float x)
{    return (x+x*x)/(1+cos(x)+x*x);}
float integral (float (*f)(float),float a,float b,int n)
{
    float y,h;
    int i;
    y=(f(a)+f(b))/2;
    h=(b-a)/n;
    for (i=1;i<n;i++) y+=f(a+i*h);
    return (y*h);
}
int main ( )
```

```
{    float s1,s2,s3;
    s1=integral(f1,1,4,1000);
    s2=integral(f2,0,1,1000);
    s3= integral(f3,1,3,1000);
    cout<<"s1="<<s1<<'\t'<<"s2="<<s2<<'\t'<<"s3="<<s3<<endl;
    return 0;
}
```

程序执行后输出：

    s1=10.5        s2=0.346574     s3=2.44641

在上述程序中，首先定义了 3 个被积函数 f1(x)、f2(x)、f3(x)。在积分函数 integral()中用函数指针变量 f、积分下限 a、积分上限 b、积分区间的分隔数 n 作为函数的形参。当在主函数中调用积分函数 integral(f1,1,4,1000)时，将实参 f1 的入口地址传送给函数指针变量 f，将实参 1、4、1000 分别传给形参 a、b、n。因此在执行积分函数时，函数指针变量 f 被替换成被积函数 f1(x)，从而实现对被积函数 f1(x)的积分。由例 7.22 可以看出，只要在调用积分函数的实参中写入不同的函数名、积分下限 a、积分上限 b、积分区间的分隔数 n，就可以用一个函数 integral()完成不同被积函数的积分。这就是函数指针变量的作用。

## 7.8 new 运算符和 delete 运算符

在定义数组时，数组的长度是常量，是不允许改变的。但在实际应用程序中，往往要求能动态地分配内存。为了实现这一目的，C++提供了动态分配内存的 new 运算符与动态收回内存的 delete 运算符。

### 7.8.1 new 运算符

**1. new 运算符的作用**

new 运算符用于动态分配存储空间，并将分配内存的地址赋给指针变量。

**2. new 运算符的定义格式**

使用 new 运算符为指针变量动态分配存储空间的语句有以下 3 种格式。

（1）格式 1：

    <指针变量> = new <类型>;

作用是动态分配由类型确定大小的连续存储空间，并将内存首地址赋给指针变量。例如：

    int *pi=new int;

表示动态分配由 int 类型确定的长度为 4B 的内存，并将内存首地址赋给指针变量 pi。

（2）格式 2：

    <指针变量> = new <类型>(value);

作用是除完成格式 1 的功能外，还将 value 作为所分配存储空间的初始值。例如：

    float *pf=new float(5);

表示动态分配由 float 类型确定的长度为 4B 的内存，初值为 5，并将内存首地址赋给指针变量 pf。

（3）格式 3：

  `<指针变量> = new <类型>[<表达式>];`

作用是分配指定类型的数组空间，并将数组的首地址赋给指针变量。例如：

```
int n;
cin>>n;
float *p;
p=new float[n];
```

  在程序执行时，系统将动态分配 n 个 float 类型的内存单元，并将其首地址赋给指针变量 p，如图 7.16 所示。而后可使用 p[i]来表示数组第 i 个元素值，对数组进行运算。而用变量 n 作为数组长度来定义数组 a 的语句 float a[n];是错误的。

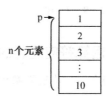

图 7.16 系统动态分配 n 个 float 类型的内存单位，并将其首地址赋给指针变量 p

## 7.8.2 delete 运算符

### 1. delete 运算符的作用

delete 运算符用来将动态分配的存储空间归还给系统。

### 2. delete 运算符的定义格式

（1）格式 1：

  `delete <指针变量>;`

作用是将指针变量所指的存储空间归还给系统。例如：

  `delete pi;`        `//将指针变量 pi 所指的存储空间归还给系统`

（2）格式 2：

  `delete [ ]<指针变量>;`

或

  `delete [<表达式>] <指针变量>;`

作用是将指针变量所指的一维数组存储空间归还给系统。例如：

  `delete []p;`        `//将指针变量 p 所指的数组存储空间归还给系统`

  【例 7.23】 用 new 运算符动态生成由 n 个元素组成的一维数组，给一维数组输入 n 个值，求出并输出一维数组元素和，最后用 delete 运算符动态收回一维数组占用的存储空间。

```
# include <iostream>
using namespace std;
int main( )
{   int i,n,sum=0;
    cout<<"输入数组长度 n：";
```

```
        cin>>n;
        int *p=new int[n];              //动态分配由 n 个整型元素组成的一维数组，并将首地址赋给 p
        cout<<"输入 n 个元素值: ";
        for (i=0;i<n;i++)
            cin>>p[i];                  //给 n 个元素赋值
        for(i=0;i<n;i++)
            sum+=p[i];                  //计算 n 个元素和
        cout<<"sum="<<sum<<endl;
        delete [n]p;                    //动态收回 p 所指的一维数组存储空间
        return 0;
    }
```

程序执行后系统提示：

```
输入数组长度 n: 10
输入 n 个元素值: 1  2  3  4  5  6  7  8  9  10
sum=55
```

### 7.8.3  使用 new 运算符和 delete 运算符应注意的事项

（1）在使用 new 运算符为数组分配内存时，不能对数组元素进行初始化赋值。例如：

```
int *p=new int[10](0,1,2,3,4,5,6,7,8,9) ; //是错误的
```

（2）在使用 new 运算符分配内存后，若指针变量值为 0，则表示分配失败，此时应终止程序的执行。

（3）必须把用 new 运算符分配存储空间的指针值保存起来，以便用 delete 运算符归还内存，否则会出现不可预测的后果。例如：

```
float *p= new float(24.5),x;
p=&x;
delete p;
```

由于改变了指针 p 的值，所以系统无法归还动态分配的存储空间。当执行 delete p;语句时会出错。此外，用 new 运算符动态分配的存储空间，若不用 delete 运算符归还，则在程序执行后，这部分存储空间将从系统中丢失，直到重新启动计算机、系统重新初始化，才能使用这部分存储空间。

## 7.9  引用类型变量和 const 类型变量

### 7.9.1  引用类型变量的定义及使用

当调用形参为变量的函数时，系统将为形参分配与实参不同的存储空间，因此，函数执行的结果无法通过形参返回调用程序。对于需要返回两个或两个以上运算结果的函数，使用变量作为形参是无法做到的。为此，C++提供了引用类型变量，来解决上述问题。引用类型变量是已定义变量的别名，变量与其引用类型变量共用同一存储空间，使用引用类型变量可解决函数返回多个运算结果的问题。引用类型变量必须先定义后使用。

#### 1.引用类型变量的定义

引用类型变量的定义格式为：

```
<类型>&<引用变量名>=<变量名>;
```

引用类型主要用于函数之间传送数据。例如：

```
int a =0;
int &ra=a;
ra=100;
cout<<a;                          //输出结果为 100
```

其中，引用类型变量 ra 是已定义变量 a 的别名，ra 与 a 使用同一存储空间，称 a 为 ra 引用的变量或关联变量。对引用类型变量 ra 赋值 100 的操作，就是对关联变量 a 赋值 100 的操作。因此，最后输出变量 a 的结果是 100 而不是 0。

对引用类型变量的说明如下。

（1）在定义引用类型变量时，必须对其进行初始化。初始化变量的类型必须与引用类型变量的类型相同。例如：

```
float    x;
int      &px=x;
```

由于 px 与 x 类型不同，所以会产生编译错误。

（2）引用类型变量初始化值不能是常数。例如，语句 int &rf=5;是错误的。

（3）可用动态分配存储空间的方法来初始化一个引用类型变量。例如：

```
float &rx=* new float;
rx=200;
cout<<rx;
delete &rx;
```

在上述代码中，因为 new 运算符分配内存的结果是一个指针，所以"* new float"是一个变量，只有变量才能被赋给引用类型变量 rx。此外，由于 delete 运算符的操作数必须是指针，而不能是变量，所以在引用类型变量 rx 前要加取地址运算符&。

**注意**：在 C++中，"&"运算符有 3 种含义：按位与运算符、取地址运算符、引用运算符。因此，"&"运算符将根据不同的操作数呈现不同的运算作用，在使用时必须注意。

### 2. 引用类型变量作为函数参数

在 C++中引入引用类型变量的主要目的是，为函数参数传送数据提供方便。引用类型变量主要作为函数参数或函数的返回值。

引用类型变量作为函数参数，是一种传地址的数据传送方式。当形参为引用类型变量时，由于形参为实参的别名，所以实参与形参占用同一内存单元，此时对形参的操作就是对实参的操作。因此，使用引用类型变量可返回参数的运算结果。

**【例 7.24】** 用引用类型变量作为形参，编写使两个数据实现交换的函数，在主函数中调用该函数实现两个变量中的数据互换。

本题微课视频

```
# include <iostream>
using namespace std;
void swap(int &rx,int &ry)              //将形参 rx、ry 定义为整型引用类型变量
{   int temp;
    temp=rx;rx=ry;ry=temp;
}
int main ( )
{   int x,y;
    cout<<"输入 x 与 y： "<<endl;
```

```
        cin>>x>>y;
        swap(x,y);
        cout<<"x="<<x<<'\t'<<"y="<<y<<endl;
        return 0;
    }
```

程序执行后，若输入 x、y 的值为 100、200，则输出结果为：

    x=200    y=100

上述程序在调用 swap(x,y)函数的过程中，参数的传送过程相当于执行下面两条定义引用类型变量的语句：

    int &rx=x;
    int &ry=y;

因此，引用类型变量 rx 与关联变量 x 占用同一内存单元，引用类型变量 ry 与关联变量 y 占用同一内存单元，如图 7.17 所示。在 swap()函数中，对引用类型变量 rx、ry 的交换就是对关联变量 x、y 的交换。因此，通过引用类型变量可将交换后的数据返回调用函数。

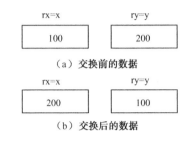

图 7.17　形参为引用类型变量时的数据变换

### 7.9.2　const 类型变量

用 const 限制定义标识符时，表示所定义的数据类型为常量，可分为 const 型常量和 const 型指针。

#### 1. 定义 const 型常量

const 型常量的定义格式为：

    const　<类型> <常量名>=<常量值>;

例如：

    const int MaxR=100;
    const float PI=3.14159;

定义了常量 MaxR 与 PI，其值分别为 100 与 3.14159。

**说明：**

（1）当用 const 定义常量时，必须对其进行初始化赋值，在以后的程序中不允许用赋值语句修改常量值。例如，语句 MaxR=200;是错误的。

（2）从使用效果来看，用 const 定义的常量与用 define 定义的常量是相同的，两者的区别在于：用 define 定义的常量是在编译之前由编译预处理程序来处理的，用 const 定义的常量是由编译程序来处理的，因此，在程序调试过程中，可用调试工具查看 const 常量，但不能查看 define 常量；const 常量的作用域与普通变量的作用域相同，而 define 常量的作用域从定义位置开始到文件结束为止。

#### 2. 定义 const 型指针

定义 const 型指针的方法有三种：第一种是将指针变量所指单元指定为不可修改值；第二种是将指针变量本身指定为不可修改值；第三种是将指针变量及其所指单元都指定为不可修改值，这种定义通常会用作函数的形参。

（1）方法1：

```
const  <类型>  *<指针变量名>;
```

作用是定义指针变量所指数据值为常量，即指针变量所指数据值不可以改变，但指针变量值可以改变。例如：

```
float  x,y;
const  float *p=&x;              //定义指针变量 p 所指数据值*p 为常量
*p=25;                          //错误，p 所指变量 x 的数据值不可以用*p 形式进行改变
p=&y;                           //正确，指针变量 p 的值可以改变
x=25;                           //正确，变量 x 的值可以改变
```

（2）方法2：

```
<类型>  * const  <指针变量名>;
```

作用是定义指针变量值为常量，即指针变量值不可以改变，但指针变量所指数据值可以改变。例如：

```
float  x,y;
float * const p=&x;             //定义指针变量 p 中的值为常量
*p=25;                          //正确，p 所指变量 x 的数据值可以用*p 形式进行改变
p=&y;                           //错误，指针变量 p 的值不可以改变
```

用这种方法定义指针变量，必须在定义时为其赋初值。

（3）方法3：

```
const <类型>  * const  <指针变量名>;
```

作用是定义指针变量值为常量，指针变量所指数据值也为常量。也就是说，指针变量值不可以改变，指针变量所指数据值也不可以改变。例如：

```
float  x,y;
const  float * const p=&x;      //定义指针变量 p 为常量
*p=25;                          //错误，p 所指变量 x 的数据值不可以被用*p 形式进行改变
p=&y;                           //错误，不可以被改变指针变量 p 的值
```

用这种方法定义指针变量，必须在定义时为其赋初值。

**【例 7.25】**  求字符串长度。定义函数 int strlength(const char *const p)求字符串的长度。函数中不能修改字符串的内容，也不能改变 p 指针的值。在主函数中，定义字符数组、输入字符串，并调用函数求出字符串长度。

```cpp
# include <iostream>
using namespace std;
int strlength(const char *const p)
{    int i=0;
     while(*(p+i)!=0)
         i++;
     return i;
}
int main( )
{    char s[80];
     cout<<"输入一个字符串：\n";
     cin.getline(s,80);
     cout<<"字符串长度为："<<strlength(s)<<endl;
     return 0;
}
```

程序运行结果如下：

> 输入一个字符串：
> You are welcome!
> 字符串长度为：16

**注意：**

（1）因为引用类型变量类似于指针变量，所以这三种定义形式完全适用于引用类型变量。

（2）定义 const 类型指针的目的是提高程序的安全性，用 const 可限制程序随意修改指针值。

（3）const 指针主要作为函数参数，以达到在函数体内不可以修改指针变量的值，或不可以修改指针变量所指数据值的目的。

# 本 章 小 结

通过本章的学习，读者已了解指针与指针变量的概念，指针是变量、数组、字符串、函数等在内存中的地址，指针变量是存放指针的变量。指针变量按定义格式大致可分为四种：指针变量、指针数组、指向一维数组的指针变量、函数指针变量。其中指针变量可以指向变量，也可以指向数组，还可以指向字符串。

### 1．指针变量

指针变量用于存放变量或数组的内存地址，必须先定义后使用。指针变量的定义格式为：

〔存储类型〕 <类型> *<指针变量名>;

指针变量定义后，其值为随机数，因此必须给指针变量赋变量地址或数组地址。

### 2．指针的运算

（1）取地址运算符"&"。

取地址运算符用于获取某一变量的地址，是一目运算符，它的操作对象只能是变量或对象，不能是常量或表达式。

（2）指针（间址）运算符"*"。

指针（间址）运算符是一目运算符，操作对象必须为指针，运算结果为操作对象所指地址中存放的数据。

（3）指针的赋值运算。

指针的赋值运算可以获取变量的地址，或使用数组地址对指针变量进行初始化，同样可为其赋值，但赋值时应注意指针变量的类型和其变量的类型要一致。

（4）指针的算术运算。

指针变量可以进行自加或自减运算，还可以进行加、减运算。在对指针进行加、减运算时，加 1 或减 1，其中的 1 实际代表的字节数是由所指变量的类型决定的。

（5）指针的比较运算。

指针的比较运算用于对类型相同的指针变量或地址进行比较，两指针相等指的是其指向相同的内存单元。此外，指针还能与 NULL 和 0 进行比较，用于判断指针是否为空。

### 3．指针与数组

（1）一维数组与指针。

数组名代表数组首地址，即第一个元素的地址，可作为指针来使用；通过指针引用一维数组元素，即将某个数组元素的地址赋给一个指针变量，便可通过指针引用该数组元素。

对于一维数组 a[N]，当 int *p=a 时，数组第 i 个元素地址的表示方式有&a[i]、a+i、p+i 三种。元素值的表示方式有 a[i]、*(p+i)、*(a+i)、p[i]四种。

（2）二维数组与指针。

一个二维数组可以看成一个以一维数组作为其每个元素的一维数组形式。

二维数组 a[M][N]中每行都可作为一维数组，因此二维数组 a 可以看成由 M 个元素 a[0]~a[M-1]组成，每个元素均为一维数组，即 a[i]={a[i][0],a[i][1],…,a[i][N-1]}。

对于二维数组，必须分清三个地址，即行首地址、行地址与元素地址。

行首地址是第 i 行第 0 列的地址，第 i 行首地址的表示方式有*(a+i)、a[i]、&a[i][0]三种，用于指向数组元素的指针变量。

行地址是第 i 行的地址，行地址的表示方式有 a+i、&a[i]两种，用于指向一维数组的指针变量。

第 i 行第 j 列元素 a[i][j]地址的表示方式有 a[i]+j、*(a+i)+j、&a[i][0]+j、&a[i][j]四种。

第 i 行第 j 列元素值的表示方式有*(a[i]+j)、*(*(a+i)+j)、*(&a[i][0]+j)、a[i][j]四种。

### 4．指针与字符串

C++中的字符串可以是一个常量，并且可以存放在字符数组中。可以将字符数组地址赋给字符型指针变量，此时可以用 cin 为字符串指针变量输入字符串值；也可以在定义字符指针变量时为字符串赋初值，这时是将字符串的首地址赋给字符指针变量；另外，可以将字符串指针变量赋给另一个字符串指针变量，也可以用 cout 输出字符串指针变量。

### 5．字符型指针变量与字符数组的区别

（1）内存分配不同。系统将为字符数组分配数组范围字节的内存单元用于存放字符；而系统只为字符型指针变量分配 4B 的内存单元，用于存放一个内存单元的地址。

（2）初始化赋值含义不同。对于字符数组，是将字符串放到为数组分配的存储空间中；而对于字符型指针变量，是首先将字符串存放到内存中，然后将存放字符串的内存起始地址存放到字符指针变量中。

（3）赋值方式不同。字符数组只能对其元素进行逐个赋值，而不能将字符串赋给字符数组名。对于字符型指针变量，字符串地址可直接被赋给字符指针变量。

（4）输入/输出不同。可用 cin 将字符串直接输入字符数组中，也可用 cout 将字符串从字符数组中输出；字符指针变量定义后，在没有赋字符数组地址前，不能用 cin 输入字符串；在没有赋字符串地址前，不能用 cout 输出字符串。当字符指针变量被赋字符数组地址后，可用 cin/cout 输入/输出指针变量所指的字符串。

（5）指针值改变。字符数组名表示的起始地址是不可以改变的，而字符指针变量的值是可以改变的。

### 6．数组与指针作为函数参数的四种形式

（1）函数的实参为数组名，形参为数组。

（2）函数的实参为数组名，形参为指针变量。

（3）函数的实参为指针变量，形参为数组。

（4）函数的实参为指针变量，形参为指针变量。

### 7. 指针数组

由若干指针元素组成的数组称为指针数组，其定义格式如下：

〔存储类型〕 <类型> *<数组名>[<数组长度>];

指针数组由若干指针元素组成，每个元素均为指针变量。指针数组常用于对字符串数组进行处理，如排序等。

### 8. 指向一维数组的指针变量

指向一维数组的指针变量可用于处理二维数组的运算问题，通过指向一维数组的指针变量及下标可以访问一行元素，其定义格式为：

<类型> (*<指针变量名>)[<数组列长度>];

一维数组是由若干元素组成的，可以表示二维数组的任意一行元素值。

**注意**：定义语句中的数组列长度必须与所指的二维数组的列长度相同。

### 9. 返回指针值的函数

函数可返回一个指针值，该指针指向一个已定义好的任意类型的数据。定义返回指针值的函数的格式为：

<类型> *<函数名>(<形参>){<函数体>}

例如：

```
float * f ( float x)
{… }
```

定义了一个返回实型指针的函数 f ()，该函数的形参为实型 x。

### 10. 函数指针变量

函数指针变量是用于存放函数指针的变量，即存放函数入口地址的变量。函数指针变量的定义格式为：

<类型> (*<变量名>) (<参数表>);

在实际使用时，必须将真实的函数入口地址赋给函数指针变量。此时，对函数指针变量的调用就变成了对真实函数的调用。

### 11. new 运算符和 delete 运算符

用 new 运算符可以动态地分配存储空间，并将分配内存的地址赋给指针变量，语句格式有：

```
<指针变量> = new <类型> ;
<指针变量> = new <类型>(value);
<指针变量> = new <类型>[<表达式>];
```

用 delete 运算符可以将动态分配的存储空间归还给系统，语句格式有：

```
delete <指针变量>;
delete [ ]<指针变量>;
delete [<表达式>] <指针变量>;
```

#### 12. 引用类型变量和 const 类型的指针

（1）引用类型变量。引用类型变量主要用于函数之间传送数据，其定义格式为：

> <类型>&<引用变量名>=<变量名>;

引用类型变量可以作为已定义变量的别名，并与关联变量使用相同的存储空间。因此，当用引用类型变量作为函数形参时，形参与实参变量使用相同的内存，在函数内对形参的运算就是对实参的运算，即可通过参数返回函数运算结果。

（2）const 型常量。const 常量一经定义，其值就不可以改变。const 型常量的定义格式为：

> const  <类型> <常量名>=<常量值>;

（3）const 型指针。定义 const 型指针的方法有三种：

> const  <类型>  *<指针变量名>;

此方法定义的指针变量所指数据值不可以改变，但指针变量值可以改变。

> <类型>  * const  <指针变量名>;

此方法定义的指针变量值不可以改变，但指针变量所指数据值可以改变。

> const <类型>  * const  <指针变量名>;

此方法定义的指针变量值与指针变量所指数据值都不可以改变。

#### 13. 本章重点、难点

**重点**：指针的概念、指针变量、数组指针变量、字符串指针变量，指针与数组作为函数参数，用 new 运算符、delete 运算符动态分配与收回内存的方法，引用类型变量的概念及使用方法。

**难点**：二维数组的行地址、行首地址、元素地址，指针数组，指向一维数组的指针变量，返回指针值的函数，函数指针变量。

# 习　　题

7.1　什么是指针？有哪些类型的指针？

7.2　指针变量按定义格式分为哪 4 类？每类指针变量如何定义？

7.3　定义一个整型指针变量 pi，用什么方法才能使 pi 指向整型变量 i、整型一维数组 a 的首地址、整型二维数组 b 的首地址。

7.4　叙述二维数组 a 的行地址、行首地址、元素地址的概念、作用及表示方法，写出元素 a[i][j] 值的表示方式。

7.5　引用类型变量与其相关变量有何关系？引用类型变量主要用于什么场合？

7.6　对于字符串指针变量，在什么情况下可用 cin/cout 对其进行输入/输出字符串的操作？能否对字符串指针变量进行赋值运算？字符串指针变量能否作为字符串处理函数的参数？

7.7　读下列程序，并写出程序运行结果。

（1）程序 1：

```
# include <iostream>
using namespace std;
int main ( )
```

```
{   float    x=1.5,y=2.5,z;
    float    *px,*py;
     px=&x;
     py=&y;
     z= * px + *py;
     cout<<"x="<<*px<<'\t'<<"y="<<*py<<'\t'<<"z="<<z<<'\n';
     return 0;
}
```

（2）程序 2：

```
# include <iostream>
using namespace std;
int main( )
{    int    a[5]={10,20,30,40,50};
     int    *p=&a[0];
     p++;
     cout<< *p<<'\t';
     p+=3;
     cout<< *p<<'\t';
     cout<< *p--<<'\t';
     cout<<++ *p<<'\n';
     return 0;
}
```

（3）程序 3：

```
# include<iostream>
using namespace std;
void f(int *a,int b)
{   int t=*a;*a=b;b=t;}
int main( )
{   int x=10,y=20;
    cout<<x<<'\t'<<y<<'\n';
    f(&x,y);
      cout<<x<<'\t'<<y<<'\n';
      return 0;
}
```

7.8　读下列程序，并写出程序运行结果。

```
#include <iostream>
using namespace std;
char *f(char *s,char ch)
{char *p=s,*q=s;
 while (*q=*p++) if (*q!=ch) q++;
 return s;
}
int main( )
{char s1[]="Hello How are you",s2[]="1100101 11";
 cout<<f(s1,'e')<<'\n';
 cout<<f(s2,'0')<<'\n';
 return 0;
}
```

7.9　编写程序,用 4 种方式求整型一维数组的和。4 种方式是指 4 种不同的数组元素的表示方式。

7.10　编写程序,用以下两种方法求实型二维数组 a[3][4]的最大值。

（1）用指针变量。

（2）用表 7.1 中的数组元素值的表示方式：*(8-a[i][0]+j)。

7.11　用指针变量编写下列字符串处理函数。

（1）字符串复制函数，void str_cpy( char *p1,char *p2){函数体}。

（2）字符串比较函数，int str_cmp( char *p1,char *p2) {函数体}。

（3）取字符串长度函数，int str_len( char *p){函数体}。

在主函数中输入两个字符串，对这两个字符串进行比较，并输出比较结果。然后将第 1 个字符串复制到第 2 个字符串中，输出复制后的字符串及其长度。

7.12　定义一个二维字符数组 c[5][80]及指针数组 s[5]，首先用 cin.getline(s[i],80)函数将 5 个字符串输入二维数组的 5 行中，然后用指针数组 s 对字符串进行降序排列（要求用擂台法），最后用指针数组 s 输出排序后的结果。

7.13　输入一个二维数组 a[6][6]，设计一个函数，用指向一维数组的指针变量和二维数组的行长度作为函数的参数，求二维数组 a[6][6]的第 0 行与最后一行元素的平均值，并输出。

7.14　用指针与数组作为函数参数，按如下 4 种形式对一维实型数组进行降序排序。

（1）函数的实参为数组名，形参为数组（用擂台法）。

（2）函数的实参为数组名，形参为指针变量（用冒泡法）。

（3）函数的实参为指针变量，形参为数组（用选择法）。

（4）函数的实参为指针变量，形参为指针变量（用选择法）。

7.15　设计返回指针值的函数，将输入的一个字符串按逆序输出。

7.16　将字符串存入字符数组 s 中，然后将 s 中的每个字符按例 7.20 中的程序进行加密，设计对应的解密程序，解密函数为：

$$s[i] = \begin{cases} s[i]+16 & 32 \leq s[i] \leq 41 \\ s[i]+23 & 42 \leq s[i] \leq 67 \\ s[i]-5 & 102 \leq s[i] \leq 127 \end{cases}$$

其中，s[i]为字符串中第 i 个字符的 ASCII 码值。输入的字符串只能由字符或数字组成。

7.17　设计程序，编写加法函数 add()与减法函数 sub()。在主函数中定义函数指针变量，用函数指针变量完成两个操作对象的加、减运算。

7.18　设计一个用矩形法求定积分的通用函数，被积函数的指针、积分的上限、积分的下限和积分的区间分隔数作为函数的参数。分别求出下列定积分的值。

$$s_1 = \int_1^2 (1 + \ln x + x^3)\mathrm{d}x$$

$$s_2 = \int_{-1}^4 (\frac{1}{1+x^2})\mathrm{d}x$$

$$s_3 = \int_1^3 \frac{x + \mathrm{e}^x}{1 + \sin(x) + x^2}\mathrm{d}x$$

7.19　定义一个指向字符串的指针数组，用一个函数完成 5 个不等长字符串的输入，根据实际输入的字符串长度用 new 运算符动态地分配存储空间，依次使指针数组中的元素指向每个输入的字符串。设计一个完成 5 个字符串按升序排序的函数（在排序过程中，要求只交换指向字符串的指针值，不交换字符串）。在主函数中将排序后的字符串输出。

7.20　编写求一维数组平均值的函数，用引用类型变量作为函数参数返回平均值。在主函数中输入数组元素值，并输出平均值。

7.21 用引用类型变量作为函数参数，编写对 3 个变量进行按升序排序的函数，在主函数中输入 3 个变量的值，输出排序后 3 个变量的值。

7.22 定义 const 型指针的方法有哪 3 种？这 3 种 const 指针限制哪些变量的值不可以改变？

# 实　验　A

## 1．实验目的

（1）掌握一维数组、二维数组指针变量的定义格式与使用方法。

（2）掌握字符串指针变量的定义格式与引用方法。

（3）学会用数组指针变量完成数组元素的数据处理，如求和、最大值、最小值等。

（4）学会用字符串指针变量处理字符串的比较、连接与测长度。

（5）掌握指针与数组作为函数参数的程序的编写方法。

## 2．实验内容

（1）编写程序，用 4 种方式求整型一维数组 a[10]的平均值。4 种方式是指 4 种不同的数组元素表示方式。

实验数据：10，20，30，40，50，60，70，80，90，100。

（2）编写程序，用表 7.1 中的数组元素值表示方式*(a[i]+j)求实型二维数组 a[3][3]的两条对角线元素之和。

实验数据：10，25，90，80，70，35，65，40，55。

（3）用指针变量编写下列字符串处理函数。

① 字符串拼接函数，void str_cat( char *p1,char *p2){函数体}。

② 字符串比较函数，int str_cmp( char *p1,char *p2) {函数体}。

③ 取字符串长度函数，int str_len( char *p){函数体}。

在主函数中输入两个字符串，对这两个字符串进行比较，并输出比较结果。然后将两个字符串进行拼接，输出拼接后的字符串及其长度。

实验数据：Visual C++　与　Visual Basic

（4）用指针与数组作为函数参数，按如下 4 种形式用擂台法对一维实型数组 a[10]进行降序排序。

① 函数的实参为数组名，形参为数组。

② 函数的实参为数组名，形参为指针变量。

③ 函数的实参为指针变量，形参为数组。

④ 函数的实参为指针变量，形参为指针变量。

实验数据：10，25，90，80，70，35，65，40，55，5。

# 实　验　B

## 1．实验目的

（1）初步学会指针数组的定义与使用方法。

（2）了解指向一维数组的指针变量的概念，能用指向一维数组的指针变量按行处理二维数组的问题。

（3）理解返回指针值的函数的概念、定义格式，学会用返回指针值的函数处理字符串问题。

（4）理解函数指针与函数指针变量的概念，学会用函数指针变量处理不同函数的数学计算问题。

2．实验内容

（1）定义一个二维字符数组 s[3][80] 及指针数组 p[3]，首先用 cin.getline(s[i],80) 函数将 3 个字符串输入二维数组的 3 行中，然后用指针数组 p 对字符串进行降序排列（要求用擂台法），最后用指针数组 p 输出排序后的结果，用字符数组 s 输出排序前的 3 个字符串。

实验数据：Visual C++，Visual Basic，Delphi。

（2）输入一个二维数组 a[3][3]，设计一个函数，用指向一维数组的指针变量和二维数组的行长度作为函数的参数，求出平均值、最大值和最小值，并输出。

实验数据：10，25，90，80，70，35，65，40，55。

（3）设计程序，用函数指针变量完成两个操作对象的加法、减法、乘法、除法、求余运算。

实验数据：

```
10 '+' 20
10 '-' 5
10 '*' 15
10 '/' 2
10 '%' 3
```

（4）设计一个用梯形法求定积分的通用函数，被积函数的指针、积分的上限、积分的下限和积分的区间分隔数作为函数的参数。分别求出下列定积分的值。

$$s_1 = \int_1^2 (1 + \ln x + x^3) \mathrm{d}x$$

$$s_2 = \int_{-1}^4 (\frac{1}{1 + x^2}) \mathrm{d}x$$

$$s_3 = \int_1^3 \frac{x + \mathrm{e}^x}{1 + \sin(x) + x^2} \mathrm{d}x$$

# 第8章

# 枚举类型和结构体

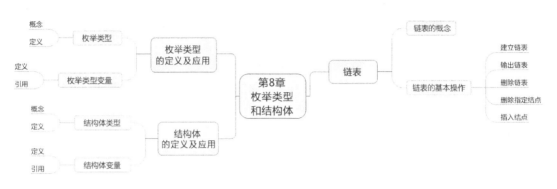

本章知识点导图

通过本章的学习，应了解枚举类型与结构体两种导出数据类型的概念，掌握枚举类型和结构体两种数据类型的定义格式与使用方法，会用枚举类型和结构体数据类型定义枚举类型变量与结构体变量，并解决实际问题。了解链表的概念，初步学会链表的基本操作，如链表的建立、输出、删除、插入等。

## 8.1 枚举类型的定义及应用

在程序设计中，有时会用到由若干有限数据元素组成的集合。例如，一周内的星期日到星期六7个数据元素组成的集合，红、黄、绿3种颜色组成的集合，一个工作班组内10个职工组成的集合等。程序中某个变量的取值仅限于集合中的元素，此时，可将这些数据集合定义为枚举类型。因此，枚举类型是某类数据可能取值的集合。例如，一周内星期可能取值的集合为：

{ Sun,Mon,Tue,Wed,Thu,Fri,Sat}

该集合可定义为描述星期的枚举类型，该枚举类型共有 7 个元素，用枚举类型定义的枚举变量只能取集合中的某个元素值。由于枚举类型是导出数据类型，所以必须先定义枚举类型，再用枚举类型定义枚举类型变量。

### 8.1.1 枚举类型的定义

#### 1. 枚举类型的定义格式

枚举类型的定义格式为：

```
enum <枚举类型名>
{ <枚举元素表> };
```

其中，关键词 enum 表示定义的是枚举类型；枚举类型名由标识符组成；枚举元素表由枚举元素或枚举常量组成。例如：

```
enum    weekdays
{ Sun,Mon,Tue,Wed,Thu,Fri,Sat };
```

定义了一个名为 weekdays 的枚举类型，它包含 7 个元素：Sun，Mon，Tue，Wed，Thu，Fri，Sat。

### 2. 枚举类型元素的序号

在编译系统编译程序时，会给枚举类型中的每个元素指定一个整型常量值，此整型常量值称为序号。序号的取值分为默认与指定两种情况。

（1）默认序号值。若枚举类型定义中没有指定元素的序号值，则默认序号值从 0 开始依次递增。因此，weekdays 枚举类型的 7 个元素（Sun，Mon，Tue，Wed，Thu，Fri，Sat）对应的默认序号值分别为 0、1、2、3、4、5、6。

（2）指定序号值。在定义枚举类型时，可指定元素对应的序号值。序号值可以全指定，也可以部分指定。

① 全指定，是指给枚举类型的每个元素指定一个序号值。

例如，描述逻辑值集合{TRUE,FALSE}的枚举类型 boolean 可定义如下：

```
enum boolean
{ TRUE=1 ,FALSE=0 };
```

该定义规定 TRUE 的值为 1，FALSE 的值为 0。

② 部分指定，是指给枚举类型的部分元素指定序号值。

例如，描述颜色集合{red,blue,green,black,white,yellow}的枚举类型 colors 可定义如下：

```
enum colors
{red=5,blue=1,green,black,white,yellow};
```

该定义规定 red 为 5、blue 为 1，其后元素值从 2 开始递增加 1，即 green、black、white、yellow 的序号值依次为 2、3、4、5。此时，整数 5 将用于表示两种颜色：red 与 yellow。通常两个不同元素取相同的整数值是没有意义的。

枚举类型的定义只是定义了一个新的数据类型，只有用枚举类型定义枚举变量，才能使用这种数据类型。

## 8.1.2  枚举类型变量的定义

定义枚举类型变量有 3 种方法，即先定义类型后定义变量、定义类型的同时定义变量、直接定义变量。现介绍如下。

### 1. 先定义类型后定义变量

先定义类型后定义变量的格式为：

```
<枚举类型名>   <变量 1>〔,<变量 2>,…,<变量 n>〕;
```

例如：

```
enum    weekdays
{ Sun,Mon,Tue,Wed,Thu,Fri,Sat };
weekdays    day1,day2;
```

其中，day1 和 day2 为 weekdays 类型的枚举变量。

### 2．定义类型的同时定义变量

定义类型的同时定义变量的格式为：

```
enum <枚举类型名>
{ <枚举元素表> } <变量 1>〔,<变量 2>,…,<变量 n>〕;
```

例如：

```
enum    weekdays
{ Sun,Mon,Tue,Wed,Thu,Fri,Sat } day1,day2;
```

### 3．直接定义变量

直接定义变量的格式为：

```
enum
{ <枚举元素表> } <变量 1>〔,<变量 2>,…,<变量 n>〕;
```

例如：

```
enum
{ Sun,Mon,Tue,Wed,Thu,Fri,Sat } day1=Sun,day2=Mon;
```

可以看出，当定义枚举变量时，可以对变量进行初始化赋值，day1 的初始值为 Sun，day2 的初始值为 Mon。

## 8.1.3　枚举类型变量的引用

对枚举类型变量只能使用两类运算：赋值运算与关系运算。

### 1．赋值运算

C++中规定，枚举类型元素可赋给枚举变量，同类型枚举变量之间可相互赋值。

（1）枚举变量=枚举元素，如 day1=Sun。

（2）枚举变量 1=枚举变量 2，如 day2=day1。

例如：

```
enum    weekdays                    //定义星期日到星期六为枚举类型 weekdays
{ Sun,Mon,Tue,Wed,Thu,Fri,Sat };
int main ( )
{    weekdays day1,day2;            //定义两个枚举变量 day1 和 day2
     day1=Sun;                      //将元素 Sun 赋给枚举变量 day1
     day2=day1;                     //将枚举变量 day1 赋给 day2
     cout<<day1<<endl;              //输出 day1 的值，即 Sun 的序号值（0）
     return 0;
}
```

上述程序定义了两个类型为 weekdays 的枚举类型变量 day1 与 day2，这两个枚举变量只能取集合{Sun,Mon,Tue,Wed,Thu,Fri,Sat}中的一个元素，可用赋值运算符将元素 Sun 赋给枚举变量 day1。枚举变量 day1 的值可赋给同类枚举变量 day2。

对于枚举变量的输入/输出有以下两点说明。

（1）不能用键盘通过"cin>>"向枚举变量中输入元素值。例如，cin>>day1 是错误的。因此，枚举变量的值只能通过初始化或赋值运算符输入，如 day1=Sun。

（2）可用"cout<<"输出枚举变量，但输出的是元素对应的序号值，而不是元素值。例如，cout<<day1 表示用 cout 输出 day1 中元素 Sun 对应的序号值 0，而不是元素 Sun。

## 2．关系运算

枚举变量可与元素常量进行关系运算，同类枚举变量之间也可以进行关系运算，但枚举变量之间的关系运算是针对其序号值进行的。例如：

```
day1=Sun;                    //day1 中元素 Sun 的序号值为 0
day2=Mon;                    //day2 中元素 Mon 的序号值为 1
if (day2>day1) day2=day1;    //day2>day1 的比较就是序号值关系式 1>0 的比较
if (day1>Sat) day1=Sat;      //day1>Sat 的比较就是序号值关系式 0>6 的比较
```

day2 与 day1 的比较实际上是元素 Mon 与 Sun 的序号值 1 与 0 的比较，由于 1>0 成立，所以 day2>day1 条件为真，day2=day1=Sun。同样，由于 day1 中元素 Sun 的序号值 0 小于元素 Sat 的序号值 6，所以 day1>Sat 条件为假，day1 的值不变。

【例 8.1】 首先定义描述 3 种颜色的枚举类型 colors，然后用该枚举类型定义枚举数组，任意输入 5 个颜色号，将其转换成对应的颜色元素并存入枚举数组中，最后输出枚举数组中对应的颜色。

```cpp
# include <iostream>
using namespace std;
enum colors                  //定义有 3 种颜色元素的枚举类型 colors
{ red=1,yellow,blue };
int main( )
{   colors color[5];         //定义枚举类型数组 color[5]
    int j,n;
    cout<<"1:red,2:yellow,3:blue:"<<endl;
    cout<<"请输入 5 个颜色号："；
    for (j=0;j<5;j++)
    {   cin >> n;            //输入颜色号
        if (n<1 || n>3 )
        {    cout << "输入颜色号出错，请重新输入！"；
             j--;            //退回一次循环量用于重新输入
        }
        else
        switch(n)            //将颜色号转换成颜色元素并存入数组
        {   case 1 : color[j]=red; break;
            case 2 : color[j]=yellow ; break;
            case 3 : color[j]=blue; break;
        }
    }
    for (j=0 ;j<5;j++)              //循环输出数组元素对应的颜色
    {   switch (color[j])
        {   case   red :   cout <<"red"    ; break;
            case   blue:   cout<<"blue"    ; break;
            case   yellow :cout <<"yellow" ; break;   //case 次序无关
        }
        cout<<'\t';
    }
    cout<<'\n';
    return 0;
}
```

当程序执行时，显示结果为：

1:red,2:yellow,3:blue:

请输入 5 个颜色号：2 3 1 3 4
输入颜色号出错，请重新输入！2
　yellow　　blue　　red　　blue　　yellow

由于无法通过键盘直接向枚举变量输入枚举元素值，所以程序中只能首先输入枚举元素的序号值，然后用 switch 语句将序号值转换为元素值，并将元素值赋给枚举数组元素。同样，由于用 cout 无法输出枚举数组中的元素值，所以在输出时，只能用 switch 语句判断输出哪一个元素，然后用cout<< "元素"的方式输出对应的元素值。

【例8.2】　定义一个描述 3 种颜色的枚举类型{red,blue,green}，输出这 3 种颜色的全部排列结果。

分析：这是 3 种颜色的全排列问题，用穷举法即可输出 3 种颜色的全部排列（27 种）结果。

程序如下：

```
# include <iostream>
using namespace std;
enum colors
{red,blue,green};
void show(colors color)
{   switch(color)
    {   case  red      : cout<<"red";break;
        case  blue     : cout<<"blue";break;
        case  green    : cout<<"green";break;
    }
    cout<<'\t';
}
int main( )
{   colors col1,col2,col3;
    for(col1=red ;col1<=green;col1=colors(int (col1) +1))
      for(col2=red ;col2<=green;col2=colors(int (col2) +1))
        for(col3=red ;col3<=green;col3=colors(int (col3) +1))
          {
            show(col1);
            show(col2);
            show(col3);
            cout<<'\n';
          }
        return 0;
}
```

程序通过三重循环穷举出 3 种颜色的所有排列组合。在 for 循环语句中，枚举变量 col1 为循环变量，其取值从 red 开始到 green 结束，循环变量的自加操作是通过表达式 col1=colors(int (col1) +1)来实现的：首先将 col1 转换成整数，然后加 1，最后转换成 colors 类型的枚举值赋给 col1 变量。

## 8.2 结构体的定义及应用

### 8.2.1 结构体的概念

为了说明结构体的概念及应用，先看一个有关学生成绩管理系统的例子。通常设计一个简单的学生成绩管理系统应分三步进行。

第一步，建立一张学生成绩表，如表 8.1 所示。学生成绩表中应有描述学生成绩的信息，如学号（no）、姓名（name）、英语（eng）、物理（phy）、数学（math）、平均成绩（ave）等。

**表 8.1　学生成绩情况表**

| no | Name | eng | phy | math | ave |
| --- | --- | --- | --- | --- | --- |
| 1001 | Zhou | 80 | 85 | 90 | 85 |
| 1002 | Li | 85 | 80 | 75 | 80 |
| 1003 | Wang | 90 | 85 | 95 | 90 |

第二步，编写函数使系统具有如下功能。

（1）输入学生信息，如学号、姓名、成绩等。

（2）计算每名学生的平均成绩。

（3）对学生成绩表中的学生按平均成绩排序。

（4）输出排序后的学生成绩表。

第三步，在主函数中调用上述功能函数完成学生成绩管理系统的基本要求。

在第一步中，学生成绩信息必须用不同数据类型的数据项来描述。

（1）学号：no 为 int。

（2）姓名：name 为 char[8]。

（3）成绩：eng、phy、math、ave 为 float。

这些数据项属于不同的数据类型：学号为整型、姓名为字符数组、成绩为实型。将不同类型数据作为一个整体来处理的数据结构称为结构体。因此，学生成绩管理系统的设计完全可以用结构体来实现。

结构体类型是一种导出数据类型，编译程序并不为任何数据类型分配存储空间，只有定义了结构体类型的变量，系统才为这种变量分配存储空间。与枚举类型相似，必须首先定义结构体类型，然后才能用结构体类型定义结构体变量。

### 8.2.2 结构体类型的定义

结构体类型的定义格式为：

```
struct <结构体类型名>
{  <类型>  <成员 1>;
   <类型>  <成员 2>;
       ⋮
   <类型>  <成员 n>;
};
```

关键词 struct 说明定义的是结构体类型，结构体类型名由标识符组成。由定义格式可以看出，结构体数据类型由若干数据成员组成，每个数据成员可以是不同的数据类型。数据类型可以是基本类型，也可以是导出类型。

【例 8.3】 定义一个学生成绩的结构体数据类型。

程序如下：

```
struct    student
{  int    no ;                        //学号
   char   name[8];                    //姓名
   float  eng,phy,math,ave ;          //英语、物理、数学与平均成绩
};
```

学生成绩结构体中的数据成员有 no（学号）、name[8]（姓名）、eng（英语）、phy（物理）、math（数学）、ave（平均成绩）。每个成员的类型可以是基本类型，也可以是导出类型。在一个程序中，一旦定义了一个结构体类型，就增加了一种新的称为结构体的数据类型，也就可以用这种数据类型定义结构体变量。

### 8.2.3  结构体变量的定义

#### 1. 结构体变量的定义

由 8.1.2 节可知，定义枚举型变量有 3 种方法。与定义枚举型变量类似，定义结构体变量也有 3 种方法，现介绍如下。

（1）先定义结构体类型后定义结构体变量。

先定义结构体类型后定义结构体变量的格式为：

〔存储类型〕<结构体类型名> <变量名 1> 〔,<变量名 2>,…,<变量名 $n$>〕;

用例 8.3 中的结构体类型 student 可定义变量与数组如下：

student    stu1,stu2[3];

此时，系统为 stu1 分配了 28B 的存储空间，如表 8.2 所示。系统为 stu2 分配了 3 个与 stu1 相同的存储空间。如果将 student 中的 eng、phy、math 与 ave 的数据类型改为 double，那么系统会为 stu1 分配 48B 的存储空间（遵循 C++结构体内存对齐规则）。

表 8.2  系统为 stu1 分配的存储空间

| 成  员  名 | 分配字节数 |
|---|---|
| no | 4 |
| name | 8 |
| eng | 4 |
| phy | 4 |
| math | 4 |
| ave | 4 |

（2）定义结构体类型的同时定义结构体变量。

定义结构体类型的同时定义结构体变量的格式为：

```
struct <结构体类型名>
{<成员列表>}  <变量名 1>〔,<变量名 2>,…,<变量 n>〕;
```

例如：

```
struct   student
{  int    no ;
```

```
        char    name[8];
        float    eng,phy,math,ave ;
    } stu1,stu2[3];
```

（3）直接定义结构体变量。

直接定义结构体变量的格式为：

```
struct
{ <成员列表>}    <变量名 1> 〔,<变量名 2>,…,<变量 n>〕;
```

例如：

```
struct
{  int    no ;
    char    name[8];
    float    eng,phy,math,ave ;
} stu1,stu2[3];
```

通常在设计程序时，将所有结构体类型说明存放在头文件中，然后用包含命令将该头文件嵌入程序中，在编程时，只需用结构体类型名定义结构体变量即可。因此，提倡使用先定义类型后定义变量的方法定义结构体变量。

#### 2．结构体变量的初始化

与数组类似，在定义结构体变量时，可对其进行初始化。

例如：

```
student stu1={1001, "Zhou",90,85,80};
student stu2[3]={ {1001, "Zhou",90,85,80},{1002, "Li",75,80,85},{1003, "Wang",95,85,90}};
```

在使用结构体类型定义好结构体变量后，便可引用结构体变量中的数据成员。

## 8.2.4　结构体变量的引用

#### 1．结构体变量数据成员的引用格式

结构体变量数据成员的引用格式如下：

```
<结构体变量>.<成员名>
```

其中“.”称为成员运算符。

例如，stu1.no 表示引用学生结构体变量 stu1 中的数据成员 no，stu2[0].no 表示引用学生结构体数组元素 stu2[0]的数据成员 no。

#### 2．结构体变量数据成员的输入/输出

C++规定，用 cin/cout 只能对数据成员进行输入/输出，而不能对结构体变量进行输入/输出。

（1）结构体变量数据成员的输入格式为：

```
cin>> <结构体变量>.<成员名>;
```

例如：

```
cin>>stu1.no>>stu1.name>>stu1.eng>>stu1.phy>>stu1.math;
```

（2）结构体变量数据成员的输出格式为：

```
cout<<<结构体变量>.<成员名>;
```

例如：

```
cout<<stu1.no<<'\t'<<stu1.name<<'\t'<<stu1.eng<<'\t'<<stu1.phy<<'\t'<<stu1.math;
```

需要注意，cin>>stu1 与 cout<<stu1 是错误的。

### 3．结构体变量的赋值运算

虽然 C++不允许对结构体变量进行输入/输出，但允许两个同类型结构体变量之间进行赋值运算：

结构体变量 1=结构体变量 2；

例如：

```
student stu1={1001, "Zhou",90,85,80},stu2;
stu2=stu1;
```

此时，stu2 将具有与 stu1 相同的数据内容。

【例 8.4】 定义全班学生学习成绩的结构体数组，学生结构体类型的数据成员为学号、姓名、英语、物理、数学和这三门功课的平均成绩。首先输入全班成绩，然后计算每名学生的平均成绩，最后输出全班成绩表。

程序如下：

```
# include <iostream>
# define N 3
using namespace std;
struct student                          //定义学生成绩结构体类型
{   int no;
    char name[8];
    float eng,phy,math,ave;
};
int main ( )
{   student s[3];                       //定义结构体数组
    cout<<"输入 学号、姓名、英语、物理、数学成绩: "<<endl;
    for (int i=0;i<N;i++)
        cin >> s[i].no >>s[i].name>>s[i].eng>>s[i].phy>>s[i].math;
    for (i=0;i<N;i++)
        s[i].ave=(s[i].eng+s[i].phy+ s[i].math)/3;
    cout<< "学号" << '\t' << "姓名" << '\t' << "英语" << '\t' << "物理" << '\t'
    << "数学" << '\t'<< "平均成绩" << '\n';
    for (i=0;i<N;i++)
        cout<<s[i].no<<'\t' <<s[i].name<<'\t'<<s[i].eng<<'\t' <<s[i].phy<<'\t'
    <<s[i].math<<'\t' <<s[i].ave<<'\n';
    return 0;
}
```

程序执行后提示用户输入学号、姓名与成绩：

输入 学号、姓名、英语、物理、数学成绩:

| 1001 | Zhou | 90 | 85 | 80 |
|------|------|----|----|----|
| 1002 | Li   | 75 | 80 | 85 |
| 1003 | Wang | 95 | 85 | 90 |

输出为：

| 学号 | 姓名 | 英语 | 物理 | 数学 | 平均成绩 |
|------|------|------|------|------|----------|
| 1001 | Zhou | 90 | 85 | 80 | 85 |

| 1002 | Li | 75 | 80 | 85 | 80 |
| 1003 | Wang | 95 | 85 | 90 | 90 |

## 8.2.5 结构体变量与数组作为函数参数

### 1. 函数定义格式

（1）结构体变量作为函数参数：

&lt;类型&gt;&lt;函数名&gt;( &lt;结构体类型&gt; &lt;变量&gt;,…)
{函数体}

（2）结构体数组作为函数参数：

&lt;类型&gt;&lt;函数名&gt;( &lt;结构体类型&gt; &lt;数组名[长度]&gt;,…)
{函数体}

### 2. 函数调用格式

（1）结构体变量作为实参：

函数名(结构体变量名, …)

（2）结构体数组作为实参：

函数名(结构体数组名, …)

### 3. 参数的传送方式

当结构体变量作为函数参数时，实参值传送给形参属于值传送，因此函数调用后实参值仍保持不变。当结构体数组作为函数参数时，实参值传送给形参属于传地址，因此函数调用后实参数组值随形参数组值变动。

【例8.5】 定义全班学生学习成绩的结构体数组，学生结构体类型的数据成员为学号、姓名、英语、物理、数学和这三门功课的平均成绩（通过计算得到）。设计四个函数：全班成绩输入、计算每名学生的平均成绩、按平均成绩升序排序、输出全班成绩表。在主函数中调用这四个函数完成学生成绩的输入、计算、排序与输出工作。

本题微课视频

程序如下：

```
# include <iostream>
using namespace std;
struct student                      //定义学生成绩结构体类型
{    int no;
     char name[8];
     float eng,phy,math,ave;
};
void Input (student s[ ],int n)              //输入函数
{    int i;
     cout <<"输入学生:"<<endl;
     cout <<"学号、姓名、英语、物理、数学成绩"<<endl;
     for (i=0;i<n;i++)
     cin >> s[i].no >>s[i].name>>s[i].eng>>s[i].phy>>s[i].math;
}
void Ave (student s[ ],int n)                //计算平均成绩函数
{    int i;
     for (i=0;i<n;i++)
     s[i].ave=(s[i].eng+s[i].phy+ s[i].math)/3;
```

```
        }
        void Sort(student s[ ],int n)              //升序排序函数
        {   int i,j,k;
            student temp;
            for (i=0;i<n-1;i++)
            {   k=i;
                for (j=i+1;j<n;j++)
                if (s[k].ave>s[j].ave ) k=j;
                if (k>i)
                {temp=s[k];s[k]=s[i];s[i]=temp;}
            }
        }
        void Print(student s[ ], int n)            //输出函数
        {   int i;
            cout<< "学号" << '\t' << "姓名" << '\t' << "英语" << '\t' << "物理" << '\t'
            << "数学" << '\t'<< "平均成绩" << '\n';
            for (i=0;i<n;i++)
            cout<<s[i].no<<'\t' <<s[i].name<<'\t'<<s[i].eng<<'\t' <<s[i].phy<<'\t'
            <<s[i].math<<'\t' <<s[i].ave<<'\n';
        }
        int main ( )
        {   student stu[3];                         //定义结构体数组
            Input(stu,3);                           //输入学生成绩
            Ave (stu,3);                            //计算学生平均成绩
            Sort(stu,3);                            //按平均成绩排序
            Print(stu,3);                           //输出学生成绩
            return 0;
        }
```

程序执行后提示用户输入学号、姓名与成绩：

输入学生：
```
    学号、姓名、英语、物理、数学成绩
    1001    Zhou   90    85    80
    1002    Li     75    80    85
    1003    Wang   95    85    90
```

输出为：

| 学号 | 姓名 | 英语 | 物理 | 数学 | 平均成绩 |
|------|------|------|------|------|----------|
| 1002 | Li   | 75   | 80   | 85   | 80       |
| 1001 | Zhou | 90   | 85   | 80   | 85       |
| 1003 | Wang | 95   | 85   | 90   | 90       |

**说明：** 用结构体数组作为函数参数属于传地址，即实参 stu[]与形参 s[]共用同一内存区。因此，在输入、输出、计算平均成绩、排序四个函数内对数组 s[]的操作就是对主函数中数组 stu[]的操作。

**【例8.6】** 定义学生档案的结构体数组，描述一名学生的信息：学号、姓名、性别、年龄、出生日期。输出已建立的学生档案。

程序如下：

```
        #include <iostream>
        using namespace std;
        struct date                                //定义出生日期结构体类型
        {   int year,month,day;                    //定义出生年、月、日数据成员
        };
        struct student                             //定义学生档案结构体类型
```

```
{   int no ;                            //学号
    char name[10];                      //姓名
    char sex[2];                        //性别
    int   age;                          //年龄
    date   birthday;                    //出生日期（结构体类型）
};
void output( student x)                 //定义输出函数
{ cout << x.no <<'\t'<<x.name<<'\t'<< x.sex <<'\t'<< x.age <<'\t'
    <<x.birthday.year<<'\t'<< x.birthday.month<<'\t'<< x.birthday.day<<endl;
}
int main( )
{   cout <<"no"<<'\t'<<"name"<<'\t'<<"sex"<<'\t'<<"age"<<'\t'
    <<"year"<<'\t'<< "month"<<'\t'<<"day"<<endl;
    student s[2]={{100,"zhou","m",22,1980,12,1},{101,"Li","w",24,1978,1,1}};
    for ( int j=0 ;j<2;j++)   output( s[j]);
    return 0;
}
```

程序执行后输出：

| no  | name | sex | age | year | month | day |
|-----|------|-----|-----|------|-------|-----|
| 100 | zhou | m   | 22  | 1980 | 12    | 1   |
| 101 | Li   | w   | 24  | 1978 | 1     | 1   |

由例 8.6 可以看出，在结构体中可以用其他结构体类型定义数据成员。例如，在 student 结构体中用 date 结构体定义出生日期数据成员 birthday。对于在结构体中定义的结构体数据成员，其引用方式为：

结构体变量名.结构体成员名.成员名

例如，引用结构体变量 x 的数据成员 birthday 中成员 year、month、day 的方式为：

出生年份：x.birthday.year
出生月份：x.birthday.month
出生日期：x.birthday.day

【例 8.7】  定义一个复数结构体，以复数的实部 r、虚部 i 作为结构体成员，编写能实现两复数加法的函数，用结构体变量作为其形参。在主函数内定义两个复数并为其赋初值。调用复数加法函数完成两复数相加的操作。

分析：复数的一般表达式为：复数=实部+虚部 i。因此，在复数结构体类型中的两个数据成员为实部 r 与虚部 i。两个复数相加是指其实部与实部相加、虚部与虚部相加。因此，在复数加法函数 add() 中，首先定义一个用于存放两复数和的临时复数变量 c，然后进行两个复数实部与实部相加、虚部与虚部相加的操作，并将结果存放在 c 的实部与虚部中，最后将 c 作为函数返回值。

程序如下：

```
# include   <iostream>
using namespace std;
struct   Complex                        //定义一个复数结构体
{   float r;                            //复数的实部
    float i;                            //复数的虚部
};
Complex add(Complex c1,Complex c2)      //复数加法函数
{   Complex c;                          //定义复数结构体变量 c
    c.r=c1.r+c2.r;                      //两复数实部相加赋给 c 的实部
    c.i=c1.i+c2.i;                      //两复数虚部相加赋给 c 的虚部
    return c;                           //返回相加后的复数 c
```

```
    }
    int main( )
    {   Complex x1={10,25},x2={20,35},x;              //定义 x1、x2、x 三个复数
        x=add (x1,x2);                               //调用复数加法函数
        cout<<"x1="<<x1.r<<"+"<<x1.i<<"i"<<endl;
        cout<<"x2="<<x2.r<<"+"<<x2.i<<"i"<<endl;
        cout<<"x="<<x.r<<"+"<<x.i<<"i"<<endl;
        return 0;
    }
```

执行程序后输出：

  x1=10+25i
  x2=20+35i
  x=30+60i

主函数 main()中定义了 x1、x2、x 三个复数类型的结构体变量，并为 x1、x2 赋初始值。调用复数加法函数 add()，完成 x1 与 x2 相加的操作。将实参 x1、x2 的值分别传给形参 c1、c2，即 $c_1.r=x_1.r=10$，$c_1.i=x_1.i=25$；$c_2.r=x_2.r=20$，$c_2.i=x_2.i=35$。该参数传送属于值传送，因此程序执行后实参 x1、x2 的值并未改变。运算结果的复数值通过函数返回，因此，函数返回类型应定义为复数结构体类型。

在例 8.4 中，当程序执行定义结构体数组语句 student s[3];时，系统为结构体数组分配存储空间，如图 8.1 所示，每名学生的学号、姓名、英语、物理、数学、平均成绩占用一组连续的存储空间。3 名学生占用 3 组连续的存储空间。若在学号为 1001 与 1002 的学生之间插入一名新学生的成绩，则必须将学号为 1002、1003 的两名学生的成绩内容下移若干单元，腾出空间存放新学生的成绩。若要删除一名学生的成绩，则需要将该学生下面的所有学生成绩上移若干单元，覆盖要删除的学生的成绩。这样做的缺点是，当学生人数较多时，插入与删除记录（结构体变量或结构体数组元素也被称为记录）将耗费大量系统时间，大大降低了程序的运行效率。解决此问题的方法之一是使用链表。

| |
|---|
| 1001 |
| "Zhou " |
| 90 |
| 85 |
| 80 |
| 85 |
| 1002 |
| "Li " |
| 75 |
| 80 |
| 85 |
| 80 |
| 1003 |
| "Wang " |
| 95 |
| 85 |
| 90 |
| 90 |

图 8.1 结构体数组 s[3]的内存分配

# 8.3 链表

## 8.3.1 链表的概念

将图 8.1 中每名学生的成绩存放在不连续的存储空间中，如学号为 1001、1002、1003 的学生的成绩依次存放在首地址为 1000、1040、1080 的 3 个不连续的存储空间（每段空间称为一个结点），如图 8.2 所示。各学生结点用指针链接。首结点地址存放在头指针 head 中。当要删除学生记录结点时，如删除学号为 1002 的学生结点，只需将其前一个结点（学号为 1001）的指针改为 1080 即可，所有数据不要进行任何移动。而当要插入一名新学生的成绩时，只需将新结点的地址赋给前一个结点的指针，将其后一个结点的地址赋给新结点指针即可，所有数据不要进行任何移动。因此，用链表可解决记录增删困难的问题，使记录的增删变得较为容易。下面介绍有关链表的概念。

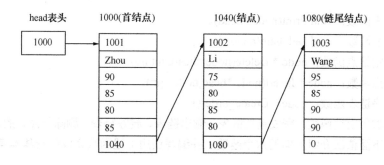

图 8.2 存放 3 名学生成绩的链表结构

**1. 链表的概念**

链表是由若干同类型结点用指针链接而成的数据结构。链表由表头、结点与链尾三部分组成。

（1）表头 head 是指向链表的头指针。

（2）结点是用含有指针的结构体类型 node 定义的结构体变量。

例如，描述学生成绩的结点类型 node 可定义为：

```
struct node
{   int no;
    char name[8];
    float eng,phy,math,ave;
    node *next;
};
```

在上述程序中，结点是由数据成员 no、name[8]、eng、phy、math、ave 与指针成员 next 组成的，其中指针成员 next 指向下一个结点，用于链接链表中的各结点。

（3）链尾是链表中指针值为 0 的结点，用于表示链表的结束。与字符串中以 0 作为结束标志类似。

**2. 链表的操作**

由于学生成绩管理系统的主要操作是数据的输入、输出、查询、插入、删除等，所以链表的主要操作有链表的建立、查询、输出、插入、删除等。为方便后面的讨论，将结点内数据成员简化为学号、成绩与指针三项，简化后的结点类型 node 定义如下：

```
struct node
{   int      no;            //学生学号
    float    score;         //学生成绩
    node    *next;          //指针变量
};
```

其中，指针变量 next 为 node 类型，用于指向下一个结点。下面以 node 为结点类型讨论链表的基本操作。

## 8.3.2  链表的基本操作

为了用链表对学生成绩进行输入、查询、输出、插入、删除等操作,应学会建立链表、输出链表、删除链表、查询并删除指定结点、插入结点、建立有序链表这些基本操作。而这些基本操作可以通过创建以下函数来实现。

（1）建立无序链表函数：node * Create( )。

（2）输出链表函数：void Print(node *head)。

（3）删除链表函数：void Delchain(node *head)。

（4）删除指定结点函数：node * Delete(node *head, int no)。

（5）插入结点函数：node * Insert(node *head,node *pn)。

（6）建立有序链表函数：node * Create_order()。

在主函数中调用上述函数，完成建立链表、输出链表、删除链表、删除结点、插入结点、建立有序链表的操作。下面依次介绍上面的六个函数，并编写调用上述函数完成链表基本操作的主函数。

### 1．建立无序链表函数 Create()

建立无序链表可以通过创建函数 node * Create( )来实现，建立无序链表的步骤如下。

（1）定义三个 node 类型的指针变量：

    node *head ,*pn,*pt;

① head 为头指针变量，用于存放链表首结点的地址，初值为 0，表示链表在初始时为空。

② pn 为新结点指针变量，用于存放用 new 运算符动态建立的新结点地址。

③ pt 为链尾结点的指针变量，用于存放链尾结点地址。

（2）新建结点并输入学号与学生成绩。用 new 运算符动态分配新结点存储空间，将 pn 指向该新结点，给新结点输入学号与学生成绩。

    pn=new node;
    cin>>pn->no>>pn->score;

（3）将新结点加入链尾处。新结点加入链尾处，有链表为空与链表非空两种情况。

① 链表为空（head 为 0）。当链表第一次加入新结点时链表为空，此时链表头指针 head 为 0，如图 8.3（a）所示。应将新结点的地址 1000 由 pn 赋给头指针 head 与链尾结点指针 pt，即执行：

    head=pn;pt=pn;

这两条语句就可将新结点加入链表的第一个结点处，如图 8.3（b）所示。

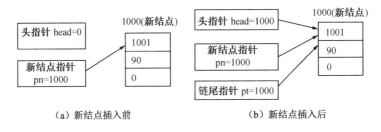

（a）新结点插入前　　　　　　（b）新结点插入后

图 8.3　链表为空时加入结点

② 链表非空。当链表非空时，应将新结点追加到链尾处。只要将新结点地址 1040 由 pn 赋给链尾结点的指针变量，即 pt->next，就可将新结点连接到链尾处。再将 pn 赋给 pt，使 pt 指向新的链尾结点。此项操作只需执行：

    pt->next=pn;pt=pn;

这两条语句即可，如图 8.4 所示。

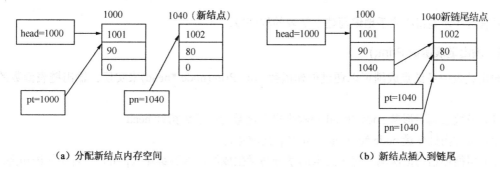

（a）分配新结点内存空间 　　　　　　　　　　（b）新结点插入到链尾

图 8.4　链表中插入新结点

链表为空与链表非空的两种情况可用如下双选 if 语句实现：

```
if (head==0)                    //若链表为空
{   head=pn; pt=pn; }
else                           //否则链表非空
{   pt->next=pn; pt=pn; }
```

（4）重复（2）、（3）两步，通过循环不断向链表添加新结点，直到学号为-1。

（5）给链尾结点指针赋 0。

（6）返回链表头指针 head。

读者可先写出上述步骤中的关键语句，然后用循环结构连接这些关键语句，即可写出建立无序链表函数如下：

微课视频

```
node * Create( )
{   int no;                         //定义输入学生学号临时变量 no
    node *head,*pn,*pt;             //定义链表头指针 head、新结点指针 pn、链尾结点指针 pt
    head=0;                         //链表头指针赋 0，表示链表为空
    cout<<"产生无序链表，请输入学生学号与成绩，以-1 结束!"<<endl;
    cin>>no;                        //输入学号
    while (no!= -1)                 //学号为-1 时结束输入
    {   pn= new node;              //动态分配新结点存储空间，并将结点地址赋给 pn
        pn->no=no;                  //输入学号
        cin>>pn->score ;            //输入成绩
        if (head==0)               //若链表为空
        {   head=pn;               //则将新结点地址由 pn 赋给头指针 head 与链尾结点指针 pt
            pt=pn;                  //使新结点加入链首处
        }
        else                       //否则链表非空
        {   pt->next=pn;           //将新结点地址由 pn 赋给链尾结点的 next 指针与链尾结点指针 pt
            pt=pn;                  //使新结点加到链尾处
        }
        cin >>no;                  //输入学号
    }
    pt->next=0;                    //链尾指针变量赋 0
    return   head;                 //返回链表的头指针
}
```

在主函数中调用 Create()函数，并依次输入学号与成绩，直到输入学号等于-1，即可建立一个新链表。链表是 C++中的一个难点，读者必须理解并记忆上述建立链表的关键语句，如链表为非空时，将新结点加到链尾处的关键语句：

```
pt->next=pn;   pt=pn;
```

只有这样才能得心应手地编写建立链表的程序段。

**2. 输出链表函数 Print()**

输出链表中各结点成绩可以通过创建函数 void Print(node *head)来实现。输出链表函数的步骤如下。

（1）函数必须用形参 node *head 接收来自主函数的链表头指针 head。

（2）定义指针变量 node *p=head，并将 p 指向链首。

（3）用循环语句依次输出每个结点的学号与学生成绩，直到链尾（p=0）。实现的语句为：

```
while(p!=0)
{   cout<<p->no<<'\t'<<p->score<<'\n';
    p=p->next;
}
```

其中，p=p->next 的作用是将指针 p 移动到下一个结点，如图 8.5 所示。由步骤中的关键语句可编写输出链表函数如下：

```
void Print(node *head)
{   node *p=head;
    cout<<"输出链表中各结点值："<<endl;
    while (p!=0 )
    {   cout<<p->no<<'\t'<<p->score<<endl;
        p=p->next;
    }
}
```

在输出链表函数 Print()中，重点应理解记忆 p=p->next 语句。

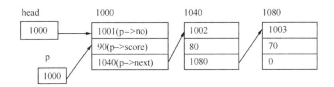

图 8.5　输出链表各结点数据

**3. 删除链表函数 Delchain()**

删除链表是指删除链表的全部结点，并收回结点占用的全部存储空间。删除链表可以通过函数 Delchain( node *head)来实现，主要操作步骤如下。

（1）用形参 node *head 接收来自主函数的链表头指针。

（2）定义指针变量 node *p=head，并使指针变量 p 指向链首，如图 8.6 所示。

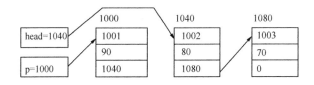

图 8.6　删除链表第一个结点的过程

（3）用循环语句依次删除链表的各结点。在循环中，首先用 head=p->next 使头指针 head 指向下一个结点，使 p 所指结点从链表中脱离，如图 8.6 所示。然后用 delete p 删除该结点，并用 p=head 使 p 重新指向下一个结点，准备下一次删除，循环直到头指针 head 为 0，即链表为空。删除链表的函数如下：

```
void Delchain(node * head)
{   node * p;
    p=head;                      //将链表头指针赋给 p
    while (head)                  //当链表非空时删除结点
    { head=p->next;              //将链表下一个结点指针赋给 head
      delete p;                  //删除链表第一个结点
      p=head;                    //将头指针赋给 p
    }
}
```

### 4. 删除链表中指定结点函数 Delete()

删除链表中指定结点可以通过函数 Delete (node *head, int no)来实现。函数形参应有两个：第一个为链表头指针 head；第二个为要删除的结点的学生学号 no。

要删除链表中指定学号的结点，首先需找到要删除的结点，然后才能删除该结点。删除结点可能会遇到以下三种情况。

（1）若链表为空，即 head 为 0，则返回空指针。

（2）若要删除的结点为链表首结点，则只需将该结点的指针值赋给链表头指针 head，然后删除该结点即可，如图 8.6 所示。

（3）要删除的结点不是链表首结点。

定义指针变量 pc、pa 分别指向当前正查找的结点与其后一个结点，如图 8.7（a）所示。

用下列循环语句找到要删除的结点：

```
while (pc!=0 && pc->no!=no)    {pa=pc;pc=pc->next;}
```

查找后有两种情况：①链表中没有要删除的结点，输出无此结点的信息；②链表中有要删除的结点，如要删除的结点学号为 1002，如图 8.7（a）所示。

执行 pa->next=pc->next;语句，将要删除结点的下一个结点（1003）指针 pc->next 赋给要删除结点的上一个结点（1001）指针变量 pa->next，使"1001"结点直接指向"1003"结点，将要删除的"1002"结点从链表中脱离，如图 8.7（b）所示，然后用 delete pc 删除"1002"结点。

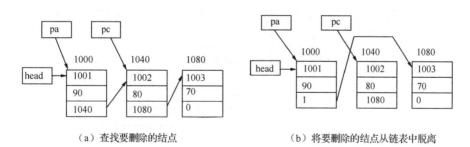

（a）查找要删除的结点        （b）将要删除的结点从链表中脱离

图 8.7　删除链表中的指定结点

由于头指针的值可能会改变，所以必须通过 Delete()函数返回头指针 head 的新值。

删除指定结点的函数如下：

```
node * Delete( node *head, int no)
```

```
{   node *pc,*pa;
    pc=pa=head;
    if (head==NULL)                          //链表为空的情况
    {   cout << "链表为空，无结点可删！\t";
        return  NULL;
    }
    else if (pc->no==no)                     //链表首结点为要删除结点的情况
    {   head=pc->next;                       //将第二个结点的地址赋给 head
                                             //使链表首结点从链表中脱离
        delete pc;                           //删除链表首结点
        cout<<"删除了一个结点！\n";
    }
    else                                     //链表首结点不是要删除的结点
    {   while (pc!=0 && pc->no!=no)          //查找要删除的结点
        {   pa=pc;                           //当前结点地址由 pc 赋给 pa
            pc=pc->next;                     //pc 指向下一个结点
        }
        if (pc==NULL)                        //若 pc 为空表示链表中没有要删除的结点
            cout << "链表中没有要删除的结点！\n";
        else
        {   pa->next=pc->next;               //将下结点地址赋给上结点指针
                                             //使要删除结点从链表中脱离
            delete pc;                       //删除指定结点
            cout<<"删除了一个结点！\n";
        }
    }
    return head;                             //返回链表头指针
}
```

### 5. 插入结点函数 Insert()

假设链表各结点按成绩 score 降序排列，当插入结点后，仍要求按成绩 score 降序排列。在插入函数 Insert(node * head, node *pn)的形参中，head 为头指针，pn 为指向插入结点的指针。在插入函数体中，pc 为指向插入点前一个结点的指针，pa 为指向插入点后一个结点的指针，如图 8.8 所示。

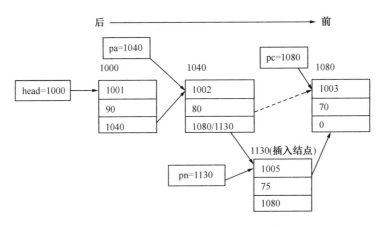

图 8.8　新结点插入链表中间位置

插入结点有链表为空和链表非空两种情况。

（1）链表为空。当链表为空时，将新结点插入链表首处，并为尾指针赋 0，实现的语句为：

    if (head==NULL) {head=pn; pn->next=0;}

（2）链表非空。当链表非空时，首先应判断新结点的成绩是否大于或等于链表首结点的成绩，若新结点的成绩大于或等于链表首结点的成绩，则应将新结点插入链表首位置；若新结点的成绩小于链表首结点的成绩，则要根据新结点的成绩，将指针变量 pc 移动到插入点前，指针变量 pa 移动到插入点后。此项工作可用下列循环语句来实现：

```
while ( pc!=0 &&(pn->score<=pc->score))     //A
{   pa=pc; pc=pc->next;   }
```

在循环条件中，当 pc 指向结点（pc!=0），且插入结点的成绩（pn->score）小于或等于当前结点成绩（pc->score）时，将 pc 赋给 pa，pc 向前移动一个结点。依次循环，直到 pc 没有指向结点（此时 pa 指向链尾）或插入点成绩大于当前结点成绩，如图 8.8 所示。

当 pc 与 pa 移到插入点位置时，又有以下两种情况。

① 新结点插入链尾位置。当新结点成绩最小时，按降序排列，该结点应插入链尾处。插入链尾处的条件是新结点的成绩小于链表尾结点的成绩，即 pn->score<pa->score。实现的语句为：

```
if (pn->score <= pa->score)
{   pa->next=pn; pn->next=0; }                 //因为此时 pc=0，所以也可用 pn->next=pc 来实现
```

② 新结点插入链表中间位置。除上述情况外，新结点应插入链表中间位置，实现的语句为：

```
pn->next=pc;
pa->next=pn;
```

其中，第一条语句使新结点指向 pc 所指结点；第二条语句使 pa 所指结点指向新结点，从而将新结点插入 pc 与 pa 所指两结点之间，插入过程如图 8.8 所示。

插入结点函数如下：

```
node * Insert(node * head, node *pn)
{   node *pc,*pa;                               //定义指向插入点前、后的指针 pc 与 pa
    pc=pa=head;
    if (head==0)                                //若链表为空，则将新结点插入链表首位置
    {   head=pn;
        pn->next=0;
        return    head;
    }
    if (pn->score>=head->score) //若新结点的成绩大于或等于链表首结点的成绩，则将新结点插入链表首位置
    {   pn->next=head;
        head=pn;
        return head;
    }
    while (pc!=0 && pn->score<=pc->score)       //若链表非空，则按成绩查找插入点
    {   pa=pc;                                  // pc、pa 移到插入点前、后结点位置
        pc=pc->next;
    }
    pn->next=pc;                                //新结点插入链表中间位置及插入链尾位置
    pa->next=pn;
    return head;                                //返回链表头指针
}
```

## 6. 建立有序链表函数 Creat_Order()

向一个空链表中不断插入新结点，并使新结点按序排列，就会产生一条有序链表。建立一条有序链表的过程可分为两步：第一步建立一个新结点，第二步将新结点插入链表中。函数如下：

```
node *Create_Order( )
{   node *pn,*head=0;                        //定义指向新结点的指针变量 pn 及链表头指针变量 head
    int   no;                               //定义输入学号的临时变量 no
    cout<<"产生一条有序链表，请输入学生学号与成绩，以-1 结束!\n";
    cin>>no;
    while (no!= -1)                         //学号不等于-1 则循环
    {   pn=new node;                        //动态分配 node 类型结点存储空间，并将其地址赋给 pn
        pn->no=no;                          //给新结点输入学号与成绩
        cin>>pn->score;
        head=Insert(head,pn);               //调用插入结点函数，将新结点按成绩降序插入链表中
        cin>>no;                            //输入学号
    }
    return head;                            //返回链表头指针
}
```

## 7. 完成链表处理的主程序

程序如下：

```
# include <iostream>
# include <string>
using namespace std;
struct node
{   int   no;
    float    score;
    node   *next;
};
node * Create( )                            //建立无序链表的函数
{…}
void Print(const node *head)                //输出链表的函数
{…}
void Delchain(node * head)                  //删除整个链表的函数
{…}
node * Delete( node *head, int no)          //删除指定结点的函数
node * Insert(node * head, node *pn)        //插入结点的函数
{…}
node *Create_Order( )                       //建立有序链表的函数
{…}
int main( )                                 //主函数
{   node * head;
    int no;
    head=Create();                          //产生无序链表
    Print(head);                            //输出无序链表
    cout<<"输入要删除结点的学生学号：\n";
    cin >>no;                               //输入要删除结点的学生学号
    head=Delete(head,no);                   //删除指定学号的结点
    Print(head);                            //输出显示删除后的链表
    Delchain(head);                         //删除整个链表
    head=Create_Order();                    //产生一个有序链表
    Print (head);                           //输出显示有序链表
    Delchain(head);                         //删除整个链表
    return 0;
}
```

程序执行后显示：

产生无序链表，请输入学生学号与成绩，以-1 结束!

```
1001          90
1002          80
1003          70
-1
输出链表中各结点值:
1001          90
1002          80
1003          70
输入要删除结点的学生学号:
1002
删除了一个结点!
输出链表中各结点值:
1001          90
1003          70
产生一条有序链表,请输入学生学号与成绩,以-1结束!
1001          90
1003          80
1002          85
-1
输出链表中各结点值:
1001          90
1002          85
1003          80
```

对初学者来说,链表的操作是比较困难的,但只要读者能深刻理解并掌握链表的建立、输出、删除、插入中的几条关键语句,多编程多上机,链表操作还是可以掌握的。事实上,链表操作编程方法还是比较固定的。

# 本 章 小 结

本章介绍了枚举类型和结构体两种导出数据类型的概念、定义格式与使用方法,还介绍了链表的建立、输出、删除、插入等基本操作。

## 1. 枚举类型

枚举类型是某种数据可能取值的集合,其定义格式为:

    enum <枚举类型名>　{<枚举元素表>};

枚举元素表中的各元素为数据可能取值的集合,每个元素均有一个序号值与之对应,该序号值可以在定义枚举类型时赋给元素,也可以取其默认序号值,默认序号值从 0 开始依次加 1。

用枚举类型可定义枚举变量或枚举数组,枚举变量可以进行赋值运算与关系运算。不可以用 cin 为枚举变量输入枚举元素值或序号值,只能用赋值运算符将枚举元素值赋给枚举变量。而可以用 cout 输出枚举变量,但输出的是其序号值而不是元素值。枚举变量之间的关系运算是针对其序号值进行的。

## 2. 结构体

结构体是由若干数据成员组成的导出数据类型,其定义格式为:

    struct <结构体类型名>
    { <类型> 成员 1;
        …

　　　　　<类型> 成员 *n*;
　　};

结构体中成员的数据类型可以是基本类型，也可以是导出类型。

用结构体数据类型可定义结构体变量或结构体数组，定义结构体变量有三种方法：先定义结构体类型后定义结构体变量、定义结构体类型的同时定义结构体变量、直接定义结构体变量。

每个结构体变量有若干数据成员，数据成员的引用格式为：结构体变量名.成员名。不能对结构体变量直接进行输入、输出，只能对结构体变量的数据成员进行输入、输出。

结构体数组与数据库中的二维表类似，数组中的每个元素相当于表中的一个记录，元素中的每个成员相当于表中的一个数据项。因此，通过结构体数组可以实现数据库中二维表的统计、排序、查询等。

### 3．链表的基本操作

链表由若干结构体类型的结点用指针链接而成，每个结点由数据与指针两部分组成，其中指针用于链接下一个结点。链表首结点的地址存放在头指针中，链尾结点指针必须为 0。链表的主要操作有链表的建立、删除、插入等。

（1）建立无序链表的主要操作。先用 new 动态分配一个结点存储空间，并用指针变量 pn 指向新结点，向结点内输入数据，然后将新结点加入链尾位置，依次循环，直到输入结束标志。若用 pt 指向链尾结点，则将新结点插入链尾位置的主要操作是：

```
pt->next=pn;          //将新结点插入链尾位置
pt=pn;                //使 pt 指向新的链尾
```

（2）删除整个链表的主要操作。首先用指针变量 p 指向链表首结点（p=head），然后将链表首结点从链表中脱离(head=p->next)，最后删除链表首结点(delete p)，依次循环，直到全部删除(head==0)。

（3）删除指定结点的主要操作。先用循环语句找到要删除的结点，如：

```
while (pc!=0 && pc->no!=no)    {pa=pc;pc=pc->next;}
```

然后用 pc 指向要删除的结点，pa 指向要删除结点的后一个结点。只要执行下面两条语句：

```
pa->next=pc->next;     //将要删除结点的前一个结点的地址赋给其后一个结点的指针
delete pc;             //动态收回结点占用的存储空间
```

则指定结点就被删除了。当然，实际编程时还必须考虑许多其他情况，如链表为空、删除链表首结点等特殊情况。

（4）插入结点的主要操作。先用循环语句找到插入点的位置，再用 pc 指向插入点前一个结点，用 pa 指向插入点后一个结点，用 pn 指向新结点。只要执行下面两条语句：

```
pn->next=pc;          //将插入点前一个结点的地址赋给新结点的指针
pa->next=pn;          //将新结点的地址赋给插入点后一个结点的指针
```

则新结点就被插入到了指定位置。

### 4．本章重点、难点

**重点**：结构体的概念、定义格式与使用方法，链表的概念及链表的建立、输出、删除、插入。
**难点**：链表的基本操作。

# 习　题

8.1　什么是枚举类型？如何定义枚举类型？枚举类型中元素的默认序号值是如何确定的？序号值是否一定要唯一？用枚举类型定义的枚举变量只能进行哪两种运算？枚举变量能否用 cin 输入元素值？能否用 cout 输出枚举变量的值？若能，那么输出的内容是什么？

8.2　定义一个描述学生成绩等级的枚举类型{A,B,C,D,E}，成绩等级与分数段的对应关系为 A：90~100，B：80~89，C：70~79，D：60~69，E：0~59。在主函数中定义全班学生成绩枚举类型数组，输入全班学生的成绩，并将其转换成等级赋给枚举数组元素。最后输出全班学生的成绩等级。

8.3　从 A、B、C、D 4 个字母中任取 3 个不同的字母，共有多少种取法？编写程序，输出所有取法中的字母排列。

8.4　定义学生档案结构体类型，描述一名学生的档案信息有：学号、姓名、性别、年龄、家庭地址、邮政编码、电话号码。

8.5　定义学生成绩结构体类型，描述学生成绩的信息有：学号、英语、数学、物理、总分、名次。

8.6　用习题 8.4 中的学生档案结构体类型定义一个学生的档案结构变量。用初始化方式输入学生档案内容，并输出学生档案。

8.7　用习题 8.5 中的学生成绩结构体类型定义班级成绩结构体数组。编写 4 个函数分别用于：①输入全班学生的学号、英语成绩、数学成绩、物理成绩；②计算每名学生的总分；③按总分降序排序，并给每名学生填入名次；④输出全班学生的学号、三门课的成绩、总分、名次。

在主函数中定义学生成绩数组，调用 4 个函数完成输入、计算总分、排名、输出工作。

8.8　定义描述复数类型的结构体变量，编写减法函数 Sub()和乘法函数 Mul()分别完成复数的减法与乘法运算。在主函数中定义 c1、c2、c3、c4 四个复数类型变量，输入 c1、c2 的复数值，调用减法函数 Sub()完成 c3=c1-c2 的操作，调用乘法函数 Mul()完成 c4=c1*c2 的操作。最后输出 c3、c4 的复数值。

8.9　定义描述矩形的结构体类型，该结构体类型的数据成员为矩形的左上角坐标(x1,y1)与右下角坐标(x2,y2)。编写函数 Area()计算矩形的面积。在主函数中定义矩形结构体变量，输入矩形的左上角坐标与右下角坐标，调用 Area()计算矩形面积，并输出矩形面积。

8.10　什么是链表？链表的基本操作是什么？在链表的建立、输出、删除、插入函数中的关键语句是什么？

8.11　建立一个描述学生成绩的无序链表，各结点内容如表 8.3 所示。计算各学生的总成绩，并输出链表中各学生结点的信息内容。最后删除链表，收回链表占用的存储空间。建立无序链表、计算总成绩、输出链表、删除链表各用一个函数实现。在主函数中调用四个函数完成上述操作。

**表 8.3　学生成绩表**

| No（学号） | Name[8]（姓名） | Math（数学） | Eng（英语） | Score（总成绩） |
|---|---|---|---|---|
| 1001 | Zhang | 90 | 85 | |
| 1002 | Wang | 85 | 80 | |
| 1003 | Li | 75 | 70 | |
| 1004 | Zhou | 95 | 90 | |

8.12 在习题 8.11 的基础上，编写删除指定学号结点的函数和在指定学号结点前插入新学生结点的函数。在主函数中输入要删除结点与插入结点的学号，并调用删除与插入函数，删除与插入指定结点。插入新学生的信息在插入函数内输入。

# 实　验　A

## 1. 实验目的

（1）初步学会用枚举类型变量处理有限元素组成的集合问题。

（2）掌握结构体类型、结构体变量、结构体数组的定义格式。

（3）学会使用结构体变量与结构体数组处理如职工档案、职工工资等问题。

## 2. 实验内容

（1）从 A、B、C、D 4 个字母中任取 3 个不同的字母，共有多少种取法？编写程序，输出所有取法中的字母排列。

（2）定义职工工资结构体类型，描述职工工资的信息有：工号(num)、姓名(name)、基本工资(base_salary)、岗位工资(post_salary)、医疗住房基金(fund)、税金(tax)与实发工资(fact_salary)。用工资结构体类型定义工资结构体变量。用初始化方式输入职工工资各数据成员内容，然后输出职工工资内容。

实验数据：1001，张明，1200，1800，300，100，2600。

（3）用（2）中的职工工资结构体类型定义某车间职工工资结构体数组。编写 4 个函数的作用如下。

① 输入全车间职工的工号、姓名、基本工资、岗位工资、医疗住房基金与税金。

② 计算每位职工的实发工资，计算公式：

实发工资=基本工资+岗位工资-医疗住房基金-税金

③ 按实发工资降序排序。

④ 输出全车间职工的工号、姓名、基本工资、岗位工资、医疗住房基金、税金与实发工资。

在主函数中定义职工工资数组，调用 4 个函数完成输入、计算实发工资、排序、输出工作。

实验数据：

1001，张明，1200，1800，300，100
1002，周明，1300，2000，310，110
1003，李明，1400，2200，320，120
1004，陈明，1500，2400，330，130
1005，赵明，1600，2600，340，140

（4）定义描述矩形的结构体类型，该结构体类型的数据成员为矩形的左上角坐标(x1,y1)，矩形的长 length 与宽 width。编写函数 Area()计算矩形的周长与面积。在主函数中定义矩形结构体变量，输入矩形的左上角坐标，以及矩形的长与宽，调用函数 Area()计算矩形的周长与面积，并输出矩形的左上角坐标、周长与面积。

实验数据：100，100，200，50。

# 实　验　B

## 1．实验目的

（1）理解链表的概念及使用链表的优点。

（2）学会链表的建立、查询、输出、删除、插入和排序等操作。

（3）初步学会用链表处理职工工资等实际问题。

## 2．实验内容

（1）建立一个描述职工工资的无序链表，各结点内容如表 8.4 所示。计算各职工的实发工资，并输出链表中各职工结点的内容。最后删除链表，收回链表占用的存储空间。建立无序链表、计算实发工资（实发工资=应发工资−税金）、输出链表、删除链表各用一个函数实现。在主函数中调用这 4 个函数完成上述操作。

表 8.4　职工工资表

| no（工号） | name[8]（姓名） | dsalary（应发工资） | tax（税金） | fsalary（实发工资） |
|---|---|---|---|---|
| 1001 | Zhang | 1900 | 85 | |
| 1002 | Wang | 1800 | 80 | |
| 1003 | Li | 1700 | 70 | |
| 1004 | Zhou | 2000 | 90 | |

（2）在（1）的基础上，编写查找指定工号结点的函数。在主函数中输入要查找结点的工号，并调用查找函数且返回结点指针。在主函数中显示查找到的职工信息。

（3）在（1）的基础上，在主函数中创建两个无序链表，编写 concatenate(node *h1,node *h2)函数，将 h2 所指链表连接到 h1 所指链表的尾部，将两个无序链表合并为一个链表，返回链表头指针。在主函数中输出合并后的链表结点信息。

第 9 章

# 类和对象

本章知识点导图

通过本章的学习，应理解类与对象的概念，掌握类与对象的定义方法，能用类描述事物，用类定义的对象对该事物进行处理。了解构造函数与析构函数的概念及作用，掌握构造函数与析构函数的定义格式、使用方法。初步掌握用 new 运算符动态定义对象，以及用 delete 运算符收回对象占用存储空间的方法。初步掌握类中对象成员的构造函数格式及调用过程。理解 this 指针的概念。

## 9.1 概述

前面介绍的面向过程的程序设计方法是用函数来实现对数据的操作的，且往往把描述某一事物的数据与处理数据的函数分开。这种方法的缺点是：当描述事物的数据结构发生变化时，处理这些数据的函数必须重新设计和调试。如果将描述某类事物的数据与处理这些数据的函数封装成一个整体，那么要操作这些数据，就必须通过封装的函数完成。

### 1. 面向过程的程序设计方法存在的问题

（1）程序的独立性与可维护性差。描述事物的数据与处理数据的函数是分开的，当数据结构发生变化时，必须修改函数。

例如，在例 8.5 中，描述学生成绩的数据 no、name、eng、phy、math、ave 与处理数据的函数

Print()、Input()、Ave()、Sort()是分开的，若要在学生成绩中增加一门课程（如程序设计 prg），则上述函数均要重新设计。对于由多人参与编写的大型程序，会给程序的设计、调试与维护带来很大困难。

（2）数据的安全性差。在程序中，对学生成绩可随意进行修改。例如，在主函数中对数学成绩进行修改，只需执行一条循环语句（for (int i=0;i<3;i++) cin>>s[i].math）即可，因此数据的安全性得不到保证。

**2. 解决问题的方法**

解决上述问题的方法是采用面向对象的程序设计方法（OOP）。面向对象的程序设计方法是将描述某类事物的数据与处理这些数据的函数封装成一个整体，称为类。例如，在例 8.5 中，如果将定义结构体的关键字 struct 改为定义类的关键字 class，并将描述学生成绩的数据 Name、Phy、Math、Ave 与处理数据的函数 Display()、Average()放在一个花括号内：

```
class Student                              //定义学生成绩类
{   char Name[8];                          //定义描述学生成绩的数据成员
    float Phy,Math,Ave;
    void Display(Student s)                //定义显示成绩的成员函数
    {   cout<<s.Name<<'\t'<<s.Phy<<'\t'<<s.Math<<'\t'<<s.Ave<<'\n';}
    void Average(Student &s)               //定义计算平均成绩的成员函数
    {   s.Ave=(s.Phy+s.Math)/2;}
};
```

则表示定义了一个描述学生成绩与处理学生成绩的类 Student。

当类中的数据成员发生变化时，仅影响类中的函数，而不影响类外其他函数的运行。类可使程序模块具有良好的独立性与可维护性，这对大型程序的开发是特别重要的。此外，类中的私有数据在类的外部不能直接使用，外部只能通过类的公共接口函数来处理类中的数据，从而使数据的安全性得到了保证。例如，将描述学生成绩的数据与处理数据的函数封装成名为 Student 的类，那么该类中的学生数据结构的变化只会影响该类中的函数，而不影响其他函数。由于学生数据均为私有数据成员，所以外部只能通过公有成员函数对其进行访问，从而保证了数据的安全性。

在日常生活中，可以用类描述的事物是很多的，如学生成绩、学生档案、复数、矩形等。类也是一种导出型的数据类型，这种数据类型不但有数据，而且有处理这些数据的函数。用类可以定义变量，将用类定义的变量称为对象。

# 9.2 类与对象

## 9.2.1 类

### 1. 类的定义

类是由描述某类事物的数据和处理数据的函数组成的导出数据类型，描述事物的数据称为数据成员，处理数据的函数称为成员函数。因此，类由数据成员与成员函数组成。

### 2. 类的定义格式

类的定义格式为：

```
class <类名>
```

```
{ private:                                        //定义私有数据成员或成员函数
    <成员表 1>
  public:                                         //定义公有数据成员或成员函数
    <成员表 2>
  protected:                                      //定义保护数据成员或成员函数
    <成员表 3>
};
```

关键词 class 指明定义了一个类，类名由用户自己指定，但必须符合标识符的规定。花括号"{ }"中的部分称为类体，类体由成员表组成，成员表为数据成员定义或成员函数定义。成员分为 3 种：私有成员、公有成员与保护成员，分别用关键词 private 、public 与 protected 进行定义。

### 3．成员访问权限

（1）private：定义私有成员。私有数据成员只允许类内函数访问，私有成员函数只允许在类内调用。不允许类外函数访问私有数据成员、调用私有成员函数。

（2）public：定义公有成员。公有数据成员允许类内或类外的函数访问，公有成员函数允许在类内或类外调用。

（3）protected：定义保护成员。保护数据成员只允许类内或其子类中的函数访问，保护成员函数允许在类内或其子类中调用。其他函数不能访问该类的保护数据成员、调用该类的保护成员函数。

**【例 9.1】** 定义学生成绩类 Student，其数据成员与成员函数如下。

（1）描述学生成绩的私有数据成员为：姓名（Name[8]）、物理成绩（Phy）、数学成绩（Math）、平均成绩（Ave）。

（2）处理学生成绩的公有成员函数为：输入学生成绩成员函数 Input()、计算平均成绩成员函数 Average()、显示学生成绩成员函数 Display()、输出学生成绩成员函数 Output()。

类的定义如下：

```
#include <iostream>
# include <string>
using namespace std;
class Student
{  private:
       char Name[8];                             //定义姓名、物理成绩、数学成绩、平均成绩
       float Phy,Math,Ave;                       //为私有数据成员
   public:
       void Input(char name[],float phy,float math)   //定义 Input()成员函数输入学生成绩
       {  strcpy(Name,name);
          Phy=phy; Math=math;
       }
       void Average(void)                        //定义 Average()成员函数计算平均成绩
       {  Ave=(Phy+Math)/2; }
       void Display( void)                       //定义 Display()成员函数显示学生成绩
       {  cout<<Name<<'\t'<<Phy<<'\t'<<Math<<'\t'<<Ave<<'\n';          }
       void Output(char name[],float &phy,float &math,float &ave)
       {  strcpy(name,Name);                     //定义 Output()成员函数输出学生成绩
          phy=Phy; math=Math; ave=Ave;
       }
};
```

**说明**：在输出学生成绩的公有成员函数 Output()中，必须将形参定义为引用类型变量，使实参与形参共用同一内存单元，这样才能将私有数据成员的值通过形参返回给调用函数的实参变量。

## 4．类的特点

由以上论述及例 9.1 可得出，类具有如下特点。

（1）类具有封装性。类将描述事物的数据（Name、Phy、Math、Ave）及处理数据的函数（Input()、Average()、Display()与 Output()）封装在一起，因此，类具有封装性。

（2）类具有安全性。在类的定义中，描述学生成绩的数据 Name、Phy、Math、Ave 用 private 定义为私有数据成员。这表明数据成员 Name、Phy、Math、Ave 只能在类中使用，而不能在类外使用。对学生成绩进行处理的函数 Input()、Average()、Display()与 Output()用关键词 public 定义为公有成员函数。在类外可以通过 Input()函数将学生姓名、物理成绩与数学成绩写入私有数据成员 Name、Phy、Math 中；通过 Average()函数计算学生的平均成绩 Ave；通过 Output()函数输出学生姓名、物理成绩、数学成绩与平均成绩；通过 Display()函数显示学生成绩信息。类中的私有数据成员只能通过公有接口函数访问，从而保证了数据的安全性。

（3）类具有独立性与可维护性。由于将描述学生成绩的数据与处理成绩的函数定义为一个类，所以对类内学生数据结构的修改只会影响类中的函数，而不会影响其他函数。因此类可使程序模块具有良好的独立性与可维护性。这对大型程序的开发是特别重要的。

（4）类具有继承性。有关类的继承性会在第 10 章进行详细介绍。

（5）类具有重载性与多态性。有关类的重载性与多态性会在第 11 章进行详细介绍。

## 5．类的说明

（1）若在类体内没有明确指明成员的访问权限，则其默认的访问权限为私有。

（2）为了使类体定义更简洁明了，对于代码较长的成员函数，只在类体内进行引用性说明，而将成员函数的定义部分写在类体外。在类体外定义成员函数的格式为：

&lt;类型&gt; &lt;类名&gt;::&lt;成员函数名&gt;(形参表) {函数体}

其中，"::"称为域运算符，指出成员函数属于"类名"所指类中的成员函数。

在例 9.1 中，对 Input()与 Output()函数在类体中只进行了引用性说明，而其定义性说明写在类体外部。

程序段如下：

```cpp
#include <iostream>
# include <string>
using namespace std;
class Student
{    private:
        char Name[8];
        float Phy,Math,Ave;
    public:
    void Input(char name[],float phy,float math);          //函数的引用性说明
    void Average(void)                                      //定义 Average()函数计算平均成绩
    {   Ave=(Phy+Math)/2;}
    void Display( void)                                     //定义 Display()函数显示学生成绩
    {   cout<<Name<<'\t'<<Phy<<'\t'<<Math<<'\t'<<Ave<<'\n'; }
    void Output(char name[],float &phy,float &math,float &ave) ;   //函数的引用性说明
};
void Student:: Input(char name[],float phy,float math)     //函数的定义性说明
{   strcpy(Name,name);
    Phy=phy; Math=math;
}
```

```
void Student::Output(char name[],float &phy,float &math,float &ave)        //函数的定义性说明
    { strcpy(name,Name);
      phy=Phy; math=Math; ave=Ave;
    }
```

其中，域运算符"::"说明 Output()与 Input()函数为类 Student 的成员函数。

（3）关键词 public、private、protected 在类中使用的先后次序无关紧要，且可使用多次。每个关键词（如 private）为类成员所确定的访问权限，从该关键词开始到下一个关键词结束。例如，在例9.1 中，将私有数据成员用两个 private 分开写成两部分，将公有成员函数用两个 public 分开写成两部分，仍然是正确的。改写后的类定义如下：

```
class Student
    { private:
        char Name[8];                                              //学生姓名
      public:
        void Output(char name[],float &phy,float &math,float &ave);   //函数的引用性说明
        void Input(char name[],float phy,float math);
      private:
        float Phy,Math,Ave;                                        //物理成绩、数学成绩、平均成绩
      public:
        void Display(void)                                         //显示学生成绩
        { cout<<Name<<'\t'<<Phy<<'\t'<<Math<<'\t'<<Ave<<'\n';}
        void Average(void)                                         //计算平均成绩
        { Ave=(Phy+Math)/2; }
    };
```

其中，第一个关键词 private 确定从其开始到第二个关键词 public 之间的成员为私有成员，即确定Name 为私有数据成员；第二个关键词 public 确定 Output()与 Input()函数为公有成员函数；第三个关键词 private 确定 Phy、Math、Ave 为私有数据成员；第四个关键词 public 确定 Display()与 Average()函数为公有成员函数。

（4）数据成员与成员函数在类中的定义次序无关紧要，可以先定义成员函数，也可以先定义数据成员。但为了程序的可读性，通常将数据成员定义在类体的前面，将成员函数定义在类体的后面。

（5）因为类是一种数据类型，系统并不会为其分配存储空间，所以在定义类中的数据成员时，不能对其进行初始化，也不能指定其存储类型。例如，在类 Student 中定义数据成员并初始化的语句 auto float Phy=90;是错误的。

## 9.2.2 对象

结构体是一种导出数据类型，用结构体类型可定义结构体变量。与此类似，类也是一种导出型的数据类型，因此用类也可以定义变量。用类定义的变量称为对象，必须先定义后使用。

### 1. 对象的定义格式

对象的定义格式为：

〔存储类型〕 <类名> <对象名 1> 〔,<对象名 2>,…,<对象名 *n*>〕;

例如，用学生成绩类 Student 定义两个对象 stu1、stu2 的语句为：

Student stu1,stu2;

## 2．存储空间的分配

用类 Student 定义两个对象 stu1 与 stu2，可用于存储两个学生的成绩信息。在定义类时，系统并不为类分配存储空间，仅在用类定义对象时，系统才为对象分配存储空间。为对象分配的存储空间的大小取决于在定义类时所定义的成员类型和数量。在创建对象时，类被用作样板，因此对象也被称为实例。类 Student 的两个对象 stu1、stu2 的成员如表 9.1 所示。

表 9.1　stu1、stu2 的成员

| stu1 | stu2 | stu1 | stu2 |
| --- | --- | --- | --- |
| stu1.Name | stu2.Name | stu1.Input() | stu2.Input() |
| stu1.phy | stu2.phy | stu1.Output() | stu2.Output() |
| stu1.Math | stu2.Math | stu1.Display() | stu2.Display() |
| stu1.Ave | stu2.Ave | stu1.Average() | stu2.Average() |

由于不同对象存放不同的数据，如对象 stu1 存放"Zhou"学生的成绩，而 stu2 存放"Li"学生的成绩，所以必须为不同对象的数据成员分配不同的存储空间，以便存放不同的数据。但对数据成员进行操作的成员函数是相同的。例如，计算学生平均成绩的成员函数 stu1.Average() 与 stu2.Average() 是相同的，为了减少存储空间，应将两者存放在同一存储空间中。

综上所述，在定义不同对象时，系统只为数据成员分配不同的存储空间，而不同对象的成员函数则共享同一存储空间。

## 3．定义对象的 3 种方法

与结构体定义变量的方法类似，定义对象的方法也有 3 种。

（1）先定义类后定义对象，如例 9.1 中的 Student stu1,stu2;语句。

（2）定义类的同时定义对象。例如：

```
class Student
{…} stu1,stu2;
```

（3）直接定义对象。例如：

```
class
{…} stu1,stu2;
```

## 4．对象成员的引用

每个由类定义的对象都有若干数据成员与成员函数，在类外通过对象可以使用公有的数据成员及成员函数。使用的方法是用成员运算符"．"来指明要访问的成员。引用数据成员，以及调用成员函数的格式如下。

（1）引用数据成员的格式为：

　　<对象名>. <数据成员名>

例如，stu1.Phy ;语句，表示学生对象 stu1 的物理成绩。

（2）调用成员函数的格式为：

　　<对象名>. <成员函数名>(实参)

例如，stu1.Input("Zhang",90,80);语句，表示调用 Input()函数将学生的姓名与成绩通过实参输入数据成员 Name、Phy 与 Math 中。

**注意：** 当在类内引用本类的数据成员或调用本类的成员函数时，不能加对象名。

### 5. 对象的赋值运算

同类对象之间能进行的唯一运算就是赋值运算，赋值运算的格式为：

&lt;对象 2&gt;=&lt;对象 1&gt;;

赋值运算将对象 1 的所有数据成员值赋给对象 2 对应的数据成员，使对象 2 与对象 1 的数据成员具有相同的数据值。

**【例 9.2】** 定义描述学生成绩的类 Student，然后用 Student 定义一个学生对象 stu。在主函数中输入学生的姓名、物理成绩、数学成绩，并调用成员函数 Input()将其输入数据成员 Name、Phy、Math 中，调用成员函数 Average()计算平均成绩，调用成员函数 Output()将对象 stu 的私有数据成员返回主函数，并显示其值。最后调用成员函数 Display()显示私有数据成员的值。

```cpp
#include <iostream>
# include <string>
using namespace std;
class Student
{   private:
        char Name[8];                                    //学生姓名
        float Phy,Math,Ave;                              //物理成绩、数学成绩、平均成绩
    public:
        void Input(char name[],float phy,float math);    //函数的引用性说明
        void Average(void)                               //计算平均成绩
        { Ave=(Phy+Math)/2; }
        void Display(void)                               //显示学生成绩
        { cout<<Name<<'\t'<<Phy<<'\t'<<Math<<'\t'<<Ave<<'\n'; }
        void Output(char name[],float &phy,float &math,float &ave);  //函数的引用性说明
};
void Student::Input(char name[],float phy,float math)
{   strcpy(Name,name);
    Phy=phy; Math=math;
}
void Student::Output(char name[],float &phy,float &math,float &ave)  //类外的函数说明
{   strcpy(name,Name);
    phy=Phy; math=Math; ave=Ave;
}
int main(void)
{   Student stu1,stu2;                                   //定义类 student 的对象 stu1、stu2
    char name[8];
    float phy,math,ave;
    cout<<"请输入学生姓名、物理与数学成绩: ";
    cin>>name>>phy>>math;                                //输入学生姓名与成绩
    stu1.Input(name,phy,math);                           //将姓名与成绩输入私有数据成员中
    stu1.Average();                                      //计算平均成绩
    stu1.Output(name,phy,math,ave);                      //输出学生成绩
    cout<<name<<'\t'<<phy<<'\t'<<math<<'\t'<<ave<<endl;
    stu2=stu1;                                           //将对象 stu1 的数据值赋给对象 stu2
    stu2.Display();                                      //显示学生成绩
    return 0;
}
```

程序执行后输出如下：

请输入学生姓名、物理与数学成绩：Zhou 90 80
Zhou  90  80  85
Zhou  90  80  85

说明：

（1）当执行定义对象 stu1、stu2 的语句时，编译系统会为对象 stu1、stu2 的数据成员分配两组不同的存储空间，如图 9.1 所示。

| stu1.Name | Zhou |
|-----------|------|
| stu1.Phy  | 90   |
| stu1.Math | 80   |
| stu1.Ave  | 85   |

| stu2.Name | |
|-----------|--|
| stu2.Phy  | |
| stu2.Math | |
| stu2.Ave  | |

（a）系统为对象 stu1 的数据成员分配的存储空间    （b）系统为对象 stu2 的数据成员分配的存储空间

图 9.1    系统为对象数据成员分配的存储空间

（2）由于 Name、Phy、Math、Ave 均为私有数据成员，所以不能在类外直接对其进行操作，如 stu.Phy=90;是错误的。而只能通过公有成员函数 Input() 对其进行赋值操作，这样保证了数据的安全性。

（3）同类对象的赋值运算将 stu1 的所有数据成员值赋给 stu2 对应的数据成员。

（4）当对象作为函数参数时，属于值传送，只能通过函数返回对象值，而不能通过形参返回运算结果。如果要通过形参返回结果，则必须将形参中的对象定义为引用类型变量。

（5）在定义对象时，可对公有数据成员进行初始化赋值，但不能对私有或保护数据成员进行初始化赋值。只能通过构造函数对私有或保护数据成员进行初始化赋值。

# 9.3    构造函数

构造函数的主要作用是，在定义对象时对其数据成员进行初始化。下面介绍构造函数的定义格式与使用方法。

## 9.3.1    构造函数的定义

### 1. 构造函数的定义格式

构造函数的定义格式为：

```
<类名>::<构造函数名> (<形参表>)
{ 构造函数体}
```

注意：构造函数名必须与类名相同，且无返回数据类型。若在类内定义构造函数，那么"<类名>::"可以省略。

【例 9.3】    在例 9.2 的学生成绩类 Student 中定义构造函数，用构造函数实现对象 stu1 的初始化赋值。

```
#include <iostream>
# include <string>
using namespace std;
class Student
```

本题微课视频

```
{  private:
      char Name[8];                                  //学生姓名
      float Phy,Math,Ave;                            //物理成绩、数学成绩、平均成绩
   public:
      Student(char name[],float phy,float math);     //构造函数的引用性说明
      void Display(void)                             //显示学生成绩
      {  cout<<Name<<'\t'<<Phy<<'\t'<<Math<<'\t'<<Ave<<'\n';        }
      void Average(void)                             //计算平均成绩
      {  Ave=(Phy+Math)/2; }
};
Student::Student(char name[],float phy,float math)   //定义构造函数
{  strcpy(Name,name);
   Phy=phy; Math=math;
}
int main(void)
{  Student stu1("Zhou",90,80);                       //定义对象 stu1，调用构造函数对 stu1 进行初始化赋值
   stu1.Average();                                   //计算平均成绩
   stu1.Display() ;                                  //显示学生成绩
   return 0;
}
```

程序执行后输出：

```
Zhou   90   80   85
```

从例 9.3 可以看出，在程序中并没有显式地调用构造函数 Student，而是在用类 Student 定义对象 stu1 时，系统自动调用了构造函数 Student()，并将实参""Zhou",90,80"传送给形参 name、phy 和 math，再由构造函数内的赋值语句将形参值赋给对象 stu1 的数据成员。

**2. 对构造函数的说明**

（1）构造函数名必须与类名相同。只有约定了构造函数名，系统在生成类的对象时，才能自动调用类的构造函数。

（2）在定义构造函数时，不能定义函数返回值的类型，也不能指定为 void 类型。事实上，由于构造函数主要用于实现对象数据成员的初始化，不需要返回函数值，所以也就不需要定义返回类型。

（3）构造函数可重载，其参数可有可无，也可指定为默认值。构造函数重载，是指 C++允许定义多个构造函数，但这些构造函数的参数必须不同，可以是参数类型不同，也可以是参数个数不同。

例如，在例 9.3 中增加一个无参的构造函数：

```
Student()
{ strcpy(Name, "");Phy=0; Math=0; }
```

则在类中有两个同名的构造函数，在用类 Student 定义对象时，若定义有实参对象，则系统会自动调用带参构造函数；若定义无参对象，则系统会调用无参构造函数。例如：

```
Student stu1("Zhou",90,80),stu2;
```

在定义对象 stu1 时，系统会调用带参构造函数 Student(char name[],float phy，float math)；在定义对象 stu2 时，系统会调用无参构造函数 Student()，因此，stu2 初始化的结果是姓名为空、成绩为 0。

（4）若要用类定义对象，那么构造函数必须是公有成员函数。若类仅用于派生其他类，那么构造函数可以是保护成员函数。

## 9.3.2 用构造函数初始化对象的过程

用构造函数初始化对象的过程实际上就是对构造函数的调用过程。一般情况下按如下步骤进行。

（1）当程序执行定义对象语句时，系统会为对象分配存储空间。

（2）系统自动调用构造函数，将实参传送给形参。在执行构造函数体时，将形参值赋给对象的数据成员，完成数据成员的初始化工作。

下面举例说明构造函数的调用过程。

【例 9.4】 定义描述矩形的类。用构造函数完成矩形对象的初始化工作，编写计算矩形面积的函数，并输出矩形面积。

**分析**：在平面坐标系中，矩形的位置与形状可由矩形的左上角坐标(Left,Top)与右下角坐标(Right,Bottom)确定。因此描述矩形的数据成员应为左上角坐标(Left,Top)与右下角坐标(Right,Bottom)，如图 9.2 所示。

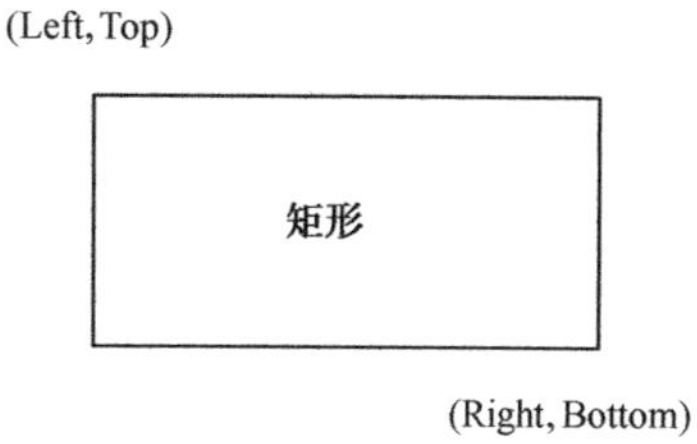

定义两个构造函数：一个是带参构造函数，用于矩形坐标的初始化赋值；另一个是无参构造函数，用于将矩形坐标初始化为 0。然后定义计算矩形面积的成员函数。

图 9.2　矩形类的数据成员

程序如下：

```cpp
# include <iostream>
# include <cmath>
using namespace std;
class    Rectangle
{   private:
        int Left,Top,Right,Bottom;                  //定义矩形坐标变量
    public:
        Rectangle(int L,int T,int R,int B)          //定义带参构造函数
        {   cout<<"调用带参构造函数"<<endl;
            Left=L;Top=T; Right=R;Bottom=B;
        }
        Rectangle()                                 //定义无参构造函数
        {   cout<<"调用无参构造函数"<<endl;
            Left=0;Top=0;Right=0;Bottom=0;
        }
        int Area(void)                              //定义计算矩形面积的成员函数
        {   return abs( (Right-Left)*(Bottom-Top));}
};
int main ( )
{   Rectangle   r1(100,50,200,100);
    cout<<"矩形 r1 的面积="<<r1.Area()<<endl;
    Rectangle   r2;
    cout<<"矩形 r2 的面积="<<r2.Area()<<endl;
    return 0;
}
```

程序执行后输出：

```
调用带参构造函数
矩形 r1 的面积=5000
调用无参构造函数
矩形 r2 的面积=0
```

由程序执行的结果可以得出以下结论。

（1）在执行 Rectangle　r1(100,50,200,100);语句定义对象 r1 时，系统先为对象 r1 分配存储空间，如图 9.3 所示。然后自动调用带参构造函数 r1.Rectangle(100,50,200,100)，将实参传给形参，在构造函数体内用赋值语句完成对象 r1 的初始化工作。

（2）在执行 Rectangle　r2;语句定义对象 r2 时，系统自动调用无参构造函数 r2.Rectangle()，将私有数据成员初始化为 0，如图 9.3 所示。

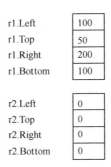

| r1.Left | 100 |
| r1.Top | 50 |
| r1.Right | 200 |
| r1.Bottom | 100 |

| r2.Left | 0 |
| r2.Top | 0 |
| r2.Right | 0 |
| r2.Bottom | 0 |

图 9.3　为矩形对象 r1、r2 分配的存储空间

（3）在定义无参对象时，若无意识地在对象后面加了一对括号，如 Rectangle r3()，那么该语句并不表示定义了无参对象 r3，而是定义了无参函数 r3()，它的返回类型为 Rectangle。因此在定义无参对象时，对象后不能加空括号。

（4）在定义对象时，系统必定要调用构造函数，因此任一对象调用的构造函数必须唯一。也就是说，在类中已定义构造函数的前提下，有实参的对象必须定义带参构造函数，无实参的对象必须定义无参构造函数。

在例 9.4 中，如果将无参构造函数从类中删除，那么在编译 Rectangle　r2;语句时，会因找不到对应的无参构造函数而出现错误。读者可上机操作以加深对此概念的理解。

（5）abs()函数为 C++中的取绝对值函数，该函数定义在头文件 cmath 中，因此在使用 abs()函数时，必须在程序前包含 cmath 头文件。

## 9.3.3　默认构造函数

在定义类时，若没有定义类的构造函数，那么编译器会自动产生一个默认的构造函数，其格式为：

　　　<类名>::<类名>() { };

由于函数体为空，所以在定义对象时，尽管调用了默认的构造函数，但该构造函数什么也不做，因此新对象的初始值是不确定的。对于默认的构造函数，有如下几点说明。

（1）在定义类时，若定义了类的构造函数，那么编译器不再产生默认的构造函数。

（2）无参构造函数与各参数均有默认值的构造函数也被称为默认的构造函数。但默认的构造函数只能有一个。

在例 9.4 中，无参构造函数：

```
Rectangle()
    {  cout<<"调用无参构造函数"<<endl;
        Left=0;Right=0;Top=0;Bottom=0;}
```

为默认的构造函数。

各参数均有默认值的构造函数：

```
Rectangle(int L=0,int R=0,int T=0,int B=0)
{ cout<<"调用带参构造函数"<<endl;
    Left=L;Right=R;Top=T;Bottom=B;}
```

也是默认的构造函数。

上述两个默认的构造函数不能写在同一个类中，即默认的构造函数必须是唯一的。

### 9.3.4 拷贝构造函数

在用类定义对象时，可用具有拷贝功能的构造函数将另一个已存在对象的数据拷贝到新建的对象中。拷贝构造函数的一般格式为：

```
<类名>::<类名>(类名 &c)
{ 函数体}   //函数体完成对应数据成员的赋值工作
```

拷贝构造函数的参数是该类类型的引用。显然，当用拷贝构造函数定义一个对象时，必须用一个已存在的同类型对象作为其实参。下面举例说明。

【例 9.5】　在例 9.4 中增加一个拷贝构造函数，在主函数中用矩形类 Rectangle 定义对象 r3，实参为 r1。

```
# include <iostream>
# include <cmath>
using namespace std;
class   Rectangle
{   private:
        int Left,Right,Top,Bottom;
    public:
        Rectangle(int L,int R,int T,int B)                //定义带参构造函数
        {   cout<<"调用带参构造函数"<<endl;
            Left=L;Right=R;Top=T;Bottom=B;
        }
        Rectangle()                                       //定义无参构造函数
        {   cout<<"调用无参构造函数"<<endl;
            Left=0;Top=0;Right=0;Bottom=0;
        }
        Rectangle(Rectangle &r )                          //定义拷贝构造函数
        {   cout<<"调用拷贝构造函数"<<endl;
            Left=r.Left;Right=r.Right;
            Top=r.Top;Bottom=r.Bottom;
        }
        int Area(void)
        {   return   abs((Right-Left)*(Bottom-Top));}
};
int main ( )
{   Rectangle   r1(100,200,50,100);
    cout<<"矩形 r1 的面积="<<r1.Area()<<endl;
    Rectangle r2;
    cout<<"矩形 r2 的面积="<<r2.Area()<<endl;
    Rectangle   r3 (r1);                                  //调用拷贝构造函数初始化 r3
    cout<<"矩形 r3 的面积="<<r3.Area()<<endl;
    return 0;
}
```

程序执行后输出:

```
调用带参构造函数
矩形 r1 的面积=5000
调用无参构造函数
矩形 r2 的面积=0
调用拷贝构造函数
矩形 r3 的面积=5000
```

在程序执行定义矩形对象 r3 的语句 Rectangle r3 (r1);时,系统首先为 r3 分配存储空间,然后调用拷贝构造函数 Rectangle(Rectangle &r)。由于形参 r 为引用类型对象,所以 r 与 r1 占用相同的存储空间,通过拷贝构造函数可将矩形 r1 的数据拷贝到矩形 r3 中,如图 9.4 所示。

**注意**:拷贝构造函数的形参必须是该类类型的引用 Rectangle &r,且在用这种构造函数定义一个对象 r3 时,必须用一个已存在的同类型对象 r1 作为其实参。

| | |
|---|---|
| r1.Left | 100 |
| r1.Top | 50 |
| r1.Right | 200 |
| r1.Bottom | 100 |
| r3.Left | 100 |
| r3.Top | 50 |
| r3.Right | 200 |
| r3.Bottom | 100 |

图 9.4  通过拷贝构造函数将 r1 赋给 r3

### 9.3.5  用 new 运算符动态定义对象

可以用 new 运算符来动态地定义对象。当用 new 运算符定义对象时,也要自动调用构造函数,以便完成对象数据成员的初始化工作。下面用例子来说明用 new 运算符动态定义对象时调用构造函数的情况。

**【例 9.6】**  定义一个矩形类,类中有一个带参构造函数与一个无参构造函数。用 new 运算符定义矩形对象并调用构造函数完成对矩形的初始化。

```cpp
# include <iostream>
# include <cmath>
using namespace std;
class   Rectangle
{ private:
      int Left, Top, Right,Bottom;
  public:
      Rectangle(int L,int T,int R,int B)              //定义带参构造函数
      {  cout<<"调用带参构造函数"<<endl;
         Left=L;Top=T;Right=R;Bottom=B;
      }
      Rectangle()                                     //定义无参构造函数
      {  cout<<"调用无参构造函数"<<endl;
         Left=0;Top=0;Right=0;Bottom=0;
      }
      int Area(void)
      {   return   abs((Right-Left)*(Bottom-Top));}
};
int main ( )
{   Rectangle   *pr1= new Rectangle (100,50, 200,100);     //A
    cout<<"矩形 r1 的面积="<<pr1->Area()<<endl;
    Rectangle   *pr2=new Rectangle;                        //B
    cout<<"矩形 r2 的面积="<<pr2->Area()<<endl;
    delete pr1;                                   //收回 pr1 所指对象占用的内存
    delete pr2;                                   //收回 pr2 所指对象占用的内存
    return 0;
}
```

程序执行后输出：

```
调用带参构造函数
矩形 r1 的面积=5000
调用无参构造函数
矩形 r2 的面积=0
```

程序在执行 A 行语句时，系统会为类 Rectangle 的对象分配存储空间，并自动调用带参构造函数初始化对象的数据成员，将初始值 100、50、200、100 分别赋给 Left、Top、Right、Bottom，然后将对象的内存首地址赋给指针变量 pr1，如图 9.5 所示。

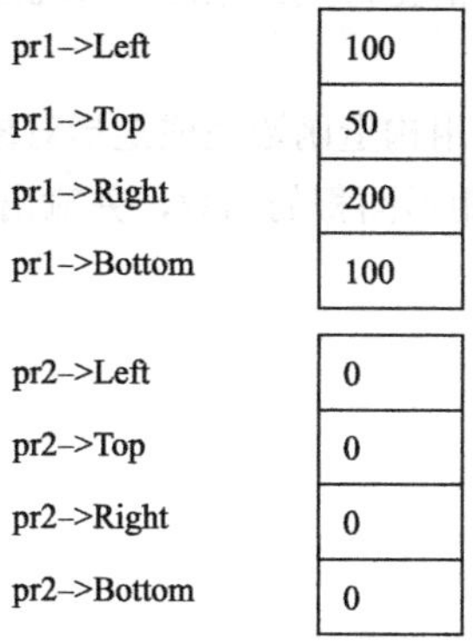

| | |
|---|---|
| pr1->Left | 100 |
| pr1->Top | 50 |
| pr1->Right | 200 |
| pr1->Bottom | 100 |
| pr2->Left | 0 |
| pr2->Top | 0 |
| pr2->Right | 0 |
| pr2->Bottom | 0 |

图 9.5　用 new 运算符为矩形对象动态分配存储空间

程序在执行 B 行语句时，系统会为类 Rectangle 的对象分配存储空间，并自动调用无参构造函数，将矩形的四个坐标 Left、Top、Right、Bottom 初始化为 0，然后将对象的内存首地址赋给指针变量 pr2，如图 9.5 所示。

综上所述，当用 new 运算符动态定义一个对象时，系统首先为类的对象分配存储空间，然后自动调用构造函数初始化对象的数据成员，最后将该对象的内存首地址赋给指针变量。动态分配的对象存储空间必须用 delete 运算符收回。

## 9.4　析构函数

在用类定义对象时，系统要为对象分配存储空间；当对象结束其生命期时，系统要收回对象占用的存储空间，即撤销一个对象。撤销对象和收回空间的工作是由析构函数来完成的。

### 9.4.1　析构函数的定义

析构函数的定义格式为：

```
<类名>::~<构析函数名>()
{ 析构函数体 }
```

说明：

（1）析构函数名必须与类名相同，并在其前加 "~"，以便与构造函数名进行区分。

（2）析构函数不能带任何参数，也不能有返回值。函数名前不能用关键词 void。析构函数是唯一的且不允许重载。

（3）析构函数在撤销对象时由系统自动调用，其作用是在撤销对象前做好结束工作。在析构函数内终止程序的执行，不能使用 exit()函数，只能使用 abort()函数。因为 exit()函数要做终止程序前的结束工作，还要再次调用析构函数，形成无休止的递归；而 abort()函数不做终止程序前的结束工作，直接终止程序的执行。

## 9.4.2 析构函数的调用

析构函数的调用分以下两种情况。

### 1. 用类直接定义对象

在程序执行过程中，当遇到对象的生命期结束时，系统会自动调用析构函数，然后收回为对象分配的存储空间。

【例 9.7】 定义描述矩形的类。用构造函数完成矩形对象的初始化工作，在析构函数中显示"调用了析构函数!"的字样，编写计算矩形面积的函数，并输出矩形面积。

程序如下：

```
# include <iostream>
# include <cmath>
using namespace std;
class    Rectangle
{    private:
          int Left,Top,Right,Bottom;
     public:
     Rectangle(int L,int T,int R,int B)
     {    cout<<"调用带参构造函数 Rectangle(int L,int T,int R,int B) "<<endl;
          Left=L;Top=T;Right=R;Bottom=B;
     }
     Rectangle(int R,int B )
     {    cout<<"调用带参构造函数 Rectangle(int R,int B ) "<<endl;
          Left=0;Top=0;Right=R;Bottom=B;
     }
     ~Rectangle()
     {    cout<<"调用了析构函数!"<<endl;}
     int Area(void)
     {    return    abs((Right-Left)*(Bottom-Top));}
};
int main ( )
{    Rectangle    r1(100,200,50,100);
     cout<<"矩形 r1 的面积="<<r1.Area()<<endl;
     Rectangle    r2 (100,100);
     cout<<"矩形 r2 的面积="<<r2.Area()<<endl;
     return 0;
}
```

执行程序后输出：

```
调用带参构造函数 Rectangle(int L,int R,int T,int B)
矩形 r1 的面积=5000
调用带参构造函数 Rectangle(int R,int B )
矩形 r2 的面积=10000
调用了析构函数!
调用了析构函数!
```

在例 9.7 中，对象 r1、r2 在主函数 main()结束遇到后花括号时，调用析构函数，因此输出结果中有两个"调用了析构函数！"。

在例 9.7 中，第二个构造函数 Rectangle(int R,int B) 只有两个形参，即矩形的右下角坐标（R,B），而左上角坐标默认值为（0,0）。由于该构造函数的参数个数与第一个构造函数的参数个数不同，所以属于带参构造函数的重载，这在 C++中是允许的。但应注意，在定义矩形对象 r2 的语句 Rectangle r2 (100,100);中，初始化实参的个数必须与构造函数形参的个数一致，都是两个。

【例 9.8】 定义描述复数的类 Complex，定义数据成员与成员函数如下。

（1）私有数据成员为：实部 Real，虚部 Image。

（2）公有成员函数如下。

带参构造函数：Complex(float R=0,float I=0)。

拷贝构造函数：Complex(Complex &c)。

显示复数的函数：Show()。

析构函数：~Complex()。

（3）主函数内用复数类 Complex 定义对象 c1(10,20)和 c2(c1)，并调用 Show()函数显示复数值。

```cpp
# include <iostream>
using namespace std;
class Complex
{   private:
        float Real,Image;                    //定义复数实部与虚部为私有数据成员
    public:
        Complex(float R=0,float I=0)         //定义带参构造函数
        {   cout<<"调用带参构造函数!"<<endl;
            Real=R;Image=I;
        }
        Complex(Complex &c)                  //定义拷贝构造函数
        {   cout<<"调用拷贝构造函数!"<<endl;
            Real=c.Real; Image=c.Image;
        }
        ~Complex()
        {   cout<<"调用析构函数!"<<endl; }
         void Show(int i)
          {   cout<<"c"<<i<<"="<<Real<<"+"<<Image<<"i"<<endl;}
};
int main(void)
{   Complex c1(10,20);
    c1.Show(1);
    Complex c2(c1);
    c2.Show(2);
    Complex c3;
    c3.Show(3);
    return 0;
}
```

程序执行后输出：

```
调用带参构造函数!
c1=10+20i
调用拷贝构造函数!
c2=10+20i
调用带参构造函数!
c3=0 + 0 i
调用析构函数!
```

调用析构函数!
调用析构函数!

### 2. 用 new 运算符动态定义对象

对于用 new 运算符动态定义的对象，在产生对象时调用构造函数，只有在用 delete 运算符释放对象时，才调用析构函数。若不使用 delete 运算符来撤销动态生成的对象，那么在程序结束时对象仍存在，并占用相应的存储空间。也就是说，系统不能自动撤销动态生成的对象。

**【例 9.9】** 定义一个复数类，类中有一个带参构造函数、一个无参构造函数和一个析构函数。用 new 运算符定义复数对象并调用构造函数完成对复数的初始化。最后用 delete 运算符收回对象占用的存储空间。

本题微课视频

程序如下：

```cpp
# include <iostream>
using namespace std;
class Complex
{   public:
        float Real,Image;              //定义复数实部与虚部为私有数据成员
    public:
        Complex(float R,float I)       //定义带参构造函数
        {   Real=R;Image=I;
            cout<<"调用带参构造函数 Complex(float,float) "<<endl;
        }
        Complex()                      //定义无参构造函数
        {   Real=0;Image=0;
            cout<<"调用无参构造函数 Complex() "<<endl;
        }
        ~Complex()
        {   cout<<"调用了析构函数!"<<endl;}
        void Show(int i)               //定义显示复数成员函数
        {   cout<<"c"<<i<<" ="<<Real<<"+"<<Image<<"i"<<endl;}
};
int main(void)
{   Complex *pc1= new Complex(10,20);  //A
    pc1->Show(1);                      //调用 pc1 所指对象的公有函数 Show()
    Complex *pc2= new Complex;         //B
    pc2->Show(2);                      //调用 pc2 所指对象的公有函数 Show()
    delete pc1;                        //收回 pc1 所指对象占用的存储空间
    delete pc2;                        //收回 pc2 所指对象占用的存储空间
    return 0;
}
```

程序执行后输出：

```
调用带参构造函数 Complex(float,float)
c1=10+20i
调用无参构造函数 Complex()
c2=0+0i
调用了析构函数！
调用了析构函数！
```

程序在执行 A 行语句时，系统为类 Complex 的对象分配存储空间，并自动调用带参构造函数初始化对象的数据成员，将初始值 10、20 分别赋给 Real、Image，然后将对象的内存首地址赋给指针变量 pc1，如图 9.6 所示。

| | | | | |
|---|---|---|---|---|
| pc1->Real | 10 | | pc2->Real | 0 |
| pc1->Image | 20 | | pc2->Image | 0 |

图 9.6　用 new 运算符为复数对象动态分配存储空间

程序在执行 B 行语句时，系统为类 Complex 的对象分配存储空间，并自动调用无参构造函数，将复数的实部与虚部 Real、Image 初始化为 0，然后将对象的内存首地址赋给指针变量 pc2，如图 9.6 所示。

为对象动态分配的存储空间必须用 delete 运算符收回，在用 delete pc1 收回对象占用的存储空间时，将调用析构函数。因此在输出结果中有"调用了析构函数！"的字样。在用 delete pc2 收回对象占用的存储空间时，再次调用析构函数，因此在输出结果中又出现了一次"调用了析构函数！"。

### 9.4.3　默认的析构函数

与默认的构造函数一样，若在类的定义中没有显式地定义析构函数，那么编译器会自动产生一个默认的析构函数，其格式为：

　　　<类名>::~<类名>() { };

默认的析构函数的函数体为空，即该默认的析构函数什么也不执行。当定义对象时，若不对数据成员进行初始化，则可以不显式地定义构造函数。在撤销对象时，若不做任何结束工作，则可以不显式地定义析构函数。但在撤销对象时，当要释放对象的数据成员用 new 运算符分配的动态空间时，必须显式地定义析构函数。

## 9.5　构造函数和对象成员

在定义一个类的数据成员时，允许用另一个类定义的对象作为该类的数据成员。此时，类的构造函数必须包含对对象成员初始化构造函数的调用。下面通过例题来说明当类中有对象数据成员时的构造函数的定义格式与调用方法。

【例 9.10】　定义一个描述矩形的类与一个描述长方体的类，用矩形类的对象作为长方体类的成员，讨论长方体类中的构造函数与对象成员的初始化过程。

```
# include <iostream>
using namespace std;
class Rectangle                              //定义描述矩形的类 Rectangle
{ private:
    int Length,Width;                        //定义矩形的长与宽为私有数据成员
  public:
    Rectangle(int l,int w)                   //定义矩形类的构造函数
    {   Length=l;Width=w;}
    int Area()
    {   return Length*Width;}
};
class Cuboid                                  //定义描述长方体的类 Cuboid
{ private:
    int High;                                //定义长方体的高
    Rectangle r;                             //A（用矩形类的对象 r 作为数据成员）
  public:
    Cuboid(int h,int l,int w):r(l,w)         //定义长方体类的构造函数
```

```
        {   High=h;}
        int Volume()
        {   return High*r.Area(); }
    };
    int main(void)
    {   Cuboid c(10,20,300);                        //用类 Cuboid 定义长方体对象 c
        cout<<"长方体体积="<<c.Volume()<<endl;        //调用对象 c 的成员函数 Volume()
        return 0;
    }
```

程序执行后输出：

长方体体积=60000

在例 9.10 中，长方体类 Cuboid 中定义了两个数据成员：第一个是长方体的高 High，第二个是矩形类 Rectangle 的对象 r。在主函数中定义类 Cuboid 的对象 c(10,20,300)时，系统将为 c 的数据成员 High 与对象成员 r 分配存储空间，并自动调用构造函数：

```
        Cuboid(int h,int l,int w):r(l,w)
        {   High=h;}
```

对其进行初始化赋值，赋值工作分以下两步完成。

第一步：实参 20、300 通过形参 l、w 赋给 r(l,w)，然后调用类 Rectangle 构造函数：

```
        Rectangle(int l,int w)
        {   Length=l;Width=w;}
```

使实参 20、300 通过 l、w 赋给长方体的长 Length 与宽 Width，完成对象成员 r 的初始化工作。需要说明的是，在类 Cuboid 的构造函数 Cuboid(int h,int l,int w) 中 h、l、w 为形参，而 r(l,w)中 l、w 为在调用矩形类 Rectangle 构造函数时用的实参，形参 h、l、w 与实参 l、w 的传送只与参数的名字有关，而与次序无关。若将形参中 l 与 w 的位置次序交换如下：

```
        Cuboid(int l,int h,int w):r(l,w)
        { High=h;}
```

那么该构造函数的作用与原构造函数的作用完全相同。

第二步：将实参 10 通过形参 h 赋给 High，完成对长方体高 High 的初始化。

由例 9.10 可知，在一个类的定义中，若定义 $n$ 个对象成员，那么其构造函数的一般格式为：

```
        <类名>::<类名>(形参表):<对象名 1>(实参表 1)〔,<对象名 2（实参表 2）,…,<对象 n>(实参表 n)〕
        {构造函数体}
```

其中，<对象名 1>(实参表 1)〔,<对象名 2（实参表 2）,…,<对象 n>(实参表 n)〕为成员初始化表。

对于构造函数，有以下几点说明。

（1）形参必须带有类型说明，实参是可计算值的表达式。

（2）对象成员构造函数的调用顺序取决于这些对象成员在类中的说明顺序，而与它们在成员初始化表中的位置无关。

（3）在定义类的对象时，首先调用各个对象成员的构造函数，初始化相应的对象成员，然后执行类的构造函数，初始化类中的其他成员。析构函数的调用顺序与构造函数的调用顺序相反。

【例 9.11】 说明构造函数与析构函数的调用顺序。

程序如下：

```
        # include <iostream>
```

```
using namespace std;
class Obj
{   private:
        int val;
    public:
    Obj()
      {   val=0;
          cout<<val<<'\t'<<"调用 Obj 默认的构造函数!"<<endl;
      }
    Obj(int i)
      {   val=i;
          cout<<val<<'\t'<<"调用 Obj 的构造函数!"<<endl;
      }
    ~Obj()
      {   cout<<val<<'\t'<<"调用 Obj 的析构函数!"<<endl;    }
};
class Con
{   private:
        Obj one,two;
        int data;
    public:
    Con()
      {   data=0;
          cout<<data<<'\t'<<"调用 Con 默认的构造函数!"<<endl;
      }
    Con(int i,int j,int k ):two(i+j),one(k)
      {   data=i;
          cout<<data<<'\t'<<"调用 Con 的构造函数!"<<endl;
      }
    ~Con()
      {   cout<<data<<'\t'<<"调用 Con 的析构函数!"<<endl;
      }
};
int main(void)
{ Con c(100,200,400);
return 0;
}
```

程序执行后输出：

```
400    调用 Obj 的构造函数！
300    调用 Obj 的构造函数！
100    调用 Con 的构造函数！
100    调用 Con 的析构函数！
300    调用 Obj 的析构函数！
400    调用 Obj 的析构函数！
```

因为在定义类的对象时，首先调用各个对象成员的构造函数（调用顺序取决于对象成员在类中的说明顺序），然后执行类的构造函数。所以本例中在定义类 Con 的对象 c 时，首先调用对象成员 one 的构造函数 Obj(int i)，然后调用对象成员 two 的构造函数 Obj(int i)，最后调用类 Con 的构造函数 Con()。析构函数的调用顺序与构造函数的调用顺序相反。

在用类 Con 定义对象 c 时，调用构造函数与析构函数的具体步骤如下。

（1）调用类 Con 中第一个定义的对象成员 one 的构造函数：

Obj(int i )

```
{   val=i;
    cout<<val<<'\t'<<"调用 Obj 的构造函数! "<<endl;
}
```

实参 400 通过形参 k 传送给 one(k)，再经实参 k 传送给形参 i 赋给 val，在调用 Obj(i)构造函数时，输出：

　　400　调用 Obj 的构造函数！

（2）调用类 Con 中第二个定义的对象成员 two 的构造函数。实参 100→i，200→j，调用 Obj(i+j)构造函数，输出：

　　300　调用 Obj 的构造函数！

（3）调用 Con(int i,int j,int k )构造函数，实参 100→i→data，输出：

　　100　调用 Con 的构造函数！

（4）当主函数 main()执行结束后，首先执行 Con 的析构函数，输出：

　　100　调用 Con 的析构函数！

（5）然后执行 Obj 的析构函数，输出：

　　300　调用 Obj 的析构函数！

（6）最后执行 Obj 的析构函数，输出：

　　400　调用 Obj 的析构函数！

## 9.6　this 指针

　　当用 new 运算符动态定义对象时，系统先为对象分配存储空间，然后将对象内存地址赋给指针变量，使该指针变量指向对象，如例 9.6 中的语句：

　　Rectangle　*pr2=new Rectangle;

即先用 new 运算符为矩形类的对象分配存储空间，然后将矩形对象内存地址赋给指针变量 pr2，使 pr2 指向一个矩形对象，用 pr2->Left 可访问矩形的数据成员 Left。

　　事实上，在用类定义一个对象时，系统会自动定义一个指向该对象的指针变量，该指针变量称为 this 指针，this 指针指向所定义的对象。例如，当用矩形类 Rectangle 定义一个对象 r1 时，即执行 Rectangle r1;语句时，系统会自动定义一个指向对象 r1 的指针变量 this。r1 中的数据成员 Left 可用 this 指针表示为 this->Left。因此 this->Left 与 r1.Left 相同，如图 9.7 所示。若使用 this 指针变量，则例 9.6 中的矩形类带参构造函数可写成：

```
Rectangle(int L,int T,int R,int B)
{   this->Left=L;this->Top=T;this->Right=R;this->Bottom=B;}
```

| | |
|---|---|
| this->Left=r1.Left | 100 |
| this->Right=r1.Right | 200 |
| this->Top=r1.Top | 50 |
| this->Bottom=r1.Bottom | 100 |

图 9.7　指向对象 r1 的 this 指针

实际上，在成员函数的实现中，当访问该对象的某一个成员时，系统会自动使用这个隐含的 this 指针。因此在定义成员函数的函数体时均省略 this 指针。

this 指针具有如下形式的默认说明：

&lt;类名&gt; * const this=& 对象;

即把该指针说明为 const 型指针，只允许在成员函数体内使用该指针，但不允许改变该指针的值。若允许用户修改该指针的值，就可能出现无法预测的错误。

从前面的例子可以看出，程序设计者通常不必关心 this 指针，它是由系统自动维护的。但在特殊的应用场合，程序设计者可能要用到该指针。有关 this 指针使用的例子会在第 11 章进行介绍。

# 本 章 小 结

## 1．类的定义

类由描述某类事物的数据（数据成员）及处理数据的函数（成员函数）组成。

成员分为数据成员与成员函数。成员的访问权限如下。

$$
成员的访问权限 \begin{cases} \text{public（公有成员）} \begin{cases} 公有数据成员允许类内或类外函数访问 \\ 公有成员函数允许在类内或类外调用 \end{cases} \\ \text{private（私有成员）} \begin{cases} 私有数据成员只允许类内函数访问 \\ 私有成员函数只允许在类内调用 \end{cases} \\ \text{protected（保护成员）} \begin{cases} 保护数据成员只允许类内或其子类函数访问 \\ 保护成员函数允许在类内或其子类中调用 \end{cases} \end{cases}
$$

## 2．对象

用类定义的变量为对象。

对象的成员分为数据成员与成员函数两类。

在类外，数据成员引用方式为"&lt;对象名&gt;.&lt;数据成员名&gt;;"，成员函数的调用方式为"&lt;对象名&gt;.&lt;成员函数名&gt;(实参);"。

在类内引用数据成员或调用成员函数时，不写对象名。

## 3．构造函数与析构函数

（1）构造函数用于完成对象数据成员的初始化工作。构造函数名必须与类名相同，且无返回类型。构造函数允许重载，将无参或有默认值参数的构造函数称为默认的构造函数。当用户没有定义构造函数时，系统会自动产生一个默认的构造函数，该构造函数体为空。常用的构造函数有三类：带参构造函数、无参构造函数与拷贝构造函数。拷贝构造函数的形参必须为类的对象。

（2）析构函数名由类名前加"~"组成，且无参数及返回类型，其作用是撤销对象，并收回对象占用的存储空间。

（3）构造函数与析构函数的调用。在用类定义一个对象时，系统首先为其分配存储空间，然后调用构造函数对数据成员进行初始化。当对象结束其生命期时，系统调用析构函数，收回对象占用的存储空间。

（4）构造函数与对象成员。在定义新类时，允许用已存在的类定义对象成员。

在用类定义对象时，除了要调用本类构造函数，还要调用各对象成员的构造函数，以完成对各对象成员的初始化。构造函数的调用顺序是，先调用各对象成员的构造函数，再调用类本身的构造函数，且各对象成员构造函数的调用顺序与其在类中定义的先后顺序有关，而与在初始化表中的位置无关。析构函数的调用顺序与构造函数的调用顺序相反。成员初始化表中形参与实参的传送只与参数的名字有关，而与次序无关。

### 4．new 运算符与 delete 运算符

new 运算符用于动态定义对象，当用 new 运算符动态定义对象时，系统首先为对象分配存储空间，然后调用构造函数对象进行初始化。用 new 运算符动态定义的对象，必须用 delete 运算符撤销。因此 delete 运算符用于撤销动态定义的对象。在用 delete 运算符撤销动态定义的对象时，系统会调用析构函数，并由析构函数收回对象占用的存储空间。

### 5．this 指针

在用类定义一个对象时，由系统自动定义指向该对象的指针称为 this 指针。

### 6．本章重点、难点

**重点**：类与对象的概念、定义格式、使用方法，构造函数和析构函数的定义格式与对象初始化的调用过程。

**难点**：类的概念、this 指针的概念，用 new 运算符与 delete 运算符动态定义、撤销对象，类中对象成员的构造函数格式及调用过程。

## 习　题

9.1　什么是类？什么是对象？列举三个可用类描述的事例。

9.2　叙述公有成员、私有成员、保护成员在类内与类外的访问权限。

9.3　构造函数的作用是什么？构造函数的名称与类型有何特点？何时调用构造函数？

9.4　构造函数可以分为哪三类？其形参有何区别？分别初始化何种对象？

9.5　叙述在定义对象时调用构造函数的过程，以及参数的传送过程。

9.6　析构函数的作用是什么？析构函数的名称与类型有何特点？何时调用析构函数？

9.7　在用 new 运算符动态定义对象与用 delete 运算符撤销动态定义的对象时，系统如何调用构造函数与析构函数？

9.8　什么是 this 指针？

9.9　定义一个学生成绩类 Score，描述学生成员的私有数据成员有：学号（No[5]）、姓名（Name[8]）、数学成绩（Math）、物理成绩（Phy）、英语成绩（Eng）、总成绩（Total）。定义能输入学生成绩的公有成员函数 Input()、计算学生总成绩的成员函数 Sum()、显示学生成绩的成员函数 Show()。在主函数中用 Score 类定义学生成绩对象数组 s[5]。用 Input() 函数输入学生成绩，用 Sum() 函数计算每名学生的总成绩，最后用 Show() 函数显示每名学生的成绩。

9.10　定义一个复数类 Complex，将复数的实部 Real 与虚部 Image 定义为私有数据成员。首先用复数类定义两个复数对象 c1、c2，用默认构造函数将 c1 初始化为 c1=10+20i，将 c2 初始化为 c2=0+0i。然后将 c1 的值赋给 c2。最后用公有成员函数 Dispaly() 显示复数 c1 与 c2 的内容。

9.11　定义一个矩形类 Rectangle，矩形的左上角坐标(Left,Top)与右下角坐标(Right,Bottom)定义

为保护数据成员。用公有成员函数 Diagonal()计算矩形对角线的长度，用公有成员函数 Show()显示矩形左上角坐标与右下角坐标。在主函数中用矩形类定义对象 r1 与 r2，r1 的初值为(10,10,20,20)。r2 右下角坐标的初值用拷贝构造函数将 r1 右下角坐标值拷贝到 r2 中，左上角坐标初值为(0,0)。显示矩形 r1、r2 的左上角和右下角坐标，以及对角线长度。

9.12  定义一个描述圆柱体的类 Cylinder，定义圆柱体的底面半径 Radius 与高 High 为私有数据成员。用公有成员函数 Volume()计算圆柱体的体积，用公有成员函数 Show()显示圆柱体的半径、高与体积。在主函数中首先用 new 运算符动态定义圆柱体对象，初值为(10,10)。然后调用函数 Show()显示圆柱体的半径、高与体积。最后用 delete 运算符收回为圆柱体动态分配的存储空间。

9.13  先定义一个能描述平面上一条直线的类 Beeline，其私有数据成员为直线两个端点的坐标 $(X_1,Y_1)$、$(X_2,Y_2)$。首先在类 Beeline 中定义形参默认值为 0 的构造函数，以及计算直线长度的公有成员函数 Length()、显示直线两个端点坐标的公有成员函数 Show()。然后定义一个能描述平面上三角形的类 Triangle，其数据成员为用类 Beeline 定义的对象 line1、line2、line3 与三角形的三条边长 l1、l2、l3。在类中定义的构造函数能对对象成员与边长进行初始化。最后定义计算三角形面积的函数 Area()，以及显示三条边端点坐标和面积的函数 Print()，Print()函数可调用 Show()函数显示三条边两端点的坐标。

在主函数中定义三角形对象 tri(10,10,20,10,20,20)，调用 Print()函数显示三角形三条边端点坐标和面积。

9.14  写出下列程序的运行结果。

```cpp
# include <iostream>
using namespace std;
class Point
{       float X,Y;
    public:
        void SetXY(float x,float y)
        {   X=x;Y=y;}
        void Show(void)
        {   cout<<"X="<<X<<'\t'<<"Y="<<Y<<endl;}
};
int main(void)
{   Point a,b;
    a.SetXY(10.5,10.5);
    b.SetXY(1.2,5.4);
    a.Show();
    b.Show();
    return 0;
}
```

9.15  写出下列程序的运行结果。

```cpp
# include <iostream>
using namespace std;
class Strucf
{   private:
        float a,b,max;
    public:
        Strucf(int x,int y)
        {   a=++x;
            b=y++;
            if (a>b) max=a;
```

```
        else   max=b;
            cout<<"Call Strucf(int ,int)"<<endl;
    }
    Strucf(float x)
    {   a=x;
        b=10;
        if (a>b) max=a;
        else   max=b;
            cout<<"Call Strucf(float)"<<endl;
    }
    Strucf()
    {   max=a=b=0;}
    void Print()
    {   cout<<"a="<<a<<'\t'<<"b="<<b<<endl;
            cout<<"max="<<max<<endl;
    }
    ~Strucf()
    {   cout<<"Call  ~Strucf()"<<endl;}
};
int main ( )
{   Strucf s1(2,3),s2(2.75),s3;
    s1.Print();
    s2.Print();
    s3.Print();
    return 0;
}
```

9.16　阅读下列程序，说出初始化对象成员 c1 的过程，并写出程序的运行结果。

```
# include <iostream>
using namespace std;
class A
{   private:
        int X,Y;
    public:
        A(int a,int b)
        {   X=a;Y=b;}
        void Show()
        {   cout<<"X="<<X<<'\t'<<"Y="<<Y<<'\n';}
};
class B
{   private:
        int Length,Width;
    public:
        B(int a,int b)
        {   Length=a;Width=b;}
        void Show()
        {   cout<<"Length="<<Length<<'\t'<<"Width="<<Width<<endl;}
};
class C
{   private:
        int R,High;
        A a1;
        B b1;
    public:
        C(int a,int b,int c,int d,int e,int f):a1(e,f),b1(c,d)
```

```
        {   R=a;High=b;}
        void Show()
        {   cout<<"R="<<R<<'\t'<<"High="<<High<<endl;
         a1.Show();
         b1.Show();
         }
    };
    int main(void)
    {   C c1(25,35,45,55,65,100);
        c1.Show();
        return 0;
    }
```

# 实　　验

## 1．实验目的

（1）掌握类和对象的定义与使用方法。

（2）初步掌握构造函数、拷贝构造函数的定义与使用方法。

（3）初步掌握析构函数的定义与使用方法。

（4）理解构造函数与析构函数的调用过程。

## 2．实验内容

（1）定义一个复数类 Complex，将复数的实部 Real 与虚部 Image 定义为私有数据成员。用复数类 Complex 定义复数对象 c1、c2、c3，用默认构造函数将 c1 初始化为 c1=20+40i，将 c2 初始化为 c2=0+0i；用拷贝构造函数将 c3 初始化为 c3=20+40i。用公有成员函数 Dispaly()显示复数 c1、c2 与 c3 的内容。

（2）定义一个学生成绩类 Score，描述学生成绩的私有数据成员有：学号（No[5]）、姓名（Name[8]）、数学成绩（Math）、物理成绩（Phy）、英语成绩（Eng）、平均成绩（Ave）。定义输入学生成绩的公有成员函数 Write()、计算学生平均成绩的公有成员函数 Average()、显示学生成绩的公有成员函数 Display()。在主函数中用类 Score 定义学生成绩对象数组 s[3]。用 Write()函数输入学生成绩，用 Average()函数计算每名学生的平均成绩，最后用 Display()函数显示每名学生的成绩。

实验数据：

| No | Name | Math | Phy | Eng | Ave |
|------|------|------|-----|-----|-----|
| 1001 | Zhou | 80 | 70 | 60 | |
| 1002 | Chen | 90 | 80 | 85 | |
| 1003 | Wang | 70 | 75 | 89 | |

（3）定义一个矩形类 Rectangle，将矩形的左上角坐标(Left,Top)与右下角坐标(Right,Bottom)定义为保护数据成员。用公有成员函数 Diagonal()计算矩形对角线的长度，用公有成员函数 Show()显示矩形左上角坐标、右下角坐标和对角线的长度。在主函数中用 new 运算符动态定义矩形对象，初值为(10,10,20,20)。然后调用公有成员函数 Show()显示矩形的左上角坐标、右下角坐标和对角线的长度。最后用 delete 运算符收回为矩形对象动态分配的存储空间。

# 第10章

# 继承和派生

本章知识点导图

通过本章的学习，应理解继承与派生的概念，掌握派生类的定义格式及使用方法。知道基类成员经公有或私有派生后在派生类中的访问权限。初步掌握冲突、支配规则、赋值兼容规则的概念。了解虚基类的概念、定义格式及使用方法。了解静态数据成员的定义格式、初始化方式及作用域。

## 10.1　继承与派生

在第 9 章中已经介绍过类的两个特性，即类的封装性与安全性，本章介绍类的第三个特性——继承性。继承是指从已有类出发建立新的类，使新类部分或全部地继承已有类的成员。通过继承已有的一个或多个类而产生一个新类称为派生。通过派生可以创建一种新的类，下面介绍继承、派生的概念与派生新类的方法。

### 10.1.1　继承与派生的基本概念

在日常生活中有关继承的实例是很多的。例如，母亲生了一个儿子，儿子会部分继承父母的特征，如脸像父亲、嘴像母亲等。除此之外，儿子还会新增加一些父母没有的特征，如父母不会外语，而儿子会外语等。在这个例子中，父母派生儿子，儿子继承父母。C++将上述派生与继承的概念运用于类的处理中。现用以下程序为例进行说明。

```
class Student
{   private:
        char   No[5];
        char Name[8];
        int Age;
        char Sex[2];
    public:
        …
```

```
    };
    class Score
    {   private:
            char    No[5];
            char Name[8];
            int Age;
            char Sex[2];
            float   Phy,Math,Ave;
        public:
            ...
    };
```

该例中定义了学生档案类 Student 与学生成绩类 Score，显然学生成绩类有与学生档案类完全相同的数据成员。如果在定义学生成绩类 Score 时，能从类 Student 中继承其数据成员 No、Name、Age、Sex，以及处理这些数据的成员函数，那么在编写学生成绩类 Score 时会减少许多编程的工作量。使用 C++中的继承与派生即可实现上述目的，且方法并不复杂，只需将学生成绩类的说明语句改为 class Score : public Student 即可。该语句表示在定义新类 Score 时，从已有类 Student 中继承了部分数据成员与成员函数，在类 Score 中可直接使用类 Student 的数据成员 No、Name、Age、Sex，因此在类 Score 中可省去定义数据成员 No、Name、Age、Sex 的语句。修改后的程序段为：

```
    class Student
    {   protected:
            char    No[5];
            char Name[8];
            int Age;
            char Sex[2];
        public:
            ...
    };
    class Score: public Student
    {   private:
            float   Phy,Math,Ave;
        public:
            ...
    };
```

显然，修改后的程序比原程序少了许多条语句，在编写大型程序时，这可以节约大量的编程时间。在上例中，称类 Score 继承了类 Student，类 Student 派生了子类 Score，并称类 Student 为基类或父类，而称类 Score 为派生类或子类。由此可给出继承与派生的一般性定义。

### 1. 继承与派生的定义

在定义类 B 时，若使用类 A 的部分或全部成员，则称类 B 继承了类 A，并称类 A 为基类或父类，称类 B 为派生类或子类。基类与派生类或父类与子类的关系，可以用图 10.1 表示。

在 VC++的类库函数的设计中大量地采用了继承与派生的方法，如视图类 CView 派生滚动视图类 CScrollView 与控制视图类 CCtrlView，由类 CCtrlView 又派生编辑视图类 CEditView、列表视图类 CListView 与树形视图类 CTreeView 等，形成类的树形结构。由于 VC++采用了继承与派生，所以大大减少了编程的工作量。

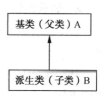

图 10.1　继承与派生

### 2．单一继承

若派生类是由一个基类派生的，则称为单一继承。例如，派生类 Score 是由一个基类 Student 派生的，为单一继承，如图 10.2 所示。

### 3．多重继承

若派生类是由多个基类派生的，则称为多重继承。例如，学生档案类 Student 的数据成员包括学号 No、姓名 Name、年龄 Age、性别 Sex，而学生成绩类 Score 的数据成员包括物理成绩 Phy、数学成绩 Math、平均成绩 Ave，以 Student 与 Score 为基类共同派生了学生综合信息类 Information，则 Information 类将拥有的数据成员包括学号 No、姓名 Name、年龄 Age、性别 Sex、物理成绩 Phy、数学成绩 Math、平均成绩 Ave 和新增加的数据成员。由于类 Information 是两个基类（Student 与 Score）派生的，所以为多重继承，如图 10.3 所示。

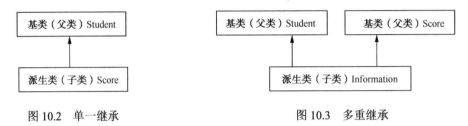

图 10.2　单一继承　　　　　　　　　图 10.3　多重继承

当基类产生派生类后，派生类除了全部或部分继承基类的成员，还可以增加新的数据成员或成员函数；也可以重新定义已有的成员函数或改变现有的成员属性。

## 10.1.2　派生类的定义

### 1．定义派生类的格式

定义派生类的格式为：

　　　　class <派生类名>:<access><基类名 1>〔,…,<access><基类名 n>〕
　　　　{…};

由该语句定义的派生类是由 *n* 个基类多重派生的，当 *n*=1 时退化为单一继承的特殊情况。语句中的 access 用于表示基类中成员在派生类中的继承方式，可取 public、private 与 protected 三种继承方式，分别表示公有派生、私有派生和保护派生。给派生类指定不同的继承方式，会直接影响基类中的成员在派生类中的访问权限。下面就公有派生和私有派生进行讨论。

### 2．公有派生

若在定义派生类时，access 为 public，则定义了公有派生。此时，基类中的所有成员在派生类中保持各个成员的访问权限。具体访问权限如下。

（1）基类中的 public 成员在派生类中仍保持为 public 成员，因此在派生类内、外都可直接使用这些成员。

（2）基类中的 private 成员属于基类私有成员，因此在派生类内、外都不能直接使用这些成员。只能通过该基类公有成员函数或保护成员函数间接使用基类中的私有成员。

（3）基类中的 protected 成员可在派生类中直接使用，但在派生类外不可直接访问这类成员，必须通过派生类的公有成员函数、保护成员函数或基类的成员函数才能访问。

【例 10.1】　用学生档案类 Student 派生学生成绩类 Score。讨论基类中的公有数据成员、私有数据成员与保护数据成员在派生类中访问权限的变化。

程序如下：

```
# include <iostream>
# include <string>
using namespace std;
class Student
{ private:
        char    No[5];                          //定义 No 为私有数据成员
    protected:
        int Age;                                //定义 Age 为保护数据成员
    public:
        char Sex;                               //定义 Sex 为公有数据成员
        Student(char no[5],int age,char sex)    //定义类 Student 的构造函数
        {   strcpy(No,no);Age=age;Sex=sex;}
        char * GetNo(){ return No;}             //返回 No 的公有成员函数
        int GetAge(){ return Age;}              //返回 Age 的公有成员函数
        void ShowS()                            //显示 No、Age、Sex 的公有成员函数
        {   cout<<"No="<<No<<'\t'<<"Age="<<Age<<'\t'<<"Sex="<<Sex<<endl; }
};
class Score : public Student                    //由基类 Student 公有派生子类 Score
{ private:
        int Phy,Math;                           //定义类 Score 的私有数据成员
    public:
        Score(char n[5],int a,char s,int p,int m):Student(n,a,s)  //类 Score 的构造函数
        {   Phy=p;Math=m;}
         void Show( )                           //显示类 Score 与其父类 Student 的数据成员值
        {   cout<<"No="<<GetNo()<<'\t'<<"Age="<<Age<<'\t'<<"Sex="<<Sex<<
            '\t'<<"Phy="<<Phy<<'\t'<<"Math="<<Math<<endl;
          }
};
int main( )
{   Score s ("101",20, 'M',90,80);             //用类 Score 定义一个对象 s
    s.ShowS();                                 //类 Score 的对象 s 调用基类公有成员函数 ShowS()
    s.Show();                                  //类 Score 的对象 s 调用公有成员函数 Show()
    cout<<"No="<<s.GetNo()<<'\t'<<"Age="<<s.GetAge()<<'\t'<<"Sex="<<s.Sex<<endl;
    return 0;
}
```

程序执行后输出：

```
No=101      Age=20      Sex=M
No=101      Age=20      Sex=M    Phy=90      Math=80
No=101      Age=20      Sex=M
```

从例 10.1 可以看出，基类 Student 中的私有数据成员 No、保护数据成员 Age、公有数据成员 Sex 在基类中可直接被使用。例如，在基类 Student 的公有显示函数中：

```
void ShowS()
{   cout<<"No="<<No<<'\t'<<"Age="<<Age<<'\t'<<"Sex="<<Sex<<endl; }
```

可直接使用 No、Age、Sex。

基类 Student 中的私有数据成员 No 在派生类 Score 中不能被直接使用，而只能通过公有接口函数 GetNo()访问。例如，在派生类 Score 的公有显示函数中：

```
void Show( )
```

```
    {   cout<<"No="<<GetNo()<<'\t'<<"Age="<<Age<<'\t'<<"Sex="<<Sex<<
        '\t'<<"Phy="<<Phy<<'\t'<<"Math="<<Math<<endl;
    }
```

不能直接引用 No，而只能用接口函数 GetNo()返回 No 值。从此函数中还可以看出，基类中保护数据成员 Age 与公有数据成员 Sex 在派生类中可直接被使用。但保护数据成员 Age 在派生类与基类之外不能被直接使用。例如，从主函数 main()中显示数据成员的语句：

```
        cout<<"No="<<s.GetNo()<<'\t'<<"Age="<<s.GetAge()<<'\t'<<"Sex="<<s.Sex<<endl;
```

可以看出，基类中私有数据成员 No 与保护数据成员 Age 在派生类外不能被直接使用，必须通过接口函数才能引用它们。若将 s.GetNo()改为 s.No 或将 s.GetAge()改为 s.Age，则在编译时会出错。

### 3．私有派生

若在定义派生类时，access 为 private，则定义了私有派生。经过私有派生后，具体的访问权限如下。

（1）基类中的公有成员在派生类中变为私有成员，在派生类内可以使用，而在派生类外不能直接使用。

（2）基类中的保护成员在派生类中变为私有成员，在派生类内可以使用，而在派生类外不能直接使用。

（3）基类中的私有成员在派生类内、外都不能被直接使用，必须通过基类公有成员函数使用。

在例 10.1 中，若将 Score 定义为私有派生，即将定义派生类的语句改为：

```
    class Score : private Student
```

则基类中的公有成员 Sex、ShowS()与保护成员 Age 在派生类 Score 中变为私有成员，因此在类外不能用 Score 的对象 s 直接访问。因而在编译例 10.1 的程序时，语句：

```
    s.ShowS();
    cout<<"No="<<s.GetNo()<<'\t'<<"Age="<<s.GetAge()<<'\t'<<"Sex="<<s.Sex<<endl;
```

会出现编译错误。

通常用得较多的是公有派生，私有派生用得较少，而保护派生几乎不用，因此这里不再介绍保护派生。

## 10.1.3  派生类的构造函数与基类成员的初始化

### 1．派生类构造函数格式

在例 10.1 中，当用 Score 定义对象 s 时，系统会先调用基类构造函数 Student()初始化基类数据成员 No、Age、Sex，再调用派生类构造函数 Score()初始化新增加数据成员 Phy 与 Math。因此，派生类的构造函数由初始化基类数据成员构造函数与初始化派生类新增加的数据成员构造函数组成。派生类构造函数的格式为：

<派生类名>::<派生类名>(形参表):<基类构造函数名 1>(实参表 1)〔,…,<基类构造函数名 *n*>(实参表 *n*)〕
    {派生类构造函数体}

关于派生类构造函数，有如下几点说明。

（1）基类构造函数的实参可以是表达式，也可以是派生类构造函数的形参。例如，可将派生类 Score 的构造函数改为：

```
Score(n,p,m):Student(n,10+10,'M');
```

则在调用基类构造函数 Student()时，用形参 n 与常量表达式值 20、字符'M'作为函数的实参。

（2）实参只与形参名有关，而与参数顺序无关。例如，可将派生类 Score 的构造函数中形参的次序交换如下：

```
Score(int p,int m,char n[5],int a,char s):Student(n,a,s)
{Phy=p;Math=m;}
```

则该构造函数的执行效果与原构造函数的执行效果是相同的。

（3）冒号后基类构造函数列表称为初始化成员列表。当初始化成员列表中某一个基类构造函数的实参表为空（无参数）时，该基类构造函数的调用可从初始化成员列表中删除。

**【例 10.2】** 多重派生实例。定义描述圆的类 Circle 和描述高的类 High，用描述圆的类与描述高的类作为基类，多重派生圆柱体类 Cylinder。讨论多重继承中基类成员的初始化问题。

程序如下：

```
# include <iostream>
using namespace std;
class Circle                          //定义描述圆的类，其中(x,y)为圆心，r 为半径
{   protected:
        float x,y,r;
    public:
        Circle(float a,float b,float c)
        {   x=a;y=b;r=c;}
};
class High                            //定义描述高的类
{   private:
        float h;
    public:
        High(float a)    {    h=a;}
        float Geth()    {    return h;}
};
class Cylinder:public Circle,private High   //由描述圆的类 Circle 与描述高的类 High 派生圆柱体类 Cylinder
{   private:
        float Volume;
    public:
        Cylinder(float a,float b,float c,float d):Circle(a,b,c),High(d)       //D
        {   Volume=r*r*3.1415*Geth(); }                                      //E
        void Show()
        { cout<<"x="<<x<<'\t'<<"y="<<y<<'\t'<<"r="<<r<<'\t'
            <<"h="<<Geth()<<'\t'<<"V="<< Volume<<endl;
        }
};
int main ( )
{   Cylinder cy(3,3,2,10);
    cy.Show();
    return 0;
}
```

程序执行后输出：

```
x=3    y=3    r=2    h=10    V=125.66
```

在例 10.2 中，类 Circle 描述了一个圆，类 High 描述了高度。类 Cylinder 是由两个基类 Circle（公有派生）和 High（私有派生）派生的，派生类 Cylinder 中的函数 Show()可直接访问基类 Circle 的保

护数据成员 x、y、r。但基类 High 中的私有数据成员 h 在派生类中被禁止访问，因此只能调用其公有成员函数 Geth() 来进行访问。由于基类 High 属于私有派生，所以其函数 Geth() 在派生类 Cylinder 中的访问权限变为私有，即不能用派生类对象 cy 调用函数 Geth()。若在程序中使用语句：

```
cout<<"High="<<cy.Geth() ;
```

则编译时会出错。

### 2. 定义对象时构造函数的调用顺序

在定义派生类对象时，系统会先调用各基类的构造函数，对基类成员进行初始化；然后执行派生类的构造函数。若某一个基类仍是派生类，则这种调用基类的构造函数的过程递归进行，即先调用基类构造函数，再调用派生类构造函数。

例如，例 10.2 中构造函数的调用次序为：首先调用基类的构造函数 Circle()，对数据成员 x、y、r 进行初始化；然后调用基类的构造函数 High()，对数据成员 h 进行初始化；最后调用派生类的构造函数 Cylinder()，对数据成员 Volume 进行初始化。

### 3. 撤销对象时析构函数的调用顺序

在撤销派生类对象时，析构函数的调用顺序与构造函数的调用顺序相反，即先调用派生类的析构函数，再调用基类的析构函数。

【例 10.3】 定义两个基类 Base1 与 Base2，并由 Base1 与 Base2 派生类 Derive。编写程序，输出派生类中构造函数与析构函数的调用关系。

程序如下：

本题微课视频

```
# include <iostream>
using namespace std;
class Base1                              //定义基类 Base1
{   private:
        int x;                           //定义基类 Base1 的私有数据成员 x
    public:
        Base1(int a)                     //基类 Base1 的构造函数
        {   x=a;
            cout<<"调用基类 1 的构造函数!"<<endl;
        }
        ~Base1()                         //基类 Base1 的析构函数
        {   cout<<"调用基类 1 的析构函数!"<<endl;}
};
class Base2                              //定义基类 Base2
{   private:
        int y;                           //定义基类 Base2 的私有数据成员 y
    public:
        Base2(int a)                     //基类 Base2 的构造函数
        {   y=a;
            cout<<"调用基类 2 的构造函数!"<<endl;
        }
        ~Base2()                         //基类 Base2 的析构函数
        {   cout<<"调用基类 2 的析构函数!"<<endl;}
};
class Derive:public Base1,public Base2   //派生类 Derive
{   private:
        int z;                           //派生类 Derive 新增加的私有数据成员 z
    public:
```

```
        Derive(int a,int b):Base1(a),Base2(20)        //派生类 Derive 的构造函数
        {   z=b;
            cout<<"调用派生类的构造函数!"<<endl;
        }
        ~Derive()                                      //派生类 Derive 的析构函数
        {   cout<<"调用派生类的析构函数!"<<endl; }
    };
    int main( )
    {
        Derive c(100,200);
        return 0;
    }
```

程序执行后输出：

调用基类 1 的构造函数！
调用基类 2 的构造函数！
调用派生类的构造函数！
调用派生类的析构函数！
调用基类 2 的析构函数！
调用基类 1 的析构函数！

在用类 Derive 定义对象 c 时，系统为对象 c 分配的存储空间如图 10.4 所示。由程序的输出结果可以看出，构造函数的调用过程确实是先调用基类的构造函数，再调用派生类的构造函数。调用析构函数的过程与调用构造函数的过程相反，即先调用派生类的析构函数，再调用基类的析构函数。

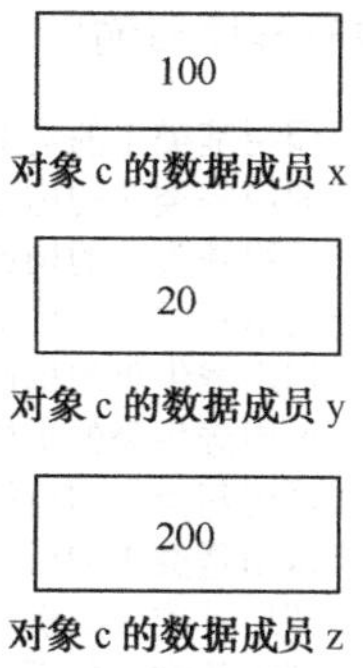

图 10.4 系统为对象 c 分配的存储空间

**注意：**

（1）在派生类中并不能直接对基类的私有数据成员 x、y 赋初始值，必须通过公有的构造函数对其进行初始化。

（2）基类构造函数的调用顺序取决于它们在派生类中的定义顺序，与它们在派生类构造函数中的顺序无关。例如，将例 10.3 中派生类的定义改为：

```
        class Derive:public Base2,public Base1        //派生类 Derive
```

则程序执行后的输出结果是：

调用基类 2 的构造函数！
调用基类 1 的构造函数！
调用派生类的构造函数！
调用派生类的析构函数！
调用基类 1 的析构函数！
调用基类 2 的析构函数！

### 4．派生类中包含对象成员的构造函数

若派生类中包含对象成员，则不仅要在派生类构造函数的初始化成员列表中列举调用的基类构造函数，还要列举调用的对象成员构造函数。

【例 10.4】 将例 10.3 的派生类改为包含对象成员的派生类。

```
        class Derive:public Base1,public Base2
        {   private:
            int z;
```

```
        Base1 b1,b2;                                    //在派生类中定义基类对象成员 b1 和 b2
    public:
        Derive (int a,int b):Base1(a),Base2(20),b1(200),b2(a+b)   //定义构造函数
        {   z=b;
            cout<<"调用派生类的构造函数!"<<endl;
        }
        ~Derive ()
        { cout<<"调用派生类的析构函数!"<<endl;}
    };
    int main( )
    {
        Derive d(100,200);
        return 0;
    }
```

执行程序后输出：

调用基类 1 的构造函数！
调用基类 2 的构造函数！
调用基类 1 的构造函数！
调用基类 1 的构造函数！
调用派生类的构造函数！
调用派生类的析构函数！
调用基类 1 的析构函数！
调用基类 1 的析构函数！
调用基类 2 的析构函数！
调用基类 1 的析构函数！

在用 Derive 类定义对象 d 时，系统为 d 的数据成员分配的存储空间如图 10.5 所示。由程序输出结果可以看出，在对 d 进行初始化时，首先要调用基类的构造函数，然后调用对象成员的构造函数，最后用派生类的构造函数。在有多个对象成员的情况下，调用这些对象成员的构造函数的顺序取决于它们在派生类中的定义顺序。

| d.b1.x | 200 |
| d.b2.x | 300 |
| d.x | 100 |
| d.y | 20 |
| d.z | 200 |

图 10.5  系统为 d 的数据成员分配的存储空间

**注意**：*在派生类构造函数的初始化列表中，对对象成员的初始化必须使用对象名，而对基类成员的初始化，使用的是对应基类的构造函数名。*

## 10.2  冲突、支配规则和赋值兼容规则

### 10.2.1  冲突

为了介绍冲突的概念，先看一个例子。

【例 10.5】   在例 10.2 中，将描述高的类改为描述矩形的类 Rectangle，在类 Rectangle 中用矩形的中心坐标、高（High）与宽（Width）作为类的数据成员。讨论多重继承中基类成员的冲突问题。

程序如下：

```
# include <iostream>
using namespace std;
class Circle                                  //定义描述圆的基类
{   protected:
    float x,y,r;                              //(x,y)为圆心坐标，r 为半径
```

```
        public:
            Circle(float a,float b,float c)
            {    x=a;y=b;r=c;}
            float Area() {return (r*r*3.14159);}        //计算圆的面积
        };
        class Rectangle                                //定义描述矩形的基类
        {    protected:
            float x,y,h,w;                             //(x,y)为矩形的中心坐标，h、w 为矩形的高与宽
            public:
                Rectangle(float a, float b, float c, float d)
                {    x=a;y=b;h=c;w=d;}
                float Area( )                          //计算矩形的面积
                {    return h*w;}
        };
        class Cylinder:public Circle,public Rectangle  //描述一个圆柱体的派生类
        {    private:
            float Volume;                              //圆柱体的体积
            public:
                Cylinder(float a,float b,float c):Circle(a,b,c),Rectangle(10,10,c,c)    //A
                {    Volume=Area()*h; }                                                  //B
                float GetV(){return Volume;}
                void Show( )
                {    cout<<"x="<<x<<"\t"<<"y="<<y<<endl;}                                 //C
        };
        int main ( )
        {    Cylinder cy(3,3,2);
            cy.Show();
            cout<<"Volume="<<cy.GetV()<<endl;
            return 0;
        }
```

上述程序会在 B 行与 C 行处发生编译错误。B 行编译出错的原因是，当在派生类中调用函数 Area()时，编译系统无法判断函数 Area()是该调用类 Circle 中计算圆面积的函数 Area()，还是该调用类 Rectangle 中计算矩形面积的函数 Area()。C 行编译出错的原因是，当在派生类中调用函数 Show()时，编译系统无法判断是输出类 Circle 中的圆心坐标(x,y)，还是输出类 Rectangle 中的矩形中心坐标(x,y)。

从例 10.5 可以看出，当在派生类中使用两个基类中同名函数或同名数据成员时，会发生编译错误，出错的原因是产生了同名冲突。由此，给出如下有关冲突的定义：派生类在使用基类中同名成员时出现的不唯一性称为冲突。

解决冲突的方法是使用作用域运算符"::"，指明同名成员属于哪个基类，即：

    <基类名>::<成员名>

例如，在例 10.5 中，若要计算圆柱体的体积，则应用：

    Volume=Circle::Area()*h;

若要计算长方体的体积，则应用：

    Volume=Rectangle::Area()*h;

同样，若要输出圆心坐标，则应用：

    cout<<"x="<<Circle::x<<"\t"<<"y="<< Circle::y<<endl;

若要输出矩形中心坐标，则应用：

```
cout<<"x="<<Rectangle::x<<'\t'<<"y="<< Rectangle::y<<endl;
```

若要计算圆柱体的体积，则程序修改如下：

```
# include <iostream>
using namespace std;
class Circle                                          //定义描述圆的基类
{   protected:
        float x,y,r;                                   //(x,y)为圆心，r 为半径
    public:
        Circle(float a,float b,float c)
        {   x=a;y=b;r=c;}
        float Area()
        {   return (r*r*3.14159);}                     //计算圆的面积
};
class Rectangle                                       //定义描述矩形的基类
{   protected:
        float x,y,h,w;
    public:
        Rectangle(float a,float b,float c,float d)
        {   x=a;y=b;h=c;w=d;}
        float Area( )                                  //计算矩形的面积
        {   return h*w;}
 };
class Cylinder:public Circle,public Rectangle         //描述一个圆柱体的派生类
{   private:
        float Volume;                                  //圆柱体的体积
    public:
        Cylinder(float a,float b,float c):Circle(a,b,c),Rectangle(10,10,c,c)   //D
        {   Volume=Circle::Area()*h; }                 //E
        float GetV(){return Volume;}
        void Show( )
            {   cout<<"x="<<Circle::x<<'\t'<<"y="<<Circle::y<<endl;}
};
int main ( )
{   Cylinder cy(3,3,2);
    cy.Show();
    cout<<"Volume="<<cy.GetV()<<endl;
    return 0;
}
```

程序执行后输出：

```
x=3     y=3
Volume=25.1327
```

**注意**：当把派生类作为基类派生新的派生类时，这种限定作用域的运算符不能嵌套使用。例如，以下形式的使用方式是不允许的：

<类名 1>::<类名 2>: <类成员名>

即限定作用域的运算符只能直接限定其成员。

综上所述，得出如下结论：若一个公有派生类是由两个或多个基类派生的，当基类中成员的访问权限为 public 或 protected，且不同基类中的成员具有相同的名字时（出现了同名的情况），派生类在使用基类中的同名成员时出现的不唯一性称为冲突。解决冲突的方法是使用作用域运算符指明发生冲突的成员属于哪个基类。

## 10.2.2 支配规则

在 C++中，允许派生类中新增加的成员名与其基类的成员名相同，这种重名并不发生冲突。若不使用作用域运算符，则派生类中定义的成员名优于基类中的成员名，这种关系称为支配规则。

【例 10.6】 在例 10.5 中，删除矩形类 Rectangle，在派生类 Cylinder 中，新增加数据成员(x,y,z)表示圆柱体中心坐标、h 表示圆柱体的高。

修改后程序如下：

```
# include <iostream>
using namespace std;
class Circle                                    //定义描述圆的基类，其中(x,y)为圆心，r 为半径
{ protected:
     float x,y,r;
  public:
     Circle(float a,float b,float c)
     {    x=a;y=b;r=c;}
     float Area()
     {    return (r*r*3.14159);}               //计算圆的面积
};
class Cylinder:public Circle                    //描述一个圆柱体的派生类
{ private:
     float x,y,z,h,Volume;                      //圆柱体的中心坐标、高与体积
  public:
     Cylinder(float a,float b,float c,float d):Circle(b,c,d)
     {    x=a;y=b;z=c;h=d;
          Volume=Circle::Area()*h;
     }
     float GetV()
     {    return Volume;}
     void Show( )
     {    cout<<"x="<<x<<'\t'<<"y="<<y <<'\t'<<"z="<<z <<endl;}
};
int main ( )
{    Cylinder cy(3,3,3,2);
     cy.Show();
     cout<<"Volume="<<cy.GetV()<<endl;
     return 0;
}
```

程序执行后输出：

```
x=3      y=3     z=3
Volume=25.1327
```

在例 10.6 中，派生类 Cylinder 中的数据成员 x、y 与基类 Circle 中的数据成员 x、y 同名，但这并不会发生冲突，也不会出现编译错误。按支配规则，派生类 Cylinder 中的 Show()函数应输出圆柱体的坐标(x,y,z)=(3,3,3)，而不是圆心坐标(x,y)。若要用 Show()函数输出圆心坐标，则必须使用作用域运算符 "::" 指明(x,y)属于基类 Circle。Show()函数修改如下：

```
void Show( )
{    cout<<"x="<<Circle::x<<'\t'<<"y="<<Circle::y<<endl;}
};
```

综上所述，支配规则是指当派生类中的成员与基类中的成员同名时，在不使用作用域运算符时，

派生类成员名优于基类成员名。此外还应注意，当派生类中的成员名与基类中的成员名相同时，若在派生类中或派生类外使用基类中的这种成员，则需要使用作用域运算符。

### 10.2.3　赋值兼容规则

公有派生类的对象可赋给其基类对象而基类对象不能赋给派生类对象的规则，称为赋值兼容规则。

例如，将例 10.6 的主函数改为：

```
int main ( )
{    Cylinder cy(3,3,3,2);
     Circle    ci(5,5,2);
     ci=cy;                //正确
     cy=ci;                //错误
     cy.Show();
     cout<<"Volume="<<cy.GetV()<<endl;
return 0;
     }
```

根据赋值兼容规则，公有派生类对象 cy 可赋给其基类对象 ci，但基类对象 ci 不能赋给派生类对象 cy。因此在编译语句 ci=cy;时不会出错，而在编译语句 cy=ci;时会出错。

### 10.2.4　基类和对象成员的几点说明

关于基类和对象成员，有如下几点说明。

（1）任一基类在派生类中只能被继承一次，如 class Cylinder:public Circle,public Circle {}是错误的。这时，在派生类 Cylinder 中包含两个继承来的成员 x，在使用时会发生冲突。为了避免这种冲突，C++规定同一基类只能被继承一次。

（2）基类成员与对象成员在使用上的差别。把一个类作为派生类的基类或将一个类的对象作为另一个类的成员，从程序的执行效果上看是相同的，但在使用上是有区别的：①在派生类中可直接使用基类的成员（如果访问权限允许）；②当使用对象成员时，必须在对象名后加上成员运算符"."和成员名。

# 10.3　虚基类

### 10.3.1　多重派生的基类拷贝

若类 B 与类 C 由类 A 公有派生，而类 D 由类 B 与类 C 公有派生，则类 D 将包含类 A 的两个拷贝（见图 10.6）。这种同一个基类在派生类中产生多个拷贝的情况，不仅多占用了存储空间，还可能造成多个拷贝数据的不一致。下面举例进行说明。

【例 10.7】　一个公共基类在派生类中产生两个拷贝。

程序如下：

```
# include <iostream>
using namespace std;
class A
{  public:
      int x;
      A( int a)
```

```
                {x=a;}
    };
    class B:public A                //由公共基类 A 派生类 B
    {    public:
         int y;
         B(int a,int b):A(b)
         {y=a;}
    };
    class C:public A                //由公共基类 A 派生类 C
    {    public:
         int z;
         C(int a,int b):A(b)
         {z=a;}
    };
    class D:public B,public C       //由公共基类 B、C 派生类 D
    {    public:
         int m;
         D(int a,int b,int d,int e,int f):B(a,b),C(d,e)
         {m=f;}
         void Print()
         {    cout<<"x="<<B::x<<'\t'<<"y="<<y<<endl;
              cout<<"x="<<C::x<<'\t'<<"z="<<z<<endl;
              cout<<"m="<<m<<endl;
         }
    };
    int main ( )
    {    D d1(100,200,300,400,500);
         d1.Print();
    return 0;
    }
```

程序执行后输出：

```
x=200      y=100
x=400      z=300
m=500
```

由输出结果可以看出，在类 D 中包含了公共基类 A 的两个不同拷贝。这种派生关系产生的类体系如图 10.6 所示。在用类 D 定义对象 d1 时，系统为对象 d1 的数据成员分配的存储空间如图 10.7 所示。

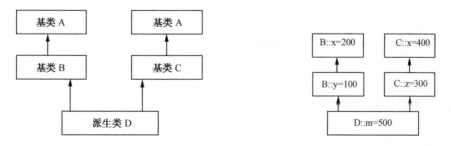

图 10.6  派生类中包含同一基类的两个拷贝    图 10.7  系统为对象 d1 的数据成员分配的存储空间

如果在多条继承路径上有一个公共的基类，则该基类会在这些路径中的某几条路径的汇合处产生几个拷贝。为使这样的公共基类只产生一个拷贝，需要将该基类说明为虚基类。

## 10.3.2 虚基类的定义和使用

在多重派生的过程中，欲使公共的基类在派生中只有一个拷贝，可将此基类说明成虚基类。虚基类的定义格式为：

> class <派生类名>:virtual <access> <虚基类名>
> {…};

或

> class <派生类名>: <access> virtual <虚基类名>
> {…};

其中，关键词 virtual 可放在继承方式之前，也可放在继承方式之后，并且关键词只对紧随其后的基类名起作用。

【例 10.8】 定义虚基类，使派生类中只有基类的一个拷贝。

程序如下：

本题微课视频

```cpp
# include <iostream>
using namespace std;
class A
{ public:
      int x;
      A(int a=0)
      {x=a;}
};
class B: virtual public A                //由公共基类 A 派生类 B
{ public:
      int y;
      B(int a,int b):A(b)
      {y=a;}
};
class C:public virtual A                 //由公共基类 A 派生类 C
{   public:
      int z;
      C(int a,int b):A(b)
      {z=a;}
};
class D:public B,public C                //由公共基类 B、C 派生类 D
{   public:
      int m;
      D(int a,int b,int d,int e,int f):B(a,b),C(d,e) {m=f;}
      void Print()
      {   cout<<"x="<<x<<'\t'<<"y="<<y<<endl;
          cout<<"x="<<x<<'\t'<<"z="<<z<<endl;
          cout<<"m="<<m<<endl;
      }
};
int main ( )
{   D d1(100,200,300,400,500);
    d1.Print();
    d1.x=400;
    d1.Print();
    return 0;
}
```

执行程序后输出：

```
x=0      y=100
x=0      z=300
m=500
x=400    y=100
x=400    z=300
m=500
```

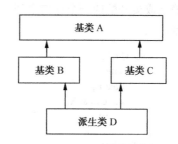

图 10.8　派生类中只包含基类的一个拷贝

本例中定义的派生关系产生的类体系如图 10.8 所示。

**说明：**

（1）派生类 D 的对象 d1 只有基类 A 的一个拷贝，当改变数据成员 x 的值时，由基类 B 和 C 中的成员函数输出的 x 值是相同的。

（2）虚基类数据成员 x 的初值为 0。这是因为对于由虚基类派生的类，必须在其构造函数的成员初始化列表中给出对虚基类构造函数的调用；若未列出，则调用默认的构造函数，因此本例中的虚基类必须有默认的构造函数。

（3）由于类 D 中只有一个虚基类 A，所以在执行类 B 和类 C 的构造函数时都不调用虚基类的构造函数，而是在类 D 中直接调用虚基类 A 的默认的构造函数 A(int a=0) {x=a;}，即 x=0。若将构造函数改为 A(int a) {x=a;}，则在编译时会出现错误。若将类 D 的构造函数改为：

    D(int a,int b,int d,int e,int f):B(a,b),C(d,e) ,A(100) {m=f;}

即在类 D 中调用类 A 的构造函数，则 x 的初始值为 100。

（4）必须强调的是，在用虚基类进行多重派生时，若虚基类没有默认的构造函数，则在派生的每个派生类构造函数的初始化列表中必须有对虚基类构造函数的调用。

## 10.4　静态数据成员

因为类是一种导出型的数据类型，所以编译程序并不为类分配存储空间。只有在用类定义对象时，才为对象的数据成员分配存储空间，且为同类不同对象的数据成员分配不同的存储空间。例如，定义一个圆类：

```
class Circle
{  private:
     float R;                    // R 为圆的半径
     float X,Y;                  //(X,Y)为圆心坐标
        ...
};
void main()
{  Circle c1,c2;
     ...
}
```

在用圆类 Circle 定义两个圆对象 c1、c2 时，系统将为 c1、c2 分配两组不同的存储空间，用于存放圆 c1 的半径 c1.R 和圆心坐标 c1.X、c1.Y，以及圆 c2 的半径 c2.R 和圆心坐标 c2.X、c2.Y，如图 10.9 所示。

但是，若将类的某一个数据成员的存储类型定义为静态类型，则由该类产生的所有对象均共享

为静态成员分配的一个存储空间。例如，若将圆类的圆心坐标 X 与 Y 用关键词 static 定义为静态类型：

```
class Circle
{   private:
        float R;
        static float X,Y;
            ...
};
void main()
{   Circle c1,c2;
        ...
}
```

则圆对象 c1、c2 将共享为静态成员 X、Y 分配的一个存储空间，如图 10.10 所示。

| c1.R |
| c1.X |
| c1.Y |
| c2.R |
| c2.X |
| c2.Y |

图 10.9　系统为圆 c1、c2 分配的存储空间　　　　图 10.10　系统为静态成员分配的存储空间

由上面的例子可以看出，在类的定义中，用关键词 static 修饰的数据成员称为静态数据成员。下面用例题来说明静态数据成员的定义、初始化及作用域。

【例 10.9】　定义描述圆的类 Circle，将圆心坐标(X,Y)定义为静态数据成员，将半径 R 定义为私有普通数据成员。用构造函数对半径 R 进行初始化操作，再定义能计算圆面积的成员函数 Area()及显示圆心坐标(X,Y)、半径 R、面积的成员函数 Show()。将圆心坐标(X,Y)初始化为(10,10)。在主函数中，定义两个同心圆 c1、c2，其半径分别为 10、20。输出这两个圆的圆心坐标(X,Y)、半径 R 与面积。

程序如下：

```
# include <iostream>
using namespace std;
class Circle
{   private:
        float R;
    public:
        static float X,Y;                        //引用性说明（并不为 X、Y 分配存储空间）
        Circle(float r=0)
        {   R=r;}
        float Area( )
        {   return R*R*3.14159;}
        void Show()
        {   cout<<"X="<<X<<'\t'<<"Y="<<Y<<'\t';
            cout<<"R="<<R<<'\t'<<"Area="<<Area()<<endl;
        }
};
float Circle::X=10;                               //定义性说明（分配存储空间）
```

```
    float Circle::Y=10;
    int main ( )
    {   Circle c1(10),c2(20);
        c1.Show();
        c2.Show();
        Circle::X=15;
        Circle::Y=15;
        c1.Show();
        c2.Show();
        return 0;
    }
```

类 Circle 中的成员 X 和 Y 是静态数据成员。程序执行后输出：

| | | | |
|---|---|---|---|
| X=10 | Y=10 | R=10 | Area=314.159 |
| X=10 | Y=10 | R=20 | Area=1256.64 |
| X=15 | Y=15 | R=10 | Area=314.159 |
| X=15 | Y=15 | R=20 | Area=1256.64 |

**说明：**

（1）静态数据成员的定义与引用方法。

① 在类中对静态数据成员进行引用性说明。由于类是一种数据结构，在定义类时，系统并不会为类中的静态数据成员分配存储空间，所以在类中有关静态成员的定义属于引用性说明。静态数据成员引用性说明的格式为：

static <类型> <静态数据成员名>;

例如：

static float X,Y;

② 在类外文件作用域对静态数据成员进行定义性说明。在类外的文件作用域中，必须对静态数据成员进行且只能进行一次定义性说明，并分配存储空间。静态数据成员定义性说明的格式为：

<类型> <类名>::<静态数据成员名>〔=初值〕;

例如：

float Circle::X=10;
float Circle::Y=10;

在进行定义性说明时，静态数据成员默认初值为 0。只有在遇到定义性说明或定义对象时，编译程序才能为静态数据成员分配存储空间。

③ 静态数据成员引用格式。因为在定义性说明时已为静态数据成员分配了存储空间，所以通过静态数据成员名加上类名和作用域运算符，可直接引用静态数据成员。静态数据成员引用格式为：

<类名>::<静态数据成员名>

例如：

Circle::X=15;
Circle::Y=15;

（2）同类不同对象的静态数据成员占用相同的存储空间。数据成员被说明为静态数据成员后，无论定义多少个类的对象，仅产生一个拷贝。例如，类 Circle 中的对象 c1 与 c2 的静态数据成员 X、Y 占用相同的存储空间，只产生一个拷贝，如图 10.11 所示。

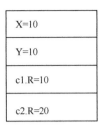

| X=10 |
| Y=10 |
| c1.R=10 |
| c2.R=20 |

图 10.11　同心圆 c1、c2 存储空间的分配

（3）为静态数据成员赋初值不受访问权限的限制。若在例 10.9 中将静态数据成员 X、Y 的访问权限改为 private，则对其进行定义性说明的语句：

```
float Circle::X=10;
float Circle::Y=10;
```

在编译时并不会发生错误。但在主函数中的赋值语句：

```
Circle::X=15;
Circle::Y=15;
```

会因访问权限变为私有而在编译时发生错误。

（4）为了保持静态数据成员取值的一致性，通常在构造函数中不为静态数据成员赋初值，而是在静态数据成员的定义性说明时为其赋初值。

# 本 章 小 结

### 1．继承

从已有类出发建立新的类，使新类部分或全部地继承已有类的成员，这称为继承。通过继承已有的一个或多个类而产生一个新类，这称为派生。通过派生可以创建一种新的类，使用继承与派生可以减少程序编写的工作量。在继承与派生中，基类与派生类、父类与子类的关系定义为：在定义类 B 时，若使用类 A 的部分或全部成员，则称类 B 继承了类 A，并称类 A 为基类或父类、类 B 为派生类或子类。

经公有派生或私有派生后，基类成员在派生类中的访问权限将发生变化，如表 10.1 所示。

表 10.1　公有或私有派生后基类成员在派生类中的访问权限

| 基类成员访问权限 | 公有派生后的访问权限 | 私有派生后的访问权限 |
| --- | --- | --- |
| public | public | private |
| private | 不可直接访问 | 不可直接访问 |
| protected | protected | private |

因为派生类成员由基类成员与派生类中新增加的成员组成，所以初始化工作应分为对派生类中新增加成员的初始化与对基类成员的初始化。由于初始化工作是由构造函数完成的，所以初始化基类成员的工作是由派生类的构造函数来完成的。

构造函数的调用顺序是先基类后派生类，析构函数的调用顺序是先派生类后基类。

### 2．冲突、支配规则和赋值兼容规则

派生类在使用基类中同名成员时出现的不唯一性称为冲突。冲突的解决方法是，使用作用域运算符指明发生冲突的成员属于哪个基类。

在使用派生类中与基类中的同名成员时，派生类成员优于基类同名成员的规则称为支配规则。派生类对象能赋值给基类对象，基类对象不能赋值给派生类对象，这称为赋值的兼容规则。

在 B 类中使用类 A 成员 x 的方法有以下两种。

（1）将类 B 定义为类 A 的派生类，则类 B 可直接使用类 A 的成员 x。

（2）在类 B 中定义类 A 的对象 b，则在类 B 中使用类 A 成员 x 的方法为 b.x。

### 3．虚基类

在多重派生的过程中，欲使公共的基类在派生类中只有一个拷贝，可将此基类定义为虚基类。

### 4．静态数据成员

静态数据成员的定义必须分两步完成：第一步，在类内进行引用性说明；第二步，在类外进行定义性说明。

由于同类不同对象的静态数据成员占用相同的存储空间，所以其使用方式只与类有关，即"<类名>::<静态数据成员>"，而与对象无关。

静态数据成员必须在类外进行定义性说明并赋初值（默认初值为 0）。系统仅在进行定义性说明时才为静态数据成员分配存储空间。

### 5．本章重点、难点

**重点**：继承与派生的概念，派生类的定义格式，基类成员经派生后访问权限的变化。

**难点**：派生类中构造函数的定义与调用，虚基类的概念、定义格式及使用方法，静态数据成员的定义格式、初始化方式及作用域。

# 习　题

10.1　叙述继承与派生的定义。什么是单一继承？什么是多重继承？

10.2　叙述基类成员经公有派生后，在派生类中访问权限的变化，以及基类成员经私有派生后，在派生类中访问权限的变化。

10.3　叙述在用派生类定义对象时，构造函数的调用执行过程。

10.4　叙述冲突、支配规则、赋值兼容规则的定义。

10.5　定义描述职工档案的类 Archives，其数据成员为职工号（No[5]）、姓名（Name[8]）、性别（Sex）、年龄（Age），成员函数为构造函数、显示职工信息的函数 Show()。再由职工档案类派生职工工资类 Laborage，在职工工资类 Laborage 中新增加的数据成员为应发工资（Ssalary）、社保金（Security）、实发工资（Fsalary），成员函数为构造函数、显示职工档案及工资的函数。在主函数中用类 Laborage 定义职工对象 lab，并为其赋初始值，然后显示职工档案与工资。

10.6　首先定义描述矩形的类 Rectangle，其数据成员为矩形的长（Length）与宽（Width），成员函数为计算矩形面积的函数 Area() 与构造函数。然后由矩形类派生长方体类 Cuboid，其数据成员为长方体的高 High 与体积 Volume，成员函数为构造函数、计算体积的函数 Vol()，以及显示长、宽、高与体积的函数 Show()。主函数中用长方体类定义长方体对象 cub，并为其赋初始值(10,20,30)。最后显示长方体的长、宽、高与体积。

10.7　首先定义描述矩形的类 Rectangle，其数据成员为矩形的长（Length）与宽（Width），成员函数为计算矩形面积的函数 Area() 与构造函数。其次定义描述长方体高的类 High，其数据成员为长方体的高度 H，成员函数为构造函数。然后由矩形类与高类多重派生长方体类 Cuboid，其数据成员为体积 Volume，成员函数为构造函数、计算体积的函数 Vol()，以及显示长、宽、高与体积的函数 Show()。主函数中用长方体类定义长方体对象 cub，并为其赋初始值(10,20,30)。最后显示长方体的长、宽、高与体积。

10.8 将定义直角坐标系上一个点的类作为基类，派生描述一条直线的类（两点坐标确定一条直线），再派生三角形类（三点坐标确定一个三角形）。要求成员函数能求出两个点之间的距离、三角形的周长和面积。设计一个测试程序，并构成完整的程序。

10.9 阅读下列程序，并写出运行结果。

```cpp
# include <iostream>
# include <string>
using namespace std;
class Father
{   protected:
        char Face[20],Eye[20],Mouth[20];
        float High;
    public:
        Father(char *face,char *eye,char *mouth)
        {   strcpy(Face,face);
            strcpy(Eye,eye);
            strcpy(Mouth,mouth);
        }
        void Print()
        {   cout<<"Father:"<<'\t'<<'\t'<<Face<<'\t'<<Eye<<'\t'<<Mouth<<endl;}
};
class Son:public Father
{   private:
        float High;
    public:
        Son(char *face,char *eye,char *mouth,float high):Father(face,eye,mouth)
        {   High=high;}
        void Print()
        {   cout<<"Son:"<<'\t'<<'\t'<<Face<<'\t'<<Eye<<'\t'<<Mouth<<'\t'<<High<<endl;}
};
class Daughter:public Father
{   private:
        float High;
    public:
        Daughter(char *face,char *eye,char *mouth,float high):Father(face,eye,mouth)
        {   High=high;}
        void Print()
        {   cout<<"Daugther:"<<'\t'<<Face<<'\t'<<Eye<<'\t'<<Mouth<<'\t'<<High<<endl;}
};
int main( )
{   Father ba("square face","big eye","samll mouth");
    Father *pba=&ba;
    pba->Print();
    Son   son("square face","big eye","samll mouth",1.75);
    son.Print();
    Daughter   daug("square face","big eye","samll mouth",1.60);
    daug.Print();
    return 0;
}
```

10.10 阅读下列程序，并写出运行结果。

```cpp
# include <iostream>
using namespace std;
class A
{   private:
        int i,j;
    public:
        A(int a,int b) {i=a;j=b;}
        void add(int x,int y)
        {i+=x;j+=y;}
        void print()
        { cout<<"i="<<i<<'\t'<<"j="<<j<<endl;}
};
    class B:public A
    {   private:
            int x,y;
        public:
            B(int a,int b,int c,int d) :A(a,b)
            {   x=c;y=d;}
            void ad(int a,int b)
            {   x+=a;y+=b;add(-a,-b);}
            void p() {A::print();}
            void print()
            { cout<<"x="<<x<<'\t'<<"y="<<y<<endl;}
    };
    int main( )
{   A a(100,200);
    a.print();
    B b(200,300,400,500);
    b.ad(50,60);
    b.A::print();
    b.print();
    b.p();
    return 0;
}
```

10.11 静态数据成员如何定义？如何初始化？如何引用？

10.12 静态数据成员与非静态数据成员有何本质区别？

10.13 定义描述小汽车的类 Car，将汽车生产厂（Factory）定义为静态数据成员，将汽车颜色（Color）、重量（Weight）定义为私有数据成员。用构造函数对私有数据成员进行初始化，再定义能显示汽车信息的成员函数 Show()。将汽车生产厂 Factory 初始化为别克。在主函数中，定义两辆汽车 car1("red",1000kg)、car2("black",800kg)，并输出这两辆汽车的生产厂、颜色与质量。

# 实　　验

## 1．实验目的

（1）理解继承与派生的概念。

（2）掌握派生类的定义格式与使用方法。

（3）初步掌握派生类构造函数的定义与使用方法，理解构造函数的调用过程及基类成员的初始化过程。

（4）理解冲突、支配规则与赋值兼容规则的概念。

## 2．实验内容

（1）定义描述职工档案的类 Archives，其私有数据成员为职工号（No[5]）、姓名（Name[8]）、性别（Sex）、年龄（Age），成员函数为构造函数、显示职工信息的函数 Show()。再由职工档案类派生职工工资类 Laborage，在职工工资类 Laborage 中新增加的数据成员为应发工资（Ssalary）、社保金（Security）、实发工资（Fsalary），成员函数为构造函数、计算实发工资的函数 Count()（计算公式为：实发工资=应发工资-社保金)、显示职工档案及工资的函数 Display()。在主函数中用 Laborage 类定义职工对象 lab，并为其赋初始值（"1001","Cheng",'M',21,2000,100），然后显示职工档案与工资。

（2）首先定义描述矩形的类 Rectangle，其数据成员为矩形的长（Length）与宽（Width），成员函数为计算矩形面积的函数 Area()与构造函数。其次定义描述长方体高的类 High，其数据成员为长方体的高度 H，成员函数为构造函数。然后由矩形类与高类多重派生长方体类 Cuboid，其数据成员为体积 Volume，成员函数为构造函数、计算体积的函数 Vol()，以及显示长、宽、高与体积的函数 Show()。主函数中用长方体类定义长方体对象 cub，并为其赋初始值(10,20,30)，最后显示长方体的长、宽、高与体积。

（3）定义个人信息类 Person，其数据成员为姓名、性别、出生年月。以 Person 为基类定义一个学生的派生类 Student，增加描述学生的信息：班级、学号、专业、英语成绩和数学成绩。再由基类 Person 定义一个职工的派生类 Employee，增加描述职工的信息：部门、职务、工资。编写程序实现学生和职工信息的输入与输出。

# 第 11 章

# 友元与运算符重载

本章知识点导图

通过本章的学习，应理解友元的概念，掌握将普通函数定义为类的友元函数的方法。理解运算符重载的概念，掌握运算符重载函数的定义方法、调用过程和实际应用。掌握多态性技术的概念及其实现方法。了解虚函数与纯虚函数的概念、定义格式及使用方法。

## 11.1　友元函数

为了保证数据的安全性，通常将类中数据成员的访问权限定义为私有或保护，使数据成员只能在类或其子类中被访问，若在类外，则必须通过该类的公有成员函数才能访问这些数据成员。这种做法虽然保证了数据的安全性，但是给使用带来了许多不便，为此，C++中提供了友元函数，允许在类外访问类中的任何成员。

友元函数可以是普通函数，也可以是某个类的成员函数，甚至可以将某个类说明成另一个类的友元。下面仅就友元函数为普通函数的情况进行讨论。

### 11.1.1　定义普通函数为友元函数

当定义一个类时，若在类中用关键词 friend 修饰普通函数，则该普通函数就成为该类的友元函数，它可以访问该类中的所有成员。定义普通友元函数的格式为：

　　friend <类型> <友元函数名>(形参表);

即只要将用关键词 friend 修饰的普通函数的原型说明写在类中，此时该普通函数就可以访问类中的所有成员。下面用例题进行说明。

【例 11.1】　用友元函数的方法求长方体的体积。

分析：先定义一个描述长方体的类 Cuboid，其私有数据成员为长方体的长（Length）、宽（Width）、高（High），通过构造函数对长方体的数据成员进行初始化（参见下列程序 A 行处）。再定义一个求长方体体积的普通函数 Volume()：

```
float Volume(Cuboid &c)
{return c.Length*c.Width*c.High;}
```

为了计算长方体对象 c 的体积，该函数的形参必须是长方体类的对象 c，并用该长方体对象 c 的长、宽、高计算长方体的体积。由于 Volume() 为普通函数，所以在其函数体内不能使用长方体类 Cuboid 的私有数据成员 Length、Width、High，因而上述函数在编译时会出现错误。解决此问题的方法之一就是将计算长方体体积的普通函数 Volume() 定义为长方体类的友元函数，即在长方体类 Cuboid 中增加一条将普通函数 Volume() 定义为友元函数的语句：

```
friend float Volume(Cuboid &);
```

那么在普通函数 Volume() 内就可使用长方体类 Cuboid 的私有数据成员 Length、Width、High 了。

用友元函数方法求长方体体积的程序如下：

```
# include <iostream>
using namespace std;
class Cuboid                                                //A
{   private:
        float Length,Width,High;
    public:
        Cuboid(float l,float w,float h)
        {   Length=l;Width=w;High=h;}
        friend float Volume(Cuboid &);                     //B
};
float Volume(Cuboid &c)                                    //C
{   return c.Length*c.Width*c.High;}
int main ( )
{   Cuboid c(10,20,30);
    cout<<"长方体积="<<Volume(c)<<endl;
    return 0;
}
```

程序执行后输出：

```
长方体体积=6000
```

在程序中，计算长方体体积的函数 Volume() 是返回类型为 float 的普通函数。由于在类 Cuboid 中的 B 行处用关键词 friend 将 Volume() 定义为 Cuboid 类的友元函数，所以在 Volume() 函数中可以使用类中的私有数据成员 Length、Width、High 来计算长方体的体积。又因为 Volume() 不是类 Cuboid 的成员函数，它没有 this 指针，所以必须用对象名或对象的引用（Cuboid &c）作为友元函数的形参，并在函数体内使用运算符 "." 来访问对象的成员，如 c.Length、c.Width 与 c.High。对友元函数的说明如下。

（1）友元函数并不是类的成员函数，它没有 this 指针，因此必须用对象名或对象的引用作为友元函数的形参，并在函数体内使用运算符 "." 来访问对象的成员。

（2）友元函数必须在类内进行函数的原型说明，其函数的定义部分应写在类外。

（3）友元函数与一般函数的区别：友元函数可访问类内的任一数据成员或成员函数，如矩形类的私有数据 Length、Width 与 High；而一般函数只能访问类的公有数据成员或公有成员函数。

（4）由于友元函数不是类的成员函数，所以类的访问权限对友元函数不起作用。也就是说，友元函数的原型说明写在类的任一位置对其访问权限均没有影响。

（5）由于友元函数可访问类内的所有成员，破坏了数据的安全性，所以使用友元函数必须谨慎，不要通过友元函数对数据成员进行危险的操作。

## 11.1.2　友元注意事项

当使用友元时，应注意以下几点。

（1）友元关系是不传递的。类 A 是类 B 的友元，类 B 是类 C 的友元，但类 A 并不是类 C 的友元。

（2）友元关系不具有交换性。类 A 是类 B 的友元，但类 B 并不一定是类 A 的友元。

（3）友元关系是不能继承的。例如，函数 f()是类 A 的友元，类 A 派生类 B，函数 f()并不是类 B 的友元，除非在类 B 中进行了特殊说明。

# 11.2　运算符重载

## 11.2.1　运算符重载的概念

为了介绍运算符重载的概念，先看一个运算符重载的引例。

### 1. 引例

用"+"运算符完成两个实数、两个复数、两个字符串的相关运算。

（1）实数。设有两个实数，$c_1=10$，$c_2=20$，则这两个实数相加的结果是：$c_1+c_2=10+20=30$。

（2）复数。设有两个复数，$c_1=10+10i$，$c_2=20+20i$，则这两个复数相加的结果是：$c_1+c_2=30+30i$。

（3）字符串。设有两个字符串，$c_1$="ABCD"，$c_2$="EFGH"，则这两个字符串连接的结果是：$c_1+c_2$="ABCDEFGH"

由上例可以看出，同一个运算符"+"可用于完成实数加法、复数加法及字符串连接等不同的运算，从而得到完全不同的结果，这就是"+"运算符的重载。

### 2. 运算符重载

运算符重载就是用同一个运算符完成不同的运算操作。在 C++这种面向对象的程序设计语言中，运算符重载可以完成两个对象的复杂操作（如两个复数的算术运算等）。运算符重载是通过运算符重载函数来完成的。当编译器遇到重载运算符，如复数加法 $c_1+c_2$ 中的加号运算符"+"时，会自动调用"+"运算符的重载函数来完成两个复数对象的加法运算。

### 3. 运算符重载函数

由于运算符重载是通过运算符重载函数来完成的，所以，如何编写运算符重载函数，如何调用运算符重载函数，就成了本章讨论的重点内容。在"运算符重载函数"一词中包含运算符与函数两个概念，由于运算符分为一元运算符、二元运算符，函数又分为友元函数与成员函数，因此，必须分一元运算符重载函数为友元函数、一元运算符重载函数为类的成员函数、二元运算符重载函数为友元函数、二元运算符重载函数为类的成员函数四种情况进行讨论。下面先介绍二元运算符重载函数，然后介绍一元运算符重载函数。

## 11.2.2　二元运算符重载

### 1. 运算符重载函数为友元函数

对于普通函数，读者必须要关注三点，即函数的定义、调用及参数的传送。讨论运算符重载函数同样要将重点放在函数的定义、调用、参数的传送三点上。

（1）重载函数的定义格式。由 11.1 节可知，友元函数的定义格式为：

```
<类型> <友元函数名>(形参表)
{函数体}
```

当重载函数为友元普通函数时，该重载函数不能用对象调用，因此参加运算的两个对象必须以形参方式传送到重载函数体内，即当运算符重载函数为友元函数时，形参通常为两个参加运算的对象。此外，若将其中的<函数名>换成<operator><重载运算符>，则可得二元运算符重载友元函数的定义格式为：

```
<类型> <operator><重载运算符>(形参 1,形参 2)
{函数体}
```

其中，"类型"为运算符重载函数的返回类型。关键词"operator"加上"重载运算符"为重载函数名，即<重载函数名>=<operator><重载运算符>。形参 1 与形参 2 常为参加运算的两个对象的引用。

例如，定义复数类型为 Complex。若要进行两个复数的加法运算 c1+c2，则对加法运算符"+"的重载友元函数可定义为：

```
Complex operator +(Complex &c1,Complex &c2) {函数体}
```

（2）重载函数的调用格式。由 11.1 节可知，友元函数的调用格式为：

```
<函数名>(实参表);
```

由于二元运算符重载友元函数的形参通常为两个，所以其实参也应为两个。此外，若将其中的<函数名>换成<operator><重载运算符>，则可得二元运算符重载友元函数的调用格式为：

```
<operator><重载运算符>(实参 1,实参 2);
```

例如，对复数 c1+c2 进行的加法运算，将转换成对重载函数的调用：

```
operator+(c1,c2);
```

即"+"左边复数对象 c1 成为重载函数的第一个实参，"+"右边复数对象 c2 成为重载函数的第二个实参。

读者必须注意，在进行两个对象的二元运算时，其在程序中所用的语法格式为：

```
<左操作对象><二元运算符><右操作对象>;
```

如 c1+c2。

而在执行上述语句时，系统将自动转换成对重载函数的调用格式：

```
<operator><二元运算符>(左操作对象,右操作对象);
```

如 operator+(c1,c2)。

下面用例子说明两个复数对象加法运算符重载函数的定义与调用。

【例 11.2】 定义一个复数类，用友元函数重载"+"运算符，使这个运算符能直接完成两个复数的加法运算，以及一个复数与一个实数的加法运算。

本题微课视频

程序如下：

```
# include <iostream>
using namespace std;
class   Complex
{  private:
      float Real,Image;
   public:
      Complex(float r=0,float i=0)
      {Real=r;Image=i;}
```

```
    void Show(int i)
    {   cout<<"c"<<i<<"="<<Real<<"+"<<Image<<"i"<<endl;}
    friend Complex operator + (Complex &,Complex &);        //"+"重载函数为友元函数
    friend Complex operator + (Complex &,float);
};
    Complex operator + (Complex &c1,Complex &c2)
    {   Complex t;
        t.Real=c1.Real+c2.Real;
        t.Image=c1.Image+c2.Image;
        return t;
    }
    Complex operator + (Complex &c,float s)
    {   Complex t;
        t.Real=c.Real+s;
        t.Image=c.Image;
        return t;
    }
    int main( )
    {   Complex c1(25,50),c2(100,200),c3;
        c1.Show(1);
        c2.Show(2);
        c3=c1+c2;                                            //c3=(25+50i)+(100+200i)=125+250i
        c3.Show(3);
        c1=c1+200;                                           //c1=25+50i+200=225+50i
        c1.Show(1);
        return 0;
    }
```

执行程序后输出：

```
c1=25+50i
c2=100+200i
c3=125+250i
c1=225+50i
```

在例 11.2 中，重载了运算符"+"，从而实现了复数的加法操作。从主函数中可以看出，重载后运算符的使用方法与普通运算符的使用方法一样方便。例如，复数 c1 加 c2 赋给 c3 的加法运算 c3=c1+c2 与普通实数的加法运算在形式上完全相同，如图 11.1 所示。但实际的执行过程是完全不同的。实现复数加法运算是通过调用加法运算符重载函数来完成的，而对加法运算符重载函数的调用是由系统自动完成的。

图 11.1　c3=c1+c2 的运算

例如，对于主函数中的表达式 c3=c1+c2，编译器将 c1+c2 解释为对"+"运算符重载函数 operator+(c1,c2) 的调用，并将实参 c1、c2 传送给形参 c1、c2，然后执行友元函数：

```
    Complex operator + (Complex &c1,Complex &c2)
    {…}
```

求出复数 c1+c2 的值 t，并返回一个计算结果 t，完成复数 c3=t=c1+c2 的加法运算。

再如，对于主函数中的表达式 c1=c1+200，编译器将 c1+200 解释为对"+"运算符重载函数 operator+( c1,200) 的调用，并将实参 c1、200 分别传送给形参 c、s，然后执行友元函数：

```
Complex operator + (Complex &c,float s)
{…}
```

求出 c1+200 的值 t，并返回一个计算结果 t，完成复数 c1=t=c1+200 的加法运算。

在例 11.2 中，若重载复合运算符"+="可以实现复数的复合赋值运算，如 c2+=c1，那么此时运算符"+="的重载函数定义如下：

```
void operator += (Complex &c1,Complex &c2)
{   c1.Real=c1.Real+c2.Real;
    c1.Image=c1.Image+c2.Image;
}
```

而复合加法运算：

```
c2+=c1;                    //c2=c2+c1= (100+200i)+ (25+50i)=125+250i
```

将被系统解释为对 operator+=(c2,c1)的调用。

（3）说明。对于运算符重载，必须说明以下几点。

① 运算符重载函数名必须为"operator <运算符>"。

② 运算符的重载是通过调用运算符重载函数来实现的。在调用函数时，左操作对象作为重载函数的第一个实参，右操作对象作为重载函数的第二个实参。

③ 形参说明。若重载函数为友元函数，则参加二元运算的左操作对象、右操作对象分别为调用重载函数的第一个实参和第二个实参。因此，当重载函数为友元函数时，其参数通常为两个，即左操作对象和右操作对象。例如，在例 11.2 中，二元加法运算 c1+c2 被解释为对重载友元函数 operator+(c1,c2)的调用，此时重载函数有两个参数。

④ 运算符重载函数的返回类型。若两个同类对象进行二元运算后的结果类型仍为原类型，则运算符重载函数的返回类型应为原类型。例如，在例 11.2 中，由于两个复数运算的结果仍为复数，所以例中的运算符重载函数的返回类型均为复数类型 Complex。

（4）C++中允许重载的运算符如表 11.1 所示。

表 11.1　C++中允许重载的运算符

| + | – | * | / | % | ^ | & | \| |
|---|---|---|---|---|---|---|---|
| ~ | ! | , | = | < | > | <= | >= |
| ++ | -- | << | >> | == | != | && | \|\| |
| += | -= | *= | /= | %= | ^= | &= | \|= |
| <<= | >>= | [] | () | -> | ->* | new | delete |

（5）C++中不允许重载的运算符如表 11.2 所示。

表 11.2　C++中不允许重载的运算符

| 运　算　符 | 运算符的含义 | 不允许重载的原因 |
|---|---|---|
| ?: | 三目运算符 | C++中没有定义三目运算符的语法 |
| • | 成员操作符 | 为保证成员操作符对成员访问的安全性 |
| * | 成员指针操作符 | 为保证成员指针操作符对成员访问的安全性 |
| :: | 作用域运算符 | 因该操作符左边的操作对象是一个类型名，而不是一个表达式 |
| sizeof | 求字节数操作符 | 其操作对象是一个类型名，而不是一个表达式 |

（6）只能对 C++中已定义了的运算符进行重载。当重载一个运算符时，该运算符的优先级和结合性是不能改变的。

## 2. 运算符重载函数为类的成员函数

（1）重载函数的定义格式。当重载函数为类的成员函数时，该重载函数必须用对象调用，因此参加运算的左操作对象成为调用重载函数的对象，右操作对象成为重载函数的实参。也就是说，当运算符重载函数为类的成员函数时，形参通常为一个，即右操作对象。由此得运算符重载函数为类的成员函数的一般定义格式为：

　　　　<类型><类名>::<operator><重载运算符>(形参)
　　　　{函数体}

其中，"类型"为运算符重载函数的返回类型；"类名"为成员函数所属类的类名；Operator <重载运算符>为重载函数名；"形参"常为参加运算的操作对象或数据。

（2）重载函数的调用格式。二元运算符重载类的成员函数的调用格式为：

　　　　<对象名>.<operator><重载运算符>(实参);

其中，"对象名"为重载运算符的左操作对象；"实参"为重载运算符的右操作对象。

下面举例说明当运算符重载函数为类的成员函数时的定义与调用。

**【例 11.3】** 用成员运算符重载函数实现例 11.2 中复数的加法运算。

程序如下：

本题微课视频

```cpp
# include <iostream>
using namespace std;
class Complex
{   private:
        float Real,Image;
    public:
        Complex(float r=0,float i=0)
        {   Real=r;Image=i;}
        void Show(int i)                    //显示输出复数
        {   cout<<"c"<<i<<"=" <<Real<<"+"<<Image<<"i"<<endl;}
        Complex operator + (Complex &c);    // "+" 运算符重载函数完成两个复数的加法运算
        Complex operator + (float s);       // "+" 运算符重载函数完成复数实部与实数的加法运算
};
Complex Complex::operator + (Complex &c)
{   Complex t;
    t.Real=Real+c.Real;
    t.Image=Image+c.Image;
    return t;
}
Complex Complex::operator + (float s)
{   Complex t;
    t.Real=Real+s;
    t.Image=Image;
    return t;
}
int main( )
{   Complex c1(25,50),c2(100,200) ,c3;
    c1.Show(1);
    c2.Show(2);
    c3=c1+c2;                               //c3=(25+50i)+(100+200i)=125+250i
```

```
        c3.Show(3);
        c1=c1+200;                    //c1=(25+50i)+200=225+50i
        c1.Show(1);
        return 0;
    }
```

程序执行后输出：

```
    c1=25+50i
    c2=100+200i
    c3=125+250i
    c1=225+50i
```

在此例中，"+"运算符的重载函数均为类的成员函数。

从主函数中可以看出，用友元函数与类的成员函数作为运算符重载函数，就运算符的使用来讲，是一样的，都是 c3=c1+c2，但编译器的处理方法是不同的。例如，对表达式 c3=c1+c2 的处理是，先将 c1+c2 变换为对类的成员函数的调用 c1.operator+(c2)，再将函数返回结果即两复数的和 t 赋给复数 c3，因此表达式 c3=c1+c2 实际执行了 c3= c1.operator+(c2)的函数调用及赋值工作。

再如，对于主函数中的表达式 c1=c1+200，编译器将 c1+200 解释为对"+"运算符重载函数 c1.operator+(200) 的调用，c1 作为调用重载函数的对象，将实参 200 传送给形参 s。然后执行成员函数 Complex Complex::operator + (float s){ …}，求出 c1+200 的值 t，并返回一个计算结果 t，完成复数 c1=t=c1+200 的加法运算。

类的成员函数与友元函数作为二元运算符重载函数的另一个区别是：当重载函数为类的成员函数时，二元运算符的左操作对象为调用重载函数的对象，右操作对象为调用重载函数的实参；当重载函数为友元函数时，二元运算符的左操作对象为调用重载函数的第一个实参，右操作对象为调用重载函数的第二个实参。

## 11.2.3  一元运算符重载

### 1. 一元运算符重载函数为友元函数

（1）重载函数的定义格式。一元运算符重载函数为友元函数的定义格式为：

```
<类型>operator <一元运算符>(形参)
{函数体}
```

现对典型一元运算符"++"重载函数进行讨论。对于一元运算符"++"存在前置与后置问题，因此在定义函数时会有区别。

① 当前置"++"运算符时，重载函数的定义格式为：

```
<类型>operator ++(<类名> & <对象>)
{函数体}
```

② 当后置"++"运算符时，重载函数的定义格式为：

```
<类型>operator ++(<类名> & <对象>,int )
{函数体}
```

由于用运算符重载函数来实现"++"运算，所以这里的"++"是广义上的增量运算符。在后置运算符重载函数中，形参 int 仅用于区分前置还是后置，并无实际意义，可以给它一个变量名，也可不给变量名。

（2）重载函数的调用格式。

① 当前置"++"运算符时，重载函数的调用格式为：

　　operator ++(<操作对象名>);

② 当后置"++"运算符时，重载函数的调用格式为：

　　operator ++(<操作对象名>,1)

即<操作对象名>的后置"++"运算"<操作对象>++"被转换成对重载函数的调用"operator ++(<操作对象名>,1)"。

　　下面以计数器对象自加为例，说明一元运算符重载函数为友元函数的定义与调用方法。

**【例 11.4】** 定义一个描述时间计数器的类，用三个数据成员分别存放时、分和秒。用友元函数重载"++"运算符，实现计数器对象的加 1 运算。

程序如下：

```
# include <iostream>
using namespace std;
class TCount
{ private:
    int Hour,Minute,Second;
  public:
    TCount()                                    //定义默认值为 0 的构造函数
    {  Hour=Minute=Second=0;}
    TCount (int h,int m,int s)
    {  Hour=h;Minute=m;Second=s;}
    friend TCount & operator ++(TCount &t );    //定义前置"++"运算符重载友元函数
    friend TCount operator ++( TCount &t ,int );//定义后置"++"运算符重载友元函数
    void Show(int i )                           //定义显示时、分、秒的成员函数
    {  cout<<"t"<<i<<"="<<Hour<<":"<<Minute<<":"<<Second<<endl;}
};
TCount & operator ++ (TCount & t)
{   t.Second++;
    if (t.Second==60)
    {  t.Second=0;
       t.Minute++;
       if (t.Minute==60)
       {  t.Minute=0;
          t.Hour++;
          if (t.Hour==24)
          {  t.Hour=0;}
       }
    }
    return t;
}
TCount operator++ (TCount & t,int )
{   TCount temp=t;
    t.Second++;
    if (t.Second==60)
    {  t.Second=0;
       t.Minute++;
       if (t.Minute==60)
       {  t.Minute=0;
          t.Hour++;
          if (t.Hour==24)
```

```
                { t.Hour=0;}
            }
        }
        return temp;
    }
    int main( )
    {   TCount   t1(10,25,50),t2,t3;            //定义时间计数器对象 t1=10:25:50
        t1.Show(1);
        t2=++t1;                                //先加后用，即先将 t1 自加，然后将 t1 赋给 t2
        t1.Show(1);
        t2.Show(2);
        t3=t1++;                                //先用后加，即先将 t1 赋给 t3，然后将 t1 自加
        t1.Show(1);
        t3.Show(3);
        return 0;
    }
```

程序执行后输出：

```
    t1=10:25:50
    t1=10:25:51
    t2=10:25:51
    t1=10:25:52
    t3=10:25:51
```

**说明：**

（1）TCount 为描述时间计数器的类，其数据成员 Hour、Minute、Second 分别代表时、分、秒。在主函数中定义时间计数器对象 t1、t2、t3，t1 的初始值为 10:25:50。

（2）对对象的自加操作"++"是对时间计数器对象的秒加 1 的运算。当秒计满 60 后，将其清 0 并对分加 1；当分计满 60 后，将其清 0 并对时加 1；当时计满 24 后，将其清 0。

（3）对前置"++"运算符重载友元函数的说明。主函数中 t2=++t1;语句的含义是：先将 t1 自加，然后将自加后的 t1 的值赋给 t2。该语句操作是通过调用前置"++"运算符重载友元函数来实现的。在执行 t2=++t1;语句时，编译系统将其解释为对重载函数的调用：

```
    t2=operator ++ (t1);
```

为了实现对 t1 的自加操作，重载函数的形参 t 必须与实参 t1 占用同一存储空间，使对形参 t 的自加操作变为对实参 t1 的自加操作。为此，形参 t 必须定义为时间计数器类 TCount 的引用，即 TCount & t。此外，为了能将 t 自加的结果通过函数值返回 t2，重载函数的返回类型必须与形参 t 的返回类型相同，即为时间计数器类 TCount 的引用。因此前置"++"运算符重载友元函数定义为：

```
    TCount & operator ++ (TCount & t)          //重载函数的返回类型与形参 t 的返回类型相同，均为 TCount &
    {...}
```

当系统自动调用前置"++"运算符重载友元函数时，形参 t 与实参 t1 自加后，用 returnt 语句将自加的结果通过函数返回并赋给 t2。从而实现对 t1 先自加后赋值给 t2 的操作。

（4）对后置"++"运算符重载友元函数的说明。主函数中 t3=t1++;语句的含义是：先将 t1 的当前值赋给 t3，然后将 t1 自加。该语句操作是通过调用后置"++"运算符重载友元函数来实现的。在执行 t3=t1++;语句时，编译系统将其解释为对重载函数的调用：

```
    t3=operator ++ (t1,1);
```

为了实现对 t1 的自加操作，重载函数的形参 t 必须与实参 t1 占用同一存储空间，使对形参 t 的

自加操作变为对实参 t1 的自加操作。为此,形参 t 必须定义为时间计数器类 TCount 的引用,即 TCount & t。此外,为了能将 t 自加前的结果通过函数值返回 t3,重载函数内的第一条语句定义了 TCount 类的临时对象 temp,并将自加前 t 的值赋给 temp,在函数的最后用 return temp;语句返回自加前的 t 值。重载函数的返回类型必须与对象 temp 的返回类型相同, 即 TCount 类型。因此后置 "++" 运算符重载友元函数定义为:

```
TCount operator ++ (TCount & t,int)        //函数返回类型与 temp 的返回类型相同, 均为 TCount 类型
{…}
```

当系统自动调用后置 "++" 运算符重载友元函数时, 形参 t 与实参 t1 自加后, 用 return temp;语句将自加前的结果通过函数返回并赋给 t3。从而实现先将 t1 赋给 t3 后将 t1 自加的操作。

### 2. 一元运算符重载函数为类的成员函数

(1) 重载函数的定义格式。

① 当前置 "++" 运算符时,重载函数的定义格式为:

```
<类型><类名>::operator ++ ()
{函数体}
```

② 当后置 "++" 运算符时,重载函数的定义格式为:

```
<类型><类名>::operator ++(int)
{函数体}
```

在后置运算符重载函数中, 形参 int 仅用于区分前置还是后置, 并无实际意义。

(2) 重载函数的调用格式。

① 当前置 "++" 运算符时,重载函数的调用格式为:

```
<操作对象>.operator ++ ();
```

② 当后置 "++" 运算符时,重载函数的调用格式为:

```
<操作对象>.operator ++(1)
```

下面以计数器对象自加为例, 说明一元运算符重载为类的成员函数的定义与调用方法。

【例 11.5】 定义一个描述时间计数器的类,三个数据成员分别用于存放时、分和秒。用成员函数重载 "++" 运算符,实现计数器对象的加 1 运算。

程序如下:

```
# include <iostream>
using namespace std;
class TCount
{   private:
        int Hour,Minute,Second;
    public:
        TCount (int h=0,int m=0,int s=0)
        { Hour=h;Minute=m;Second=s;}
        TCount operator ++ ();              //定义前置 "++" 运算符重载成员函数
        TCount operator ++( int );          //定义后置 "++" 运算符重载成员函数
        void Show(int i )
        {cout<<"t"<<i<<"="<<Hour<<":"<<Minute<<":"<<Second<<endl;}
};
TCount TCount ::operator ++ ()
{   Second++;
```

```
            if (Second==60)
            {   Second=0;
                Minute++;
                if (Minute==60)
                {   Minute=0;
                    Hour++;
                    if (Hour==24)
                    { Hour=0;}
                }
            }
            return *this;
        }
        TCount TCount::operator++ (int )
        {   TCount temp=*this;
            Second++;
            if (Second==60)
            {   Second=0;
                Minute++;
                if (Minute==60)
                {   Minute=0;
                    Hour++;
                    if (Hour==24)
                    { Hour=0;}
                }
            }
            return temp;
        }
        int main( )
        {   TCount   t1(10,25,50),t2,t3;          // t1=10:25:50
            t1.Show(1);
            t2=++t1;                              //先加后用
            t1.Show(1);
            t2.Show(2);
            t3=t1++;                              //先用后加
            t1.Show(1);
            t3.Show(3);
            return 0;
        }
```

程序执行后输出：

```
    t1=10:25:50
    t1=10:25:51
    t2=10:25:51
    t1=10:25:52
    t3=10:25:51
```

**说明：**

（1）前置"++"运算符重载成员函数的说明。在主函数中，当执行 t2=++t1;语句时，先将 t1 自加，然后将 t1 赋给 t2。该语句操作是通过调用前置"++"运算符重载成员函数来实现的。在执行 t2=++t1;语句时，编译系统将其解释为对重载函数的调用：

        t2=t1.operator ++ ();

由于重载函数为对象 t1 的成员函数，所以函数体对 Hour、Minute、Second 的自加操作就是对 t1

的数据成员 Hour、Minute、Second 的自加操作，因此可完成对计数器对象 t1 的加 1 操作。

为了实现前置 "++" 运算，应将加 1 后的对象值 t1 作为返回值，即用 return t1;语句返回当前对象 t1 值。但在重载函数体内并不能直接使用对象 t1，即无法使用 return t1;语句。这时必须使用指向当前对象 t1 的指针 this，如图 11.2 所示。由于*this=t1，所以用 return *this 可将自加后的 t1 值返回调用函数，并赋给对象 t2。由于将对象 t1 的值作为函数返回值，所以重载函数的类型应与 t1 的类型相同，为 TCount 类型。

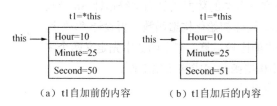

（a）t1自加前的内容　　　　（b）t1自加后的内容

图 11.2　系统为 t1 分配的存储空间及 this 指针

（2）后置 "++" 运算符重载成员函数的说明。在主函数中，当执行 t3=t1++;语句时，先将 t1 赋给 t3，然后将 t1 自加。该语句操作是通过调用后置 "++" 运算符重载成员函数来实现的。在执行 t3=t1++;语句时，编译系统将其解释为对重载函数的调用：

　　　　t3=t1.operator ++ (1);

为了实现后置 "++" 运算，应将加 1 前的对象值 t1 作为返回值，这时应使用指向当前对象 t1 的指针 this。在后置重载函数中，先用 TCount 类定义一个临时对象 temp，并将 t1 值（*this 值）赋给 temp，在函数最后用 return temp;语句将加 1 前的 t1 的值返回函数，并赋给对象 t3，如图 11.3 所示。

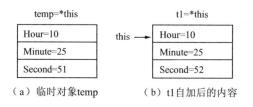

（a）临时对象temp　　　　（b）t1自加后的内容

图 11.3　t1 对象、this 指针与临时对象 temp

（3）在用成员函数实现一元运算符的重载时，运算符的左操作对象或右操作对象为调用重载函数的对象。因为要使用隐含的 this 指针，所以运算符重载函数不能定义为静态成员函数（静态成员函数中没有 this 指针）。

## 11.2.4　字符串类运算符重载

C++系统提供的字符串处理能力比较弱，字符串的复制、连接、比较等操作不能直接通过 "="　"+"　">" 等运算操作符完成，而必须通过字符处理函数来完成。例如，有字符串 s1="ABC"，s2="DEF"，若要完成 s=s1+s2="ABCDEF"的工作，就需要调用字符串处理函数 strcpy(s,s1)与 strcat(s,s2)才能完成两个字符串的拼接工作。通过 C++提供的运算符重载机制，可以提供对字符串直接操作的能力，使得对字符串的操作与对一般数据的操作一样方便。例如，将字符串 s1 与 s2 拼接成字符串 s 的工作，用 "+" 与 "=" 运算符组成的表达式 s=s1+s2 即可完成；判断字符串 s1 与 s2 的大小，只需用 ">" 运算符表示为 if(s1>s2){…}即可。

由于字符串运算符一般为二元运算符，其重载函数的定义格式与二元运算符的定义格式类似，此处不再赘述。下面通过例题来说明字符串运算符重载函数的定义与调用方法，以及重载后字符串运算符的使用方法。

【例 11.6】 编写字符串运算符"＞"的重载函数，使运算符"＞"完成两个字符串的比较运算，实现字符串的直接比较。分别用成员函数与友元函数编写重载函数。

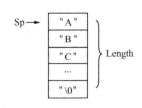

图 11.4　描述字符串类的数据成员

分析：字符串可用指向字符串的指针变量 Sp 及字符串长度 Length 来描述。因此描述字符串类的数据成员为字符指针 Sp 及长度 Length，如图 11.4 所示。设计初始化构造函数。再设计"＞"运算符重载函数，完成字符串的比较运算。在主函数中先定义两个字符串对象 s1 和 s2，并调用构造函数完成初始化工作。

（1）用成员函数的程序设计。

```cpp
# include <iostream>
# include <string>
using namespace std;
class String                               //定义字符串类
{   private:
        int Length;
        char *Sp;
    public:
        String(char *s)                    //定义带参构造函数
        {   Length=strlen(s);
            Sp=new char[Length +1];
            strcpy(Sp,s);
        }
        ~String()                          //定义析构函数
        {   if (Sp) delete []Sp;}
        void Show()                        //定义显示字符串函数
        { cout<<Sp<<endl;}
        int operator>(String &s)           //定义字符串比较成员函数
        {   if (strcmp(Sp,s.Sp)>0)
               return 1;
            else
               return 0;
        }
};
int main ( )
{   String s1("software"),s2("hardware");
    s1.Show();
    s2.Show();
    if (s1>s2)
        cout<<"s1>s2"<<endl;
    else
        cout<<"s1<s2"<<endl;
    return 0;
}
```

程序执行后输出：

```
software
hardware
s1>s2
```

以下是对上述程序的几点说明。

① 在初始化构造函数体内，首先用函数 strlen()求出字符串 s 的长度，并赋给 Length。然后用 new 运算符动态定义字符数组，并将字符数组首地址赋给字符串指针 Sp。最后用字符串复制函数 strcpy()将字符串 s 复制到 Sp 所指字符串中。完成 String 类对象数据成员 Length 与 Sp 的初始化工作。

② 在字符串比较 ">" 运算符重载成员函数中，形参为 String 类的引用 s。使用引用的目的是，在调用重载函数时系统不再为形参 s 分配存储空间。从而达到当重载函数运算结束时，不动态删除 Sp 所指存储空间的目的。

③ 因为字符串 ">" 运算符重载函数为成员函数，所以在参加运算的两个字符串对象中，左字符串对象 s1 为调用重载函数的对象，而右字符串对象 s2 必须以形参方式输入函数体内，即重载函数的形参为一个 String 类型对象的引用。在函数体内，用 strcmp()函数比较 s1 和 s2 的大小，如果 s1 大于 s2，则返回 1；否则返回 0。

④ 当执行主函数中的字符串比较语句 if(s1>s2)时，系统将调用 ">" 运算符重载函数，即执行函数调用 s1.operator>(s2)，因此，if 语句实则为 if(s1.operator>(s2))。

（2）用友元函数的程序设计。

当二元运算符重载函数为友元函数时，其形参为两个字符串对象，因此只需将 String 类中 ">" 重载函数的原型说明改为友元函数说明：

```
friend int operator>(String &s1,String &s2);
```

将 ">" 重载函数定义改为普通函数定义：

```
int operator + (String & s1,String & s2)
{   if (strcmp(s1.Sp,s2.Sp)>0)
        return 1;
    else
        return 0;
}
```

即可用友元函数实现字符串对象的比较操作。

同样，可以编写字符串运算符 "+" 的重载函数，使运算符 "+"完成两个字符串的拼接运算，实现字符串直接操作运算。可以用成员函数与友元函数编写重载函数。此程序由读者自己完成。

# 11.3 多态性与虚函数

## 11.3.1 多态性技术

### 1. 多态性技术的概念

函数重载是指用同名函数完成不同的函数功能，最典型的实例是构造函数重载。运算符重载是指用同名运算符完成不同的运算操作。例如，用 "+" 运算符完成实数加法、复数加法、字符串连接等不同的运算操作。

上述函数重载与运算符重载就是 C++中的多态性技术。多态性技术是指调用同名函数完成不同的函数功能，或使用同名运算符完成不同的运算功能。它常用重载技术与虚函数来实现。在 C++中，将多态性分为两类：编译时的多态性和运行时的多态性。

### 2．编译时的多态性

编译时的多态性也称静态多态性。编译时的多态性是通过函数的重载或运算符的重载来实现的。函数的重载就是根据函数调用时给出不同类型的或不同个数的实参，在程序执行前就能确定调用哪一个函数。对于运算符的重载，根据不同的运算对象，就可确定在编译时执行哪一种运算。例如，复数与实数的"+"运算：c3=c1+c2 与 a3=a1+a2，根据参加"+"运算的对象是复数 c1、c2 还是实数 a1、a2，就可确定是调用复数加法重载函数，还是进行普通实数的加法运算。

### 3．运行时的多态性

运行时的多态性也称动态多态性。运行时的多态性，是指在程序执行前根据函数名和参数无法确定应该调用哪一个函数，必须在程序执行的过程中，根据具体执行情况来动态地确定。运行时的多态性是通过类的继承关系和虚函数来实现的，主要用于实现一些通用程序的设计。

## 11.3.2　虚函数

### 1．虚函数的概念

在基类中用关键字 virtual 修饰的成员函数称为虚函数，在派生类中定义的与基类虚函数同名、同参数、同返回类型的成员函数也称为虚函数。

### 2．虚函数的定义格式

虚函数的定义格式如下：

```
virtual <类型> <函数名>(参数)
{函数体}
```

### 3．用虚函数实现运行时的多态性的方法

用虚函数实现运行时的多态性的方法如下。

（1）在基类中定义虚函数。

（2）在派生类中定义与基类虚函数同名、同参数、同返回类型的成员函数，即派生类中的虚函数。虽然基类中的虚函数与各派生类中的虚函数同名、同参数，但是由于各虚函数的函数体是不同的，所以可用同名虚函数在运行时完成对不同对象的操作，从而实现运行时的多态性。

（3）在主函数中的操作步骤。

① 用基类定义指针变量。例如：

```
<基类>*p;
```

② 将基类对象地址或派生类对象地址赋给该指针变量。例如：

```
p=&<基类对象>;
```

或

```
p=&<派生类对象>;
```

③ 用"<指针变量>→<虚函数>(实参);"的方式调用基类或派生类中的虚函数。例如：

```
p→<虚函数>(实参);
```

下面举例说明用虚函数实现运行时的多态性的方法。

【例 11.7】 定义基类 High，其数据成员为高 H，定义成员函数 Show()为虚函数。然后由基类 High 派生长方体类 Cuboid 与圆柱体类 Cylinder。并在两个派生类中定义成员函数 Show()为虚函数。在主函数中，用基类 High 定义指针变量 p，然后用指针变量 p 动态调用基类与派生类中的虚函数 Show()，显示长方体与圆柱体的体积。

本题微课视频

程序如下：

```cpp
# include <iostream>
using namespace std;
class High
{   protected:
        float H;
    public:
        High(float h)
        {   H=h;}
        virtual void Show()                    //在基类中定义虚函数 Show()
        {   cout<<"High="<<H<<endl;}
};
class Cuboid:public High
{   private:
        float Length,Width;
    public:
        Cuboid(float l=0,float w=0,float h=0):High(h)
        {   Length=l; Width=w;}
        void Show()                            //在长方体派生类中定义虚函数 Show()
        {   cout<<"Length="<<Length<<'\t';
            cout<<"Width="<<Width<<'\t';
            cout<<"High="<<H<<'\n';
            cout<<"Cuboid Volume="<<Length*Width*H<<endl;
        }
};
class Cylinder:public High
{   private:
        float R;
    public:
        Cylinder(float r=0,float h=0):High(h)
        {R=r;}
        void Show()                            //在圆柱体派生类中定义虚函数 Show()
        {   cout<<"Radius="<<R<<'\t';
            cout<<"High="<<H<<'\n';
            cout<<"Cylinder Volume="<<R*R*3.1415*H<<endl;
        }
};
int main( )
{   High h(10),*p;
    Cuboid cu(10,10,10);
    Cylinder cy(10,10);
    p=&h;
    p->Show();
    p=&cu;
    p->Show();
    p=&cy;
    p->Show();
    return 0;
}
```

程序执行后输出：

```
High=10
Length=10            Width=10            High=10
Cuboid Volume=1000
Radius=10            High=10
Cylinder Volume=3141.5
```

在主函数中，将基类对象的地址&h 与派生类对象的地址&cu、&cy 依次赋给基类类型的指针变量 p。当基类指针变量指向不同的对象时，尽管调用的形式完全相同，均为 p->Show()，但调用了不同对象中的函数，因此输出了不同的结果，这就是运行时的多态性。

关于虚函数，有如下几点说明。

（1）在基类中将成员函数定义为虚函数后，在其派生类中定义的虚函数必须与基类中的虚函数同名、同参数、同返回类型，如例 11.7 中基类与派生类中的虚函数名均为 Show、均无参数，返回类型均为 void。在定义派生类中的虚函数时，可不加关键词 virtual。

（2）在实现运行时的多态性时，必须使用基类类型的指针变量，使该指针指向不同派生类的对象，并通过调用指针所指向的虚函数才能实现运行时的多态性。

（3）虚函数必须是类的一个成员函数，不能是友元函数，也不能是静态的成员函数。

（4）若派生类中没有定义虚函数，则在将派生类对象地址赋给基类定义的指针变量后，用"指针变量→虚函数(实参);"的方式调用虚函数，此时调用的虚函数是基类的虚函数。

（5）可将析构函数定义为虚函数，但不可将构造函数定义为虚函数。通常在释放基类和派生类中动态申请的存储空间时，要将析构函数定义为虚函数，以便实现撤销对象时的多态性。

（6）与一般函数相比，在调用虚函数时的执行速度要慢一些。为了实现多态性，在每个派生类中均要保持相应虚函数的入口地址表，函数调用机制也是间接实现的。因此，除了在编写一些通用的程序并一定要使用虚函数才能完成其功能要求的情况下，通常不必使用虚函数。

### 11.3.3　纯虚函数

在定义一个基类时，若无法定义基类中虚函数的具体操作，那么虚函数的具体操作将完全取决于其不同的派生类。这时，可将基类中的虚函数定义为纯虚函数。定义纯虚函数的一般格式为：

virtual<类型> <纯虚函数名>(形参表)=0;

由纯虚函数的定义格式可以看出如下几点。

（1）由于纯虚函数无函数体，所以在派生类中没有重新定义纯虚函数之前是不能调用这种函数的。

（2）将函数名赋值为 0 的含义是，将指向函数体的指针值赋初值 0。

（3）将至少包含一个纯虚函数的类称为抽象类。抽象类只能作为派生类的基类，不能用来定义对象，理由很明显：因为虚函数没有实现部分，所以不能产生对象。但可定义抽象类的指针变量，当用这种指针变量指向其派生类的对象时，必须在派生类中重载纯虚函数，否则在程序运行过程中会出现错误。

【例 11.8】　定义抽象基类 High，其数据成员为高 H，定义 Show()为纯虚函数。然后由基类 High 派生长方体类 Cuboid 与圆柱体类 Cylinder。并在两个派生类中重新定义虚函数 Show()。在主函数中，用基类 High 定义指针变量 p，然后用指针变量 p 动态地调用派生类中的虚函数 Show()，显示长方体与圆柱体的体积。

程序如下：

```cpp
# include <iostream>
using namespace std;
class High
{   protected:
        float H;
    public:
        High(float h)
        {H=h;}
        virtual void Show()=0;                        //在基类中定义纯虚函数 Show()
};
class Cuboid:public High
{   private:
        float Length,Width;
    public:
        Cuboid(float l=0,float w=0,float h=0):High(h)
        {Length=l; Width=w;}
        void Show()                                   //在长方体派生类中定义虚函数 Show()
        {   cout<<"Length="<<Length<<'\t';
            cout<<"Width="<<Width<<'\t';
            cout<<"High="<<H<<'\n';
            cout<<"Cuboid Volume="<<Length*Width*H<<endl;
        }
};
class Cylinder:public High
{   private:
        float R;
    public:
        Cylinder(float r=0,float h=0):High(h)
        {   R=r;}
        void Show()                                   //在圆柱体派生类中定义虚函数 Show()
        {   cout<<"Radius="<<R<<'\t';
            cout<<"High="<<H<<'\n';
            cout<<"Cylinder Volume="<<R*R*3.1415*H<<endl;
        }
};
int main( )
{   High *p;
    Cuboid    cu(10,10,10);
    Cylinder cy(10,10);
    p=&cu;
    p->Show();
    p=&cy;
    p->Show();
    return 0;
}
```

程序执行后输出：

```
Length=10          Width=10          High=10
Cuboid Volume=1000
Radius=10          High=10
Cylinder Volume=3141.5
```

若在主函数中增加如下语句：

    High h;

那么抽象类 High 将不能定义对象，在编译时将给出错误信息。

（4）在以抽象类作为基类的派生类中必须有纯虚函数的实现部分，即必须有重载纯虚函数的函数体，否则，这样的派生类是不能定义对象的。

## 11.4 类与对象的特性

在第 9～11 章中，介绍了类与对象的许多特性，如封装性、派生与继承性、多态性等。本节再对这些特性做如下小结。

### 1. 封装性

面向对象的程序设计方法（OOP）是将描述某一类事物的数据与所有处理这些数据的函数封装成一个类。这样做的好处是，可以将描述一个事物的数据隐藏起来，可以做到只有通过类中的函数才能修改类中的数据。数据结构的变化仅影响封装在一起的函数。同样，修改函数仅影响封装在一起的数据。真正实现了封装在一起的函数和数据不受外界的影响。

用类可以定义对象，对象数据与数据处理函数组成一个完全独立的模块，对象中的私有数据只能由对象中的函数进行处理，其他任何函数都不能对其进行处理，这种特性称封装性。封装性使对象中的私有数据在对象的外部不可见，外部只能通过公共的接口（对象中公有函数）与对象中的私有数据产生联系，从而可以显著提高程序模块的独立性和可维护性。

### 2. 派生与继承性

一个类可以派生子类。子类可以从它的父类部分或全部地继承各种函数（方法）与数据（属性），并增加新的函数或数据。类的封装性为类的继承提供了基础。

例如，VC++中的按钮基类可派生普通按钮、图标按钮、快捷按钮 3 个子类按钮。这 3 个子类按钮都继承了按钮基类的全部数据与程序代码。利用派生与继承性可由基类派生子类，减少程序设计的编程量。

### 3. 多态性

对象之间传送的信息称为消息，当同一个消息为不同对象所接收时，可以导致完全不同的行为，这种特性称为多态性。例如，在类中定义两个取绝对值同名函数 abs (int x) 和 abs (double x)，然后由对象调用取绝对值函数 abs(-3)。此时，对象会将消息（实参-3）传送给函数的形参，而对象会根据消息的数据类型（整型或实型）调用对应函数来完成对整数或实数取绝对值的任务。这就是用重载函数完成多态性的例子。

多态性的重要性在于允许一个类体系的不同对象各自以不同的方式响应同一个消息，这样就可以实现"同一接口，多种方法"。

类的多态性是通过多态性技术实现的。多态性技术是指调用同名函数完成不同的函数功能，或者使用同名运算符完成不同的运算功能，它常用重载技术与虚函数来实现。函数重载或运算符重载均属于编译时的多态性，虚函数属于运行时的多态性。

#### 4．对象的消息机制

对象是类的一个实例，类在程序运行时被用作样板来定义对象。对象是动态产生和动态消亡的。对象之间的通信是通过系统提供的消息机制来实现的。系统或对象可把一个消息发送给一个指定的对象或某一类对象。接收消息的对象必须处理接收的消息，对象对消息的处理是通过激活本对象内相应的函数来实现的，并根据处理的情况返回适当的结果。

面向对象的程序设计 VC++ 就是用类来描述客观世界中的事物的。VC++ 类库（MFC）为用户提供了大量的类（如窗口类、输出类、图形类、文档模板类）供用户编程开发使用。用户只要知道这些类的接口功能、作用及用法，并使用这些类定义对象，便可实现对 Windows 中窗口、图形、文档模板等的设计，而不需要了解类中的程序代码与数据结构。这无疑为用户设计复杂问题的程序提供了便利。

# 本 章 小 结

#### 1．友元

为了能在类外直接使用类的私有成员或保护成员，C++提供了友元。将普通函数定义为某类友元函数的方法是，在该类中增加用 friend 修饰的普通函数的原型说明。此时，可在普通函数中使用类的私有成员或保护成员。

#### 2．运算符重载

运算符重载是指用同一运算符完成不同的运算操作。运算符重载是通过运算符重载函数来实现的。运算符重载函数分为一元运算符重载函数和二元运算符重载函数。运算符重载函数可通过成员函数或友元函数来实现。

（1）二元运算符重载函数。

① 用友元函数重载运算符。

重载函数作为普通友元函数一般应写在类外。

在执行运算符操作时，编译器将对运算符的操作解释为对运算符友元重载函数的调用，并将运算符左、右操作对象作为调用友元重载函数的实参。

② 用成员函数重载运算符。

在执行运算符操作时，编译器将对运算符的操作解释为对运算符成员重载函数的调用，并将运算符左操作对象作为调用重载函数的对象，右操作对象作为重载函数的实参。

（2）一元运算符重载函数。

① 用成员函数重载"++"运算符。

前置"++"：<类型><类名>::<operator><++>()。

后置"++"：<类型><类名>::<operator><++>(int)。

② 用友元函数重载"++"运算符。

前置"++"：friend <类型><operator><++>(类名 &)。

后置"++"：friend <类型><operator><++>(类名&,int)。

其中，形参中的 int 只用于区别是前置"++"重载函数，还是后置"++"重载函数，并无整型参数的含义。对于前置"++"成员函数，必须用 this 指针返回自加结果。

（3）字符串运算符重载函数。使用字符串运算符重载函数，可使字符串的复制、连接、比较等操作直接用字符串运算符"="" +"">"" <"来实现。字符串常进行二元运算，其重载函数的定义格式与二元运算符重载函数的定义格式相同。

### 3. 多态性技术

多态性技术是指调用同名函数完成不同的函数功能，或者使用同名运算符完成不同的运算功能，它常用重载技术与虚函数来实现。函数重载或运算符重载均属于编译时的多态性，虚函数属于运行时的多态性。

### 4. 虚函数

在基类中用关键字 virtual 修饰的成员函数称为虚函数，定义格式为：

> virtual <类型> <函数名>(参数)
> {函数体}

用虚函数实现运行时的多态性的方法是：在派生类中定义与基类虚函数同名、同参数、同返回类型的虚函数，用基类定义指针变量 p，在将基类或派生类对象的地址赋给 p（p=&对象）后，用"p->虚函数(实参);"可实现运行时的多态性。

### 5. 纯虚函数

将函数名赋 0 值且无函数体的虚函数称为纯虚函数，定义格式为：

> virtual <类型> <函数名>(参数)=0;

含有纯虚函数的类称为抽象类，不能用抽象类定义对象。因为纯虚函数无函数体，所以纯虚函数不能被调用，必须在派生类中重新定义虚函数。

### 6. 本章重点、难点

**重点**：友元、运算符重载与多态性技术的概念，友元函数的定义方法，运算符重载函数的定义与使用方法。

**难点**：运算符重载的调用过程，虚函数的概念、定义格式及使用方法。

# 习　题

11.1　为何要使用友元？使用友元有哪些利弊？友元如何定义？

11.2　定义学生成绩类 Score，其私有数据成员有学号、姓名、物理成绩、数学成绩、外语成绩、平均成绩。再定义一个能计算学生平均成绩的普通函数 Average()，并将该普通函数定义为类 Score 的友元函数。在主函数中定义学生成绩对象，通过构造函数输入除平均成绩外的其他信息，然后调用 Average()函数计算平均成绩，并输出学生成绩的所有信息。

11.3　定义描述圆的类 Circle，其数据成员为圆心坐标(X,Y)与半径 R。再定义一个描述圆柱体的类 Cylinder，其私有数据成员为圆柱体的高 H。定义计算圆柱体体积的成员函数 Volume()，并将 Volume()定义为圆类 Circle 的友元函数，该函数使用圆类对象的半径 R 来计算圆柱体的体积。在主函数中定义圆的对象 ci，圆心坐标为(12,15)，半径为 10。再定义圆柱体对象 cy，其底面半径与圆半径相同，高为 10。调用 Volume()函数计算圆柱体的体积，并显示体积值。

11.4　何为运算符重载？如何实现运算符重载？运算符重载函数通常分哪两类？用哪两种函数实现？

11.5　设 c1、c2、c3 为复数对象，分别就"+"运算符重载函数为成员函数与友元函数两种情况，写出编译器对表达式 c1=c2+c3 的解释结果及对重载函数的调用过程。

11.6　定义一个描述矩阵的类 Array，其数据成员为二维实型数组 a[3][3]，用 Put()成员函数为 a[3][3]输入元素值，重载"+"运算符完成两个数组的加法运算。分别用成员函数与友元函数编写运算符重载函数。用 Print()成员函数输出 a[3][3]的元素值。在主函数中用类 Array 定义对象 a1、a2、a3，调用 Put()函数为 a1 与 a2 的数据成员输入元素值，进行数组加法 a3=a1+a2 的运算，并输出对象 a1、a2、a3 的全部元素值。

11.7　定义描述平面任意点坐标(X,Y)的类 Point，编写"−"运算符重载函数，使该函数能求出平面上任意两点间的距离。在主函数中，用类 Point 定义两个平面点对象 p1(1,1)、p2(4,5)，再定义一个实数 d 用于存放两点间的距离值，用表达式 d=p1−p2 计算两点间的距离，并显示两点的坐标值 p1、p2 与两点的距离 d。用成员函数与友元函数两种方法实现上述要求。

11.8　如何区分前置"++"与后置"++"的运算符重载函数？为何前置"++"重载成员函数中必须要用 this 指针返回运算结果？

11.9　在对类的对象进行自加时，为什么前置"++"运算符重载友元函数的形参必须为该类的引用？为什么前置"++"运算符重载友元函数的返回类型必须为该类的引用？

11.10　定义一个人民币类 Money，类中数据成员为元、角、分。用成员函数重载"++"运算符，实现人民币对象的加 1 运算。在主函数中，定义人民币对象 m1=10 元 8 角 5 分及对象 m2、m3。对 m1 进行前置"++"并赋值 m2。对 m1 进行后置"++"并赋给 m3。显示 m1、m2、m3 的结果。

11.11　用友元函数重载"++"运算符，实现习题 11.10 中对人民币对象的加 1 运算。

11.12　编写字符串运算符"<"的重载函数，使运算符"<"用于字符串的比较运算，实现字符串的直接操作运算。分别用友元函数和成员函数实现。

11.13　何为多态性技术？编译时的多态性用什么技术实现？运行时的多态性用什么函数实现？

11.14　何为虚函数？如何用虚函数实现运行时的多态性？何为纯虚函数？纯虚函数与虚函数有何区别？含有纯虚函数的类是什么类？能否用该类定义对象？

11.15　定义描述计算机的基类 Computer，其数据成员为处理器（CPU）、硬盘（HDisk）、内存（Mem），定义显示数据的成员函数 Show()为虚函数。然后由基类 Computer 派生台式机类 PC 与笔记本计算机类 NoteBook。类 PC 的数据成员为显示器（Display）、键盘（Keyboard），类 NoteBook 的数据成员为液晶显示屏（LCD），在两个派生类中定义显示机器配置的成员函数 Show()为虚函数。在主函数中，定义 PC 与笔记本计算机对象，并用构造函数初始化对象。用基类 Computer 定义指针变量 p，然后用指针变量 p 动态地调用基类与派生类中的虚函数 Show()，显示 PC 与笔记本计算机的配置。

11.16　将习题 11.15 中基类的虚函数改为纯虚函数，重新编写实现上述要求的程序。

11.17　阅读下列程序，并写出程序执行后的输出结果。

```
# include <iostream>
using namespace std;
class Base
{    int x,y;
    public:
        Base(int a,int b){x=a;y=b;}
        void virtual f() { cout<<x+y<<'\n';}
        void virtual g() { cout<<x*y<<'\n';}
};
class Derive:public Base
{    int z;
```

```
    public:
        Derive(int a,int b,int c):Base(a,b)
        {z=c;}
        void f() { cout<<z+z<<'\n';}
        void g(int a=0) { cout<<2*z<<'\n';}
};
int main( )
{   Derive d(10,10,5);
    Base *p=&d;
    p->f();
    p->g();
    return 0;
}
```

# 实　　验

## 1．实验目的

（1）理解友元函数与运算符重载函数的概念。

（2）掌握友元函数的定义与使用方法。

（3）掌握运算符重载函数的定义与使用方法。

## 2．实验内容

（1）定义一个复数类，重载"-="运算符，使这个运算符能直接完成复数的"-="运算。分别用成员函数与友元函数编写运算符重载函数。在主函数中定义复数对象 c1(10,20)、c2(15,30)，进行 c2-=c1 的复数运算，并输出 c1、c2 的复数值。

（2）定义一个数组类 Array，其私有数据成员为整型一维数组 a[10]。通过构造函数为 a[10]赋初值。用 Show()函数显示 a[10]的元素值。用成员函数重载运算符"+"，直接实现两个一维数组对应元素相加的运算。在主函数中，定义数组 a、b 分别为：

int a[10]={1,2,3,4,5,6,7,8,9,10}; int b[10]={4,5,6,7,8,9,10,11,12,13};

再用类 Array 定义 3 个数组对象 arr1(a)、arr2(b)、arr3，完成 arr3=arr1+arr2 的运算，输出 arr3 的数组元素值。

类似地，用友元函数重载运算符"+="，实现复合赋值运算 arr1+=arr2，并输出 arr1 的元素值。

（3）定义一个人民币类 Money，类中数据成员为元、角、分。用成员函数与友元函数重载"--"运算符，实现人民币对象的减 1 运算。在主函数中，定义人民币对象 m1=10 元 8 角 5 分及对象 m2、m3。对 m1 进行前置"--"并赋给 m2，对 m1 进行后置"--"并赋给 m3。显示 m1、m2、m3 的结果。

# 第 12 章

# 流类体系与文件操作

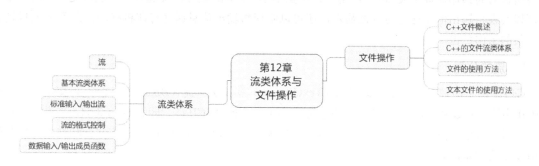

本章知识点导图

通过本章的学习，应理解输入/输出流、流类与流类体系的概念，掌握流的输入/输出控制格式。了解 C++有关文件的概念及其使用方法，理解文件流类体系结构。掌握实现文件操作的成员函数的使用方法，学会文本文件的打开、读/写、关闭等操作的编程方法。

## 12.1　流类体系

在前面的章节中，所有的输入/输出操作都是通过 cin/cout 完成的，要注意 cin 与 cout 并不是 C++的语句，而是用 C++提供的流类定义的对象。因此，要真正理解 C++的输入/输出操作，必须首先理解 C++的流、流类、流类体系的概念。为此，本章首先介绍 C++流类体系，然后介绍 C++中的文件操作。

### 12.1.1　流

#### 1. 流类

在面向对象的 C++程序设计语言中，当定义变量时，系统要为变量分配内存单元。通常，在程序执行过程中，使用输入设备（如键盘）将数据输入为变量分配的内存单元中；经过运算处理，变量内存单元中的数据要通过输出设备（如显示器）输出给用户，或保存在磁盘文件中。因此，数据不断从设备流向变量，又不断从变量流向设备，这种数据的流动就是变量与输入/输出设备之间的输入/输出操作。因此，常将数据输入/输出称为输入流/输出流，如图 12.1 所示。在计算机内部，数据的输入/输出操作是一件非常复杂的工作。为了减轻程序员的负担，C++将实现输入/输出操作的程序编写在若干输入/输出类中。将用于完成输入/输出操作的类称为流类，所有流类的集合称为流类体系（或流类库）。实现输入/输出操作的 cin/cout 都是用流类定义的对象。

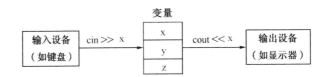

图 12.1 变量与输入/输出设备之间的数据流动

### 2. 流的定义

流（Stream）是用流类定义的对象，如 cin、cout 等。因为流类是用于完成输入/输出操作的类，所以用流类定义的对象就是流，它将向程序设计者提供输入/输出接口，该接口可使程序的设计尽可能与所访问的具体设备无关。例如，用户使用输出操作成员函数可以实现对一个磁盘文件的写操作，也可以实现将输出信息送达显示器显示，还可以实现将输出信息送达打印机打印，从而大大减轻了程序员的工作负担。

### 3. 流的分类

C++提供了两种类型的流：文本流（Text Stream）和二进制流（Binary Stream）。文本流是一串 ASCII 字符，如数字 12 在文本流中的表示方式为 1 与 2 的 ASCII 码，即 31H 与 32H。二进制流是由一串二进制数组成的，如数字 12 在二进制流中的表示方式为 00001100。源程序文件和文本文件在传送时均采用文本流。

### 4. 缓冲流与非缓冲流

系统在主存中开辟的用于临时存放输入/输出流信息的内存区称缓冲区，如图 12.2 所示。输入/输出流也相应地分成缓冲流与非缓冲流。

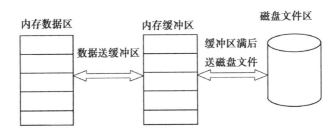

图 12.2 数据缓冲区示意图

对于非缓冲流，一旦数据送入流中，系统会立即进行处理；对于缓冲流，只有当缓冲区满时，或当前送入的数据为新的一行字符时，系统才对流中的数据进行处理（称为刷新）。引入缓冲的主要目的是提高系统的效率，因为输入/输出设备的速度要比 CPU 的速度慢得多，频繁地与输入/输出设备交换信息必将占用大量的 CPU 的时间，从而降低程序的运行速度。使用缓冲后，CPU 只需从缓冲区提取数据或把数据输入缓冲区，而不需要等待设备具体输入/输出操作完成。通常情况下使用的都是缓冲流，但对于某些特殊场合，也可以使用非缓冲流。

## 12.1.2 基本流类体系

要想知道用于完成数据输入/输出的流对象 cin/cout 是由哪一个类定义的，就必须先知道 C++的基本流类体系（C++的流类库）。C++的基本流类体系是由基类 ios、输入类 istream、输出类 ostream 与输入/输出类 iostream 等组成的，如图 12.3 所示。基本流类体系在头文件 iostream 中做了说明。

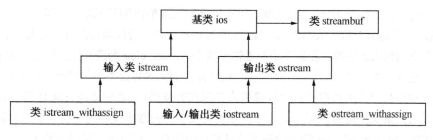

图 12.3　基本流类体系

#### 1．基类 ios

由图 12.3 可以看出，基类 ios 派生了输入类 istream 与输出类 ostream，是所有基本流类的基类，其他基本流类均由该类派生。类 streambuf 的作用是管理流的缓冲区，但类 streambuf 并不是类 ios 的派生类，只是在类 ios 中定义了一个类 streambuf 的指针成员，类 ios 通过该指针成员可实现对缓冲区的管理。

#### 2．输入类 istream

输入类 istream 专门负责提供输入操作的成员函数，使输入流对象能通过其成员函数完成数据输入的操作任务。输入类 istream 派生了类 istream_withassign，而输入流 cin 就是由类 istream_withassign 定义的对象。

#### 3．输出类 ostream

输出类 ostream 专门负责提供输出操作的成员函数，使输出流对象能通过其成员函数完成数据输出的操作任务。输出类 ostream 派生了类 ostream_withassign，而输出流 cout 就是由类 ostream_withassign 定义的对象。

#### 4．输入/输出类 iostream

由图 12.3 可以看出，输入/输出类 iostream 是输入类 istream 和输出类 ostream 公有派生的，该类并没有提供新的成员函数，只是将输入类 istream 和输出类 ostream 组合在一起，以支持一个流对象既可完成输入操作又可完成输出操作。

C++使用流类库定义了 4 个标准流：cin、cout、cerr、clog。用于实现数据流的输入/输出操作。下面介绍标准输入/输出流。

### 12.1.3　标准输入/输出流

#### 1．标准输入流

C++流类体系中定义的标准输入流是 cin。cin 是由输入类 istream 的派生类 istream_withassign 定义的对象。在默认情况下，cin 联系的设备文件为键盘，以实现通过键盘输入数据。标准输入流 cin 通过重载 ">>" 运算符执行数据的输入操作。执行输入操作可看作从输入流中提取一个字符序列，因此将 ">>" 运算符称为提取运算符。因为提取操作的数据要通过缓冲区才能传送给变量，所以 cin 为缓冲流。

#### 2．标准输出流

C++流类体系中定义的标准输出流是 cout、cerr、clog，其中，cerr 和 clog 为标准错误信息输出流。cout、cerr、clog 都是由输出类 ostream 的派生类 ostream_withassign 定义的对象，在默认情况下，

cout、cerr、clog 联系的设备文件为显示器，以实现将数据流输出到显示器。标准输出流 cout、cerr、clog 通过重载"<<"运算符执行数据的输出操作。执行输出操作可看作向输出流中插入一个字符序列，因此将"<<"称为插入运算符。在这 3 个标准输出流中，cout、clog 为缓冲流，而 cerr 为非缓冲流。

在用以上这 4 个标准流进行输入/输出时，系统会自动完成数据类型的转换。对于输入流，系统在将输入的字符序列形式的数据变换为计算机内部形式的数据（二进制数或 ASCII 码）后赋给变量，变换后的格式由变量类型确定。对于输出流，系统将要输出的数据变换为字符串后进行输出。

用不能重定向的 cerr 和 clog 输出的提示信息和出错信息，只能在显示器上输出。

【例 12.1】 使用 cerr 和 clog 实现数据的输出。

```
# include <iostream>
using namespace std;
int main( )
{   cerr<<"输入变量 a 的值: ";
    int a;
    cin >>a;
    clog<<"a*a="<<a*a<<endl;
    return 0;
}
```

在例 12.1 中，可用 cout 代替 cerr 和 clog，作用完全相同。如果用于输出提示信息或显示输出结果，那么这 3 个输出流的用法相同。不同之处在于：cout 允许输出重定向，而 cerr 和 clog 不允许输出重定向。在执行程序时，采用重定向技术，可以实现将输出结果送到一个磁盘文件中。如果采用不能重定向的 cerr 和 clog 输出提示信息和出错信息，那么结果只能在显示器上输出。

标准输出流默认输出格式如下。

（1）当输出整数时，数制为十进制、域宽为 0、数字右对齐、以空格填充。

（2）当输出实数时，数制为十进制、域宽为 0、数字右对齐、以空格填充、精度 6 位、浮点输出。

当实数的整数部分大于 7 位或有效数字在小数点后第 4 位之后时，将其转换为科学计数法输出。在输出整数与实数时，当数值位数超过默认域宽时，按实际位数输出。

（3）当输出字符串时，域宽为 0、数字右对齐、以空格填充。

虽然默认的域宽为 0，但是，当实际输出字符数大于 0 时，仍按字符串实际占用的字符位数输出。

标准输入/输出流的使用，仍有许多不便之处。例如，在输出数据时，不能指定每个输出的数据占用的宽度（字符个数）。这些都属于流的格式控制，下面介绍流的格式控制。

## 12.1.4  流的格式控制

在 C++中，数据的输入/输出格式控制主要是通过函数来实现的，C++提供了格式控制成员函数、预定义格式控制函数和预定义格式控制符供用户使用。

（1）格式控制成员函数。类 ios 定义的格式控制成员函数必须作为流对象（如 cout、cin）的成员函数来使用，因此其调用格式为：

    <流对象>.  <格式控制成员函数>(实参);

（2）预定义格式控制函数。C++直接提供的预定义格式控制函数为普通函数，因此其调用格式为：

    <预定义格式控制函数>(实参);

（3）预定义格式控制符。预定义格式控制符不是函数，可以被直接使用。

下面先讨论流的输出格式控制，再讨论流的输入格式控制。

## 1. 流的输出格式控制

流的输出格式控制可通过格式控制成员函数、预定义格式控制函数和预定义格式控制符实现，如表 12.1～表 12.3 所示。

表 12.1　常用格式控制成员函数（包含在头文件 iostream 中）

| 格式控制成员函数 | 说　明 | 举　例 |
|---|---|---|
| width(n) | 设置输出数据的宽度 n | cout.width(10);//设置域宽为 10 |
| fill(c) | 设置输出填充空位的字符 c | cout.fill('*');//设置填充字符为"*" |
| setf<br>(格式控制标志) | 设置格式状态，参数为格式控制标志，多个参数以"\|"分隔 | cout.setf(ios::left);//设置左对齐 |
| unsetf<br>(格式控制标志) | 与 setf 相反，用于终止已设置的格式状态 | cout.unsetf(ios::left);//取消设置左对齐 |
| precision(n) | 设置定点数和浮点数的有效小数位数 n 或数据总长 | cout.precision(1);//设置小数点后 1 位有效数字 |

说明：

（1）width()函数仅对紧随其后的一个数据输出项有效，当此数据输出项输出后，将恢复系统默认值。

（2）fill()、setf()、precision()函数一经调用，其设置的控制格式将一直保持下去，直到用 fill()、precision()重新设置，或用 unsetf()恢复其默认值。

（3）若用 setf(ios::fixed)函数将实数设置为定点输出方式，或用 setf(ios::scientific)函数将其设置为科学计数输出方式，则 precision(n)函数中的 n 为小数点后的有效位数；若不用 setf()函数将实数设置为定点输出方式或科学计数输出方式，则 n 为数据的总长（不包括小数点）。

表 12.2　常用预定义格式控制函数（包含在头文件 iomanip 中）

| 预定义格式控制函数 | 说　明 | 举　例 |
|---|---|---|
| setw(n) | 设置输出数据的宽度 n | cout<<setw(10);//设置域宽为 10 |
| setfill(c) | 设置输出填充空位的字符 c | cout<<setfill('*');//设置填充字符为"*" |
| setiosflags<br>(格式控制标志) | 设置格式状态，参数为格式控制标志，多个参数以"\|"分隔 | cout<<setiosflags(ios::left);//设置左对齐 |
| resetiosflags<br>(格式控制标志) | 与 setiosflags 相反，用于终止已设置的格式状态 | cout<<resetiosflags(ios::left);//取消设置左对齐 |
| setprecision(n) | 设置定点数和浮点数的有效小数位数 n 或数据总长 | cout<<setprecision(1); //设置小数点后 1 位有效数字 |

说明：

（1）setw()函数仅对紧随其后的一个数据输出项有效，当此数据输出项输出完成后，将恢复系统默认值。

（2）setfill()、setiosflags()、setprecision()函数一经调用，其设置的控制格式将一直保持下去，直到用 setfill()、setprecision()重新设置，或用 resetiosflags 恢复其默认值。

（3）实数若用 setiosflags (ios::fixed)设置为定点输出方式，或用 setiosflags (ios::scientific)设置为科学计数输出方式，则 setprecision(n)函数中的 n 为小数点后的有效位数；若不用 setf()函数将实数设置为定点输出方式或科学计数输出方式，则 n 为数据的总长（不包括小数点）。

表 12.3　常用预定义格式控制符（包含在头文件 iostream 中）

| 预定义格式控制符 | 说　明 | 举　例 |
|---|---|---|
| dec | 以十进制数进行输入/输出 | cout<<dec<<100<<endl;//以十进制数输出 100 |
| hex | 以十六进制数进行输入/输出 | cin>>hex>>a;//输入一个十六进制数 |
| oct | 以八进制数进行输入/输出 | cout<<oct<<100<<endl;//以八进制数输出 100 |
| ws | 输入时略去前导的空白字符 | — |
| endl | 输出一个换行符 | — |
| ends | 输出一个空白字符 | — |

在使用 setf()、unsetf()、setiosflags()和 resetiosflags()函数时，实参为类 ios 的格式控制标志。
类 ios 的格式控制标志如表 12.4 所示。

表 12.4　类 ios 的格式控制标志

| 格式控制标志 | 说　明 |
|---|---|
| ios::skipws | 在输入时跳过空格 |
| ios::left | 左对齐，用填充字符填充右边 |
| ios::right | 右对齐，用填充字符填充左边（默认的对齐方式） |
| ios::internal | 在符号或数制字符后进行填充 |
| ios::dec | 指定输入/输出格式为十进制数（默认方式） |
| ios::oct | 指定输入/输出格式为八进制数 |
| ios::hex | 指定输入/输出格式为十六进制数 |
| ios::showbase | 以 C++编译器可以进行读操作的格式输出数值常量 |
| ios::showpoint | 对于浮点数，输出小数点及尾部的 0 |
| ios::uppercase | 用大写字母输出十六进制数与科学计数法中的 E |
| ios::showpos | 对于正数输出正号（＋） |
| ios::scientific | 以科学计数方式输出实数 |
| ios::fixed | 以定点方式输出实数 |

【例 12.2】　使用格式控制成员函数控制数据输出格式。
程序如下：

```
# include <iostream>
using namespace std;
int main( )
{int a=10;
  float x=12.345678;
  char *s="format";
  cout<<s<<'\t'<<a<<'\t'<<x<<endl;          //按默认格式输出
  cout.width(10);                           //设置输出域宽为 10
  cout.setf(ios::left);                     //设置左对齐
  cout<<s;
  cout.width(10);
  cout.fill('*');                           //设置填充字符为 "*"
  cout.unsetf(ios::left);                   //取消设置左对齐
  cout.setf(ios::right);                    //设置右对齐
  cout.setf(ios::hex|ios::uppercase);       //设置用大写字母十六进制数输出
  cout<<a;
  cout.width(10);
  cout.fill('#');
  cout<<x<<endl;
  cout.width(12);
```

```
        cout.fill(' ');
        cout.precision(6);                                //设置数据输出精度，总长为6位
        cout<<x;
        cout.width(12);
        cout.setf(ios::fixed);                            //设置以定点方式输出实数
        cout.precision(3);                                //设置数据输出精度，小数点后3位有效数字
        cout<<x;
        cout.width(12);
        cout.unsetf(ios::fixed);
        cout.setf(ios::scientific);                       //设置以科学计数方式输出实数
        cout.precision(4);                                //设置数据输出精度，小数点后4位有效数字
        cout<<x<<endl;
        return 0;
        }
```

程序运行后的输出结果为：

```
format   10        12.3457
format        ********10###12.3457
12.3457          12.346   1.2346E+001
```

【例12.3】 使用预定义格式控制函数或预定义格式控制符控制数据输出格式。

程序如下：

```
#include <iostream>
#include <iomanip>
using namespace std;
int main( )
{int a=10;
 float x=12.345678;
 char *s="format";
 cout<<s<<'\t'<<a<<'\t'<<x<<endl;
 cout<<setw(10)<<setiosflags(ios::left)<<s          //设置输出域宽为10，左对齐
     <<setw(10)<<setfill('*')                       //设置填充字符为"*"
     <<resetiosflags(ios::left)<<setiosflags(ios::right)   //取消设置左对齐，设置右对齐
     <<setiosflags(ios::hex|ios::uppercase)<<a      //设置用大写字母十六进制数输出
     <<setw(10)<<setfill('#')<<x<<endl;
 cout<<setw(12)<<setfill(' ')<<setprecision(6)<<x   //设置数据输出精度，总长为6位
     <<setw(12)<<setiosflags(ios::fixed)            //设置以定点方式输出实数
     <<setprecision(3)<<x                           //设置数据输出精度，小数点后3位有效数字
     <<setw(12)<<resetiosflags(ios::fixed)
     <<setiosflags(ios::scientific)                 //设置以科学计数方式输出实数
     << setprecision(4)                             //设置数据输出精度，小数点后4位有效数字
     <<x<<endl;
 return 0;
 }
```

程序运行后的输出结果为：

```
format   10        12.3457
format        ********10###12.3457
12.3457          12.346   1.2346E+001
```

## 2. 流的输入格式控制

流的输入/输出可以分为三大类：字符类、字符串类和数值类（整数、实数、双精度）。每一类
又可以分为多种类型，如长整型、短整型、有符号型和无符号型等。不同类型数据的输入是由类istream

通过重载 ">>" 运算符来实现的。

在 C++中，允许用户自己定义类 istream 的对象，并且只要程序中包含头文件 iostream，系统就会自动为该程序产生输入流 cin 和输出流 cout。通常用户只要利用流 cin 就可完成对不同类型数据的输入。下面通过示例来说明在使用 cin 时需要注意的事项。

【例 12.4】 使用预定义格式控制符 dec、oct、hex，以及输入流对象 cin 输入十进制数、八进制数、十六进制数。

```
# include <iostream>
using namespace std;
int main( )
{   int a,b,c;
    cout<<"输入一个整数（十进制数）:";
    cin >>dec>>a;
    cout<<"输入一个整数（八进制数）:";
    cin >>oct>>b;
    cout<<"输入一个整数（十六进制数）:";
    cin >>hex>>c;
    cout<<"a="<<dec<<a<<endl;
    cout<<"b="<<dec<<b<<endl;
    cout<<"c="<<dec<<c<<endl;
    return 0;
}
```

程序执行后输入：

```
输入一个整数（十进制数）:256
输入一个整数（八进制数）:400
输入一个整数（十六进制数）:100
```

输出：

```
a=256
b=256
c=256
```

说明：

（1）在输入数据时，以空格作为数据间的分隔符。例如：

```
char c1,c2,str[80];
cin>>c1>>c2>>str;
```

则输入给 c1、c2 的字符不能是空格，输入给 str 的字符串也不能包含空格。例如，正确输入的格式为：

a   b   cde

此时，字符"a""b"与字符串"cde"分别被输入变量 c1、c2 与字符串数组 str 中。字符之间或字符与字符串之间以空格作为分隔符。

（2）输入的数据类型必须与要提取的数据类型一致，否则会出现错误。

（3）在输入数据时，换行符（"Enter"键）有两方面的作用：一方面告诉输入流处理程序，已输入到缓冲区中的数据可以进行提取操作；另一方面，当从输入流中提取数据时，它可以作为输入数据之间的分隔符。例如：

```
int i,j,k;
cin>>i>>j>>k;
```

若输入的数据为：

　1　3　6　<"Enter"键>

或分三行输入：

　1 <"Enter"键>
　3 <"Enter"键>
　6 <"Enter"键>

则都是将 1、3、6 分别赋给变量 i、j、k。两者效果相同。

## 12.1.5　数据输入/输出成员函数

数据的输入/输出除了直接用输入流 cin 与输出流 cout，还可以使用流的成员函数来实现，常用的输入成员函数是 get()与 getline()，输出成员函数是 put()。

### 1. 数据输入成员函数

（1）字符输入成员函数。单个字符输入成员函数有无参与带参两种格式：

```
char istream::get();
istream &istream::get(char &c);
```

调用第一个无参 get()函数的结果是从输入流中提取一个字符，并将该字符作为返回值。调用第二个带参 get()函数的结果是从输入流中提取一个字符，并将该字符赋给参数变量 c。

由于 get()函数是流类的成员函数，所以它必须作为输入流对象（如 cin）的成员函数才能被调用，其调用形式为：

```
cin.get( );
```

或

```
cin.get(c);
```

（2）字符串输入成员函数。字符串输入成员函数有以下两种格式：

```
istream &istream::get(char *,int n ,char ='\n');
istream &istream::getline(char *,int n ,char ='\n');
```

第一个 get()函数从输入流中提取一个字符串赋给字符串指针所指存储区，第二个 getline()函数是从输入流中提取一个输入行赋给字符串指针所指存储区。函数中第一个参数为字符串指针；第二个参数 n 为最多能提取的字符数（最多能提取 n-1 个，尾部增加一个字符串结束符）；第三个参数为结束字符，默认为换行符。当输入字符时，依次从输入流中提取字符；当遇到结束符时，结束提取字符的工作。上述函数可从输入流中提取任何字符，包括空格字符。由于 get()函数是流类的成员函数，所以它必须作为输入流对象（如 cin）的成员函数才能被调用，其调用形式为：

```
cin.get(str,n);
```

或

```
cin.getline(str,n);
```

其中，str 为字符串数组，n 为输入字符串的最大长度。

【例 12.5】　读取字符和字符串。

程序如下：

```
# include <iostream>
using namespace std;
int main( )
{   char    c1,c2,c3;
    char    str1[80],str2[100];
    cout<<"输入三个字符： ";
    c1=cin.get();
    cin.get(c2);
    cin.get(c3);
    cin.get();                              //A
    cout<<"输入第一行字符串:";
    cin.get(str1,80);
    cin.get();                              //B
    cout<<"输入第二行字符串:";
    cin.getline(str2,100);
    cout<<"c1="<<c1<<endl;
    cout<<"c2="<<c2<<endl;
    cout<<"c3="<<c3<<endl;
    cout<<"str1="<<str1<<endl;
    cout<<"str2="<<str2<<endl;
    return 0;
}
```

执行程序后输入：

  abc < "Enter" 键>
  computer department < "Enter" 键>
  operate system< "Enter" 键>

程序最后输出：

  c1=a
  c2=b
  c3=c
  str1=computer department
  str2=operate system

**说明：**

（1）在用 get()函数提取字符或字符串时，要单独提取换行符。例如，程序中的 A 行和 B 行都用于从输入流中提取换行符。否则，当输入 abc<"Enter"键>后，分别将这三个字符赋给三个字符变量，换行符仍在缓冲区中，在执行 cin.get(str1,80)时，因为缓冲区不空，所以仍从缓冲区中提取数据。若在提取时遇到换行符，则结束提取字符工作。这时将空字符串赋给 str1。

（2）在用 getline()函数提取字符串时，当实际提取的字符个数小于第二个参数指定的字符个数时，输入流中表示字符串结束的字符也将被提取，但不保存。

**2. 数据输出成员函数**

类 ostream 中定义了几个成员函数，用户可以使用这些成员函数输出字符。部分成员函数如下：

```
ostream & ostream::put(char c);
ostream & ostream::flush();
```

其中，第一个成员函数 put()用于输出由参数表示的字符。例如：

```
        char c='a';
        cout.put(c);
```

第二个成员函数 flush()用于刷新一个输出流。例如：

```
        cout.flush();
```

对于标准输出流，通常只有 cout 和 clog 需要调用函数 flush()来强制刷新输出流中的缓冲区。

# 12.2 文件操作

C++中有两类文件：数据文件和设备文件。数据文件存放在磁盘上，因此也称为磁盘文件。设备文件是指输入/输出设备（如键盘、显示器、打印机等），也称为外设文件。前面介绍的标准输入/输出流（如 cin、cout）都是从设备文件输入/输出数据的。本节讨论如何从数据文件输入/输出数据，即讨论数据文件的建立、打开、读/写和关闭操作。

## 12.2.1 C++文件概述

### 1. 文件

文件是由文件名标识的一组有序数据的集合，通常存放在磁盘上。文件名是由字母、数字序列组成的，如 myfile.txt，youfile.txt。源程序、学生档案记录、图形、音乐等均可作为文件存储在磁盘上。

### 2. 文件的数据格式

文件有两种数据格式：二进制文件与文本文件。
（1）二进制文件：由二进制数据组成，最小存取单位为字节。
（2）文本文件：由字符的 ASCII 码组成，最小存取单位为字符。文本文件也称为 ASCII 码文件。

### 3. 使用文件的方法

在使用文件前，首先必须打开文件，然后才能对文件进行读/写操作，最后关闭文件。
C++对文件的建立、打开、读/写、关闭操作都是通过 C++的文件流类体系来实现的。要学会 C++的文件操作，就必须首先了解 C++的文件流类体系。

## 12.2.2 C++的文件流类体系

C++在头文件 fstream 中定义了 C++的文件流类体系，其体系结构如图 12.4 所示。由图 12.4 可知，C++的文件流类体系是从 C++的流类体系中派生而来的。当在程序中使用文件时，必须包含头文件 fstream。

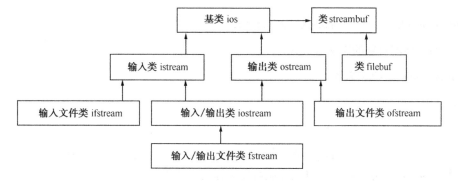

图 12.4　C++预定义的文件流类体系结构

### 1．类 filebuf

在文件流类体系中，类 filebuf 管理文件的缓冲区，应用程序一般不涉及该类。

### 2．输出文件类 ofstream

输出文件类 ofstream 由输出类 ostream 公有派生而来，它实现将数据写入文件的各种操作。

### 3．输入文件类 ifstream

输入文件类 ifstream 由输入类 istream 公有派生而来，它实现从文件中读取数据的各种操作。

### 4．输入/输出文件类 fstream

输入/输出文件类 fstream 由输入/输出类 iostream 公有派生而来，它提供了对文件数据进行读/写的操作。

## 12.2.3　文件的使用方法

在 C++中，文件的使用过程为打开、读/写、关闭。文件的打开是通过文件流类的成员函数 open() 来完成的，文件的读/写可通过文件流类的成员函数 get /put()来完成，文件的关闭是通过文件流类的成员函数 close()来完成的。这些文件流类的成员函数必须由文件流类定义的文件流对象使用。因此，在使用文件时，首先要用输入文件类 ifstream、输出文件类 ofstream、输入/输出文件类 fstream 定义文件流对象，然后由文件流对象调用对应的成员函数来完成文件的打开、读/写、关闭操作。

### 1．定义文件流对象

文件的使用通常有三种方式，即读文件、写文件、读/写文件。根据文件的这三种使用方式，应用文件流类 ifstream、ofstream、fstream 定义三种文件流对象，即读文件流对象、写文件流对象与读/写文件流对象。

（1）读文件流对象的定义格式为：

　　ifstream <读文件流对象名>;

例如：

　　ifstream infile;　　　　　//infile 为读文件流对象

（2）写文件流对象的定义格式为：

　　ofstream <写文件流对象名>;

例如：

　　ofstream outfile;　　　　　//outfile 为写文件流对象

（3）读/写文件流对象的定义格式为：

　　fstream <读/写文件流对象名>;

例如：

　　fstream iofile;　　　　　//iofile 为读/写文件流对象

在定义了文件流对象后，可以用该文件流对象调用打开、读/写、关闭文件的成员函数，实现对文件的操作。为了叙述方便，以下将文件流对象简称为文件流。

## 2. 打开文件

要使用一个文件，就必须先在程序中打开它，其目的是将一个文件流与一个具体的数据文件联系起来，然后使用文件流提供的成员函数进行数据的写入与读取操作。打开文件有两种方式：一种是使用文件流成员函数 open()打开文件；另一种是在定义文件流对象时通过构造函数来打开文件。

（1）使用文件流成员函数 open()打开文件。在文件流类体系中说明了以下三个打开文件的成员函数，它们分别对应输入文件流、输出文件流和输入/输出文件流。在新的标准 C++库中，open()函数包含两个参数。

```
void ifstream::open( const char * ,int =ios::in);
void ofstream::open( const char * ,int =ios::out);
void fstream::open( const char * ,int );
```

第一个参数为要打开的文件名或文件全路径名。例如，infile.open("myfile.txt",ios::in);语句表示打开名为 myfile.txt 的文件。

第二个参数为文件打开方式。文件打开方式有 6 种（新的标准 C++库中去掉了对 ios::nocreate 和 ios::noreplace 的支持），下面介绍其中常用的几种打开方式，如表 12.5 所示。

表 12.5　常用的文件打开方式

| 文件打开方式 | 含　　义 |
|---|---|
| ios::in | 按读方式打开文件 |
| ios::out | 按写方式打开文件 |
| ios::app | 按增补方式打开文件 |
| ios::binary | 打开二进制文件 |

对各种文件打开方式的说明如下。

① 以 in 方式打开文件，只能从文件中读取数据，若文件不存在，则默认不会自动建立新文件。例如：

```
infile.open("myfile.txt",ios::in);
```

表示按读方式打开文件 myfile.txt。若文件不存在，则不会自动建立新文件 myfile.txt。

② 在以 out 方式打开文件时，若文件已存在，则先删除文件中的数据，然后向文件中写入数据。若文件不存在，则自动建立新文件。例如：

```
outfile.open("youfile.txt",ios::out);
```

表示按写方式打开文件 youfile.txt。若文件不存在，则自动建立新文件 youfile.txt。

③ 在以 app 方式打开文件时，不删除文件内容，并将新数据增加到文件的尾部。若文件不存在，则自动建立新文件。例如：

```
outfile.open("youfile.txt",ios::app);
```

表示按增补方式打开文件 youfile.txt，并将新数据增加到文件的尾部。若文件不存在，则自动建立新文件 youfile.txt。

④ 以 binary 方式打开的文件是二进制文件，只有当明确指定以 binary 方式打开文件时，打开的文件才是二进制文件，它总是与读或写同时使用。例如：

```
iofile.open("binfile",ios::binary | ios::in | ios::out);
```

表示按读/写方式打开二进制文件 binfile。从上例可以看出，可用按位或运算符"|"操作进行几种打

开方式的组合。

输入文件流的默认方式为 ios::in，即按读方式打开文件。因此，infile.open("myfile.txt",ios::in) 与 infile.open("myfile.txt") 都表示按读方式打开文件 myfile.txt。

输出文件流的默认方式为 ios::out，即按写方式打开文件。因此，outfile.open("youfile.txt",ios::out) 与 outfile.open("youfile.txt") 都表示按写方式打开文件 youfile.txt。

输入/输出文件流没有默认的打开方式，必须显式地指明打开方式。例如：

    iofile.open("myfile.txt",ios::in | ios::out);

表示按读/写方式打开文本文件 myfile.txt。

（2）在定义文件流对象时通过构造函数来打开文件。输入、输出、输入/输出三个文件流类中都重载了带有默认参数的构造函数：

```
ifstream:: ifstream ( const char * ,int =ios::in);
ofstream:: ofstream ( const char * ,int =ios::out);
fstream:: fstream ( const char * ,int );
```

由构造函数的原型可知，它们所带的参数与对应的成员函数 open()所带的参数完全相同。因此在定义这三种文件流对象时，通过调用各自的构造函数也能打开文件。例如：

```
ifstream    infile("myfile.txt");            //表示通过构造函数按读方式打开文本文件 myfile.txt
ofstream    outfile("youfile.txt");          //表示通过构造函数按写方式打开文本文件 youfile.txt
fstream     iofile("myfile.txt",ios:in | ios::out);   //表示通过构造函数按读/写方式打开文件 myfile.txt
```

以上三条语句调用各自的构造函数，分别以只读、只写、读/写方式打开数据文件 myfile.txt 与 youfile.txt。因此，定义文件流对象的语句 ifstream infile("myfile.txt")与以下两条语句的作用是相同的。

```
ifstream infile;
infile.open("myfile.txt");
```

通常，无论是调用成员函数 open()来打开文件，还是用构造函数打开文件，在打开后，都要判断文件打开是否成功。若文件打开成功，则文件流对象值为非零值；若文件打开不成功，则文件流对象值为 0。代码如下：

```
ifstream    infile("myfile.txt");
if   (!infile)
{   cout<<"不能打开的文件："<<"myfile.txt"<<endl;
    exit(1);
}
```

### 3．文件的读/写

文件打开后，对文件进行读/写操作也有两种方式，第一种方式是使用提取运算符"＞＞"或插入运算符"＜＜"对文件进行读/写操作。例如：

```
char ch;
infile>>ch;        //从输入流 infile 关联的文件 myfile.txt 中提取一个字符并赋给变量 ch
outfile<<ch;       //将变量 ch 中的字符写入输出流 outfile 关联的文件 youfile.txt 中
```

第二种方式是使用成员函数进行文件的读/写操作。例如：

```
char ch;
infile.get(ch);    //从输入流 infile 关联的文件 myfile.txt 中读取一个字符并赋给变量 ch
outfile.put(ch);   //将变量 ch 中的字符写入输出流 outfile 关联的文件 youfile.txt 中
```

在文件复制程序中，先打开源文件与目的文件，然后用循环语句：

```
while(infile>>ch)    outfile<<ch;
```

依次从源文件中提取字符到 ch 中，再将 ch 中的字符插入目的文件中，直到 ch 中输入文件的结束标志 0。

### 4．关闭文件

打开一个文件并对文件进行读或写操作后，应该调用文件流的成员函数来关闭相应的文件。尽管程序执行结束后，在撤销文件流对象时，系统会自动调用相应文件流对象的析构函数关闭与该文件流相关的文件，但在使用完文件后，仍应立即关闭相应的文件。理由如下。

（1）当打开一个文件时，系统要为其分配一定的资源，如缓冲区等，在关闭文件时，系统就会收回该文件占用的资源。

（2）一个文件流类的对象在任何时候都只能与一个文件建立联系，关闭文件能使一个文件流对象再与其他文件建立联系。

（3）当在任何操作系统下执行 C++程序时，允许打开的文件数都是限定的。例如，UNIX 操作系统允许同时打开的文件数为 64 个。因此，必须关闭暂时不用的文件。

与打开文件相对应，这三个文件流类各有一个关闭文件的成员函数：

```
void ifstream::close();
void ofstream:: close();
void fstream:: close();
```

这三个成员函数都没有参数，用法完全相同。例如：

```
infile.close();
```

在关闭文件时，系统将与该文件相关联的内存缓冲区中的数据写到文件中，并收回与该文件相关的主存空间，将文件与文件流对象之间建立的关联断开。

## 12.2.4　文本文件的使用方法

三个文件流类 ifstream、ofstream、fstream 并没有直接定义文件操作的成员函数，对文件的操作是通过调用其基类 ios、istream、ostream 中定义的成员函数来实现的。采用这种方式的好处是，对文件的基本操作与标准输入流（键盘输入）、标准输出流（显示器）的使用方式相同，都是通过提取运算符"$>>$"和插入运算符"$<<$"来访问文件的。

【例 12.6】　用文件流类定义文件流对象，使用 open()函数打开文件，并用成员函数 get()与 put()将源文件复制到目的文件中。

本题微课视频

分析：先打开源文件和目的文件，依次从源文件中提取一个字符，并将提取的字符写入目的文件中，直到源文件中所有字符被提取完，最后关闭文件。

程序如下：

```cpp
# include <iostream>
# include <fstream>
# include <cstdlib>
using namespace std;
int main( )
{
    char fname1[256],fname2[256];
    cout<<"输入源文件名: ";
    cin>>fname1;
```

```
            cout<<"输入目的文件名:";
            cin>>fname2;
            ifstream infile;
            infile.open(fname1);
            ofstream outfile;
            outfile.open(fname2);
            if (!infile)
            {   cout<<"不能打开输入文件： "<<fname1<<endl;
                exit(1);
            }
            if (!outfile)
            {   cout<<"不能打开目的文件： "<<fname2<<endl;
                exit(1);
            }
            infile.unsetf(ios::skipws);          //设置为不要跳过文件中的空格
            char ch;
            while (infile.get(ch))               //从源文件中提取一个字符到变量 ch 中
                outfile.put(ch);                 //将 ch 中的字符写入目的文件中
            infile.close();                      //关闭源文件
            outfile.close();                     //关闭目的文件
            return 0;
        }
```

执行该程序前，先在 c:\exercise 目录下用记事本建立一个名为 myfile.txt 的文本文件，再执行上述程序，显示：

       输入源文件名:c:\exercise\myfile.txt
       输入目的文件名:c:\exercise\youfile.txt

当程序执行结束后，进入 c:\exercise 子目录，打开 youfile.txt 文件，可以发现其内容与 myfile.txt 的内容是相同的，即程序完成了将源文件 myfile.txt 中的内容复制到目的文件 youfile.txt 中的工作。

在程序执行时，首先将用户输入的源文件名、目的文件名输入字符串数组 fname1 与 fname2 中。其次用输入文件类 ifstream 定义输入文件流对象 infile，并用 infile.open(fname1);语句打开源文件，使文件流对象 infile 与源文件 myfile.txt 发生关联，以便在后面的程序中用 infile 的成员函数 get()从源文件 myfile.txt 中提取字符到字符变量 ch 中。最后用 infile 的成员函数 close()关闭源文件 myfile.txt。

同样，对目的文件的处理是，首先用输出文件类 ofstream 定义输出文件流对象 outfile，并用 outfile.open(fname2);语句打开目的文件（若目的文件不存在，则新建目的文件 youfile.txt），使输出文件流对象 outfile 与目的文件 youfile.txt 发生关联。其次用 outfile 的成员函数 put()将 ch 中的字符插入目的文件 youfile.txt 中。最后用 outfile 的成员函数 close()关闭源文件 youfile.txt。

程序中使用 infile 的成员函数 unsetf(ios::skipws)设置文件输入过程中不要跳过文件中的空格，并用循环语句 while (infile.get(ch)) outfile.put(ch);从源文件中提取一个字符到变量 ch 中，再将 ch 中的字符写入目的文件中，直到文件结束。该程序可实现对任意类型文件的复制。

在上述程序中，打开文件可通过构造函数来实现，从源文件中提取字符可用提取运算符"＞＞"实现，而向目的文件写入字符可用插入运算符"＜＜"实现。

【例 12.7】 使用构造函数打开文件，并用提取运算符"＞＞"和插入运算符"＜＜"将源程序文件复制到目的文件中。

程序如下：

```
# include <iostream>
# include <fstream>
```

```
# include <cstdlib>
using namespace std;
int main( )
{   char fname1[256],fname2[256];
    cout<<"输入源文件名:";
    cin>>fname1;
    cout<<"输入目的文件名:";
    cin>>fname2;
    ifstream infile(fname1);                //用构造函数打开源文件
    ofstream outfile(fname2);               //用构造函数打开目的文件
    if (!infile)
    {   cout<<"不能打开输入文件："<<fname1<<endl;
        exit(1);
    }
    if (!outfile)
    {   cout<<"不能打开目的文件："<<fname2<<endl;
        exit(1);
    }
    infile.unsetf(ios::skipws);             //设置为不要跳过文件中的空格
    char ch;
    while (infile>>ch)                      //从源文件中提取一个字符到变量 ch 中
        outfile<<ch;                        //将 ch 中的字符写入目的文件中
    infile.close();                         //关闭源文件
    outfile.close();                        //关闭目的文件
    return 0;
}
```

【例 12.8】 用输入/输出文件类 fstream 定义文件流对象，用文件流对象的成员函数打开文件。使用成员函数 getline()与插入运算符"<<"实现文件的复制。

程序如下：

```
# include <iostream>
# include <fstream>
# include <cstdlib>
using namespace std;
int main( )
{   char fname1[256],fname2[256];
    char buff[300];
    cout<<"输入源文件名:";
    cin>>fname1;
    cout<<"输入目的文件名:";
    cin>>fname2;
    fstream infile,outfile;
    infile.open(fname1,ios::in);
    outfile.open(fname2,ios::out);
    if (!infile)
    {   cout<<"源文件不存在，不能打开源文件!"<<endl;
        exit(1);
    }
     if (!outfile)
    {   cout<<"目的文件已存在，不能新建目的文件!"<<endl;
        exit(1);
    }
    while (infile.getline(buff,300))        //从源文件中提取一行字符到缓冲区
        outfile<<buff<<'\n';                //将缓冲区中的一行字符写入目的文件中
```

```
        infile.close();                        //关闭源文件
        outfile.close();                       //关闭目的文件
        return 0;
    }
```

该程序先定义字符型数组 buff[300]作为缓冲区，使用 getline()函数从与输入文件流 infile 关联的源文件中提取一行字符到缓冲区，再用插入运算符"<<"将缓冲区中的一行字符写入与输出文件流 outfile 关联的目的文件中，直到源文件被提取完，getline()函数返回 0 值结束。outfile<<buff<<'\n'中的 '\n'是必要的，因为从源文件中提取完一行字符后，换行符并不放入缓冲区，所以在将提取的一行字符写入目的文件中时，必须加一个换行符。

该程序只能实现文本文件的复制，不能实现二进制文件的复制。在复制文本文件时，该程序的效率要比例 12.6 和例 12.7 的两个程序的效率高，因为例 12.6 和例 12.7 的两个程序都是逐个字符进行复制的，而该程序是逐行进行复制的。

在例 12.8 中，若将打开目的文件的 open()函数改为：

        outfile.open(fname2,ios::app);

则可实现将源文件中的内容添加到目的文件中的要求。该程序由读者自行编写。

【例 12.9】 定义一个二维数组，并用键盘输入二维数组的元素值。将此二维数组的元素值存入文本文件中。

程序如下：

```
    # include <iostream>
    # include <fstream>
    # include <iomanip>
    # include <cstdlib>
    using namespace std;
    int main( )
    {   float a[3][3];
        int i,j;
        char fname[256];
        cout<<"输入文件名：";
        cin>>fname;
        ofstream outfile;
        outfile.open(fname);
        if (!outfile)
        {   cout<<"不能打开目的文件:"<<fname;
            exit(1);
        }
        cout<<"输入数组元素："<<endl;
        for ( i=0 ;i<3;i++)
          for (j=0;j<3;j++)
            cin>>a[i][j];
        for(i=0;i<3;i++)
        {   for(j=0;j<3;j++)
            outfile<<setw(10)<<a[i][j];
            outfile<<'\n';
        }
        outfile.close();
        return 0;
    }
```

程序执行时屏幕显示：

> 输入文件名：c:\exercise\array.txt
> 输入数组元素：
> 1    2    3
> 4    5    6
> 7    8    9

程序执行结束后，用记事本打开 array.txt 文件，其内容与输入数组的内容相同。

【例 12.10】 打开例 12.9 建立的存放二维数组元素值的文本文件，每个元素值之间用空格或换行符隔开。求出文件中的二维数组元素的最大值，并输出二维数组元素值及其最大值。

程序如下：

```cpp
# include <iostream>
# include <fstream>
# include <iomanip>
# include <cstdlib>
using namespace std;
int main( )
{   float a[3][3];
    int i,j;
    char fname[256];
    cout<<"输入文件名： ";
    cin>>fname;
    ifstream infile;
    infile.open(fname,ios::in );
    if (!infile)
    {   cout<<"不能打开输入文件"<<fname;
        exit(1);
    }
    for (i=0;i<3;i++)
      for (j=0;j<3;j++)
        infile>>a[i][j];                      //从文本文件中提取数据到二维数组元素中
    float max=a[0][0];
    for (i=0;i<3;i++)
      for (j=0;j<3;j++)
        if (a[i][j]>max)   max=a[i][j];        //求出二维数组元素的最大值
    cout<<"二维数组的元素值： "<<endl;
    for (i=0;i<3;i++)
      { for (j=0;j<3;j++)
        cout<<setw(10)<<a[i][j];               //输出二维数组的元素值
        cout<<endl;
      }
    cout<<"max="<<max<<endl;                    //输出二维数组的最大值
    infile.close();
    return 0;
}
```

程序执行时显示：

> 输入文件名：c:\exercise\array.txt

程序执行后输出：

> 二维数组的元素值：
> 1    2    3

```
4    5    6
7    8    9
max=9
```

对二进制文件进行读/写操作，不能通过标准输入/输出流的提取与插入运算符实现文件的输入/输出，只能通过二进制文件的读/写成员函数 read() 与 write() 来实现。由于篇幅关系，此处不再介绍。

# 本 章 小 结

### 1. 流类体系

（1）流类体系的概念。流类体系是 C++中所有流类的集合，是 C++为执行输入/输出操作专门定义的类，用流类定义的对象称为流，如输入流 cin 、输出流 cout。流是用户与设备的接口，用户通过流可以方便地进行数据的输入/输出操作，而不必关心数据的输入/输出操作是如何进行的。

（2）流类体系的组成。流类体系由基类 ios、输入类 istream、输出类 ostream、输入/输出类 iostream 等组成。基类 ios 派生了输入类 istream 与输出类 ostream，输入类 istream 与输出类 ostream 派生了输入/输出类 iostream。基本流类体系的派生关系可参见图 12.3。

（3）数据文件与设备文件。数据文件存放在磁盘上，所以也称为磁盘文件，分为文本文件与二进制文件。设备文件是指输入/输出设备，采用设备文件后，用户可以用使用文件的方式使用设备，目的是方便用户。数据通常存放在数据文件中，当用户程序需要时，从数据文件中读取数据或将数据写入磁盘。为提高输入/输出效率而设置了缓冲区，缓冲区是用于暂存输入/输出数据的内存区。根据输入/输出流是否使用缓冲区，可以将其分为缓冲流与非缓冲流，cin、cout、clog 为缓冲流，cerr 为非缓冲流。缓冲流在输出时，仅当缓冲区满时才进行；缓冲流在输入时，仅当换行时才从缓冲区读取数据。

### 2. 数据的输入/输出

数据的输入/输出有两种方式，一种方式是使用标准的输入/输出流 cin、cout 与提取运算符"＞＞"、插入运算符"＜＜"；另一种方式是使用输入/输出成员函数 get() 与 put()。当用 cin 输入数据时，空格将作为数据间的分隔符。若要输入带有空格的数据，则必须使用成员函数 get()。函数 get() 有以下三种调用方式。

（1）get()：从输入流中提取一个字符作为函数返回值，如 c=cin.get()。

（2）get(c,n)：从输入流中提取一个长度小于或等于 n 的字符串赋给字符串数组 c。

（3）getline(c,n)：从输入流中提取一个长度小于或等于 n 的字符行赋给字符串数组 c。

输出成员函数 put(c) 的作用是将字符 c 插入输出流中。当输出流为缓冲方式，而缓冲区未满时，必须用 flush() 函数才能将缓冲区数据输出到数据文件中。

用格式控制函数可控制数据的输出格式，如控制数据输出的域宽、对齐方式、精度与进制等。针对不同的用户，C++提供了两种格式控制函数：一种是为熟悉 C++类的用户提供的格式控制成员函数（如函数 width()）；另一种是为不熟悉 C++类的用户提供的预定义格式控制函数（如函数 setw()、setiosflags()、setprecision()）。格式控制成员函数必须由流对象（如 cin、cout）来调用，而预定义格式控制函数可直接被调用。

通过重载提取运算符"＞＞"与插入运算符"＜＜"可实现对象的输入/输出，如复数的输入/输出等。

### 3. 文件流类体系

文件是由文件名标识的一组有序数据的集合，通常存放在磁盘上。文件分为文本文件与二进制文件。文件的使用过程为打开、读/写、关闭操作。文件的打开、读/写、关闭可以使用文件流类定义的成员函数来完成。

文件流类体系由输入文件类 ifstream、输出文件类 ofstream、输入/输出文件类 fstream 等组成。文件流类中定义了用于打开、读/写、关闭文件的成员函数，使用这些成员函数可实现文件的各类操作。

### 4．文本文件的使用

文本文件的具体使用步骤如下。

（1）用文件流类定义文件流对象。

定义输入流对象：ifstream infile。

定义输出流对象：ofstream outfile。

定义输入/输出流对象：fstream iofile。

（2）打开文件。打开文件有两种方式，可用成员函数或构造函数打开文件。

① 用成员函数 open()打开文件。

② 用构造函数打开文件。用构造函数打开文件，是指在定义文件流对象时直接调用构造函数打开文件。

打开文件的目的是，使文件流对象与数据文件名建立联系，以便在后面的程序中使用文件流对象实现数据文件的读、写及关闭操作。

（3）读/写文件。文件的读/写有以下两种方式。

① 用提取运算符"&gt;&gt;"与插入运算符"&lt;&lt;"对文件进行读/写操作。

② 用成员函数 get()、getline()与 put()对文件进行读/写操作。

（4）关闭文件。用成员函数 close()关闭文件。

在关闭文件时，系统将与该文件相关联的内存缓冲区中的数据写到文件中，并收回与该文件相关的主存空间，将文件名与文件对象之间建立的关联断开。

### 5．本章重点、难点

**重点**：C++输入/输出基本流类体系、文件流类体系的概念，用文件对象实现对文本文件的打开、读/写、关闭等操作编程。

**难点**：用文件对象实现对文本文件的打开、读/写、关闭等操作编程。

## 习　　题

12.1　解释 C++中有关流、流类、流类体系的概念及流类体系的组成，并指出流类体系中的派生关系。

12.2　在数据的输入/输出过程中，为何要使用缓冲区？在 C++中有哪些标准输入/输出流？其中哪些是缓冲流？哪些是非缓冲流？

12.3　C++中数据的输入/输出有哪两种方式？控制数据输出格式的函数有哪两类？使用时有何区别？

12.4　使用 width()成员函数控制二维数组各元素的输出域宽为 10，填充字符为"#"。

12.5　定义一个学生成绩类 Score，描述学生成绩的私有数据成员为学号（No[5]）、姓名（Name[8]）、数学成绩（Math）、物理成绩（Phy）、数据结构（Datas）。定义输入学生成绩的公有成员函数 Input()，在 Input()函数中用 getline()函数输入学生的学号和姓名。定义输出学生成绩的成员函数 Show()。在函数 Show()中，学号与姓名的输出域宽为 10、左对齐，其余数据的输出域宽为 8、右对齐、保留小数点后 1 位，输出格式均用预定义格式控制函数来设置。在主函数中用类 Score 定义班级学生成绩对象数组 s[5]。用 Input()函数输入学生成绩，用 Show()函数显示每名学生的成绩。

12.6 何为文件？如何使用文件？

12.7 叙述文件流类体系的组成及各派生类的作用。

12.8 叙述文本文件的使用过程。

12.9 将一个源文件复制为一个目的文件，源文件用成员函数打开，目的文件用构造函数打开，使用提取与插入运算符来读/写文件。

12.10 使用成员函数打开文本文件，并将源文件中的内容添加到目的文件的尾部。

12.11 产生一个九九乘法表文件，文件名为 mul.txt。

12.12 定义一个一维数组，用键盘输入数据，然后将一维数组元素值写入文本文件中。

12.13 从文本文件中提取数据并输入一维数组中，求出一维数组的平均值。再通过显示器输出一维数组的元素值及平均值。

12.14 从文本文件中提取数据并输入一维数组中，对一维数组元素进行升序排列，再将其存入另一个文本文件中。

# 实　　验

## 1．实验目的

（1）理解流、流类、流类体系的概念。

（2）学会用预定义格式控制函数设置输出格式（数制、域宽、小数点等）。

（3）掌握文本文件的使用方法。

## 2．实验内容

（1）定义描述职工工资的类 Laborage，其数据成员为职工号（No[5]）、姓名（Name[8]）、应发工资（Ssalary）、社保金（Security）、实发工资（Fsalary）。定义公有成员函数 Input()，在 Input()函数内输入职工号、姓名（用 getline()函数）、应发工资、社保金，实发工资用公式 Fsalary=Ssalary−Security 来计算。定义输出职工工资的成员函数 Show()。在函数 Show()中，职工号、姓名的输出域宽为 8、左对齐，其余数据的输出域宽为 10、右对齐、保留小数点后 2 位，输出格式均用预定义格式控制函数来设置。在主函数中，用类 Laborage 定义职工对象数组 a[3]。用 Input()函数输入职工工资，用 Show()函数显示每位职工的工资。（提示：在用 getline()函数输入职工号和姓名后，必须用"Enter"键结束职工号和姓名的输入。）

实验数据：

| 1001 | Zhou | Zhi | 3000 | 200 |
| 1002 | Chen | Hua | 4000 | 400 |
| 1003 | Wang | Fan | 5000 | 500 |

（2）将一个源文件复制为两个不同名称的文件，源文件与目的文件均用构造函数打开，使用成员函数 get()与 put()复制第一个目的文件，使用 getline()函数与插入运算符复制第二个目的文件。（提示：在用 get()函数将输入文件流对象的指针指向文件尾后，无法将该指针移到文件首的位置。因此，

只能定义两个输入文件流对象打开同一源文件，用于两种方式的文件复制。）

实验数据：源文件 e:\ex\a.txt，文件内容为 source file；目的文件 1 为 e:\ex\b.txt；目的文件 2 为 e:\ex\c.txt。

（3）将存放在源文件（e:\ex\array1.txt）中的学生成绩读入二维整型数组 a[3][5]中，数组 a 的第 0 列存放学号，第 4 列存放平均成绩。计算每名学生的平均成绩，用擂台法对数组 a 按平均成绩升序排序后存放在目的文件（e:\ex\array2.txt）中。学生的学号与成绩如实验数据所示。编写程序实现上述要求。

实验数据：

| | | | | |
|---|---|---|---|---|
| 1001 | 90 | 85 | 80 | 0 |
| 1002 | 80 | 70 | 60 | 0 |
| 1003 | 85 | 80 | 75 | 0 |

# C++中的关键字

C++中的关键字及其类型和说明如表 A.1 所示。

表 A.1　C++中的关键字及其类型和说明

| 关　键　字 | 类　　型 | 说　　明 |
| --- | --- | --- |
| asm | 说明符 | 用于标识源程序中的汇编语言代码 |
| auto | 说明符 | 用于说明自动类型变量 |
| break | 语句 | 用于循环语句或 switch 语句中，结束语句的执行 |
| case | 标号 | 用于 switch 语句中 |
| catch | 语句 | 用于定义一个异常处理的函数 |
| char | 类型说明符 | 用于说明字符类型数据 |
| class | 类型说明符 | 用于说明类数据类型 |
| const | 类型说明符 | 用于说明常数类型数据 |
| continue | 语句 | 用于循环语句中，结束本次循环 |
| default | 标号 | 用于 switch 语句中，表示其他情况 |
| delete | 运算符 | 用于收回动态存储空间 |
| do | 语句 | 与 while 一起构成循环语句 |
| double | 类型说明符 | 用于说明双精度实型数据 |
| else | 语句 | 与 if 一起构成双选 if 语句 |
| enum | 类型说明符 | 用于说明枚举数据类型 |
| extern | 说明符 | 用于说明外部类型变量或函数等 |
| float | 类型说明符 | 用于说明单精度实型数据 |
| for | 语句 | 用于循环语句中 |
| friend | 访问说明符 | 用于说明友元成员 |
| goto | 语句 | 用于无条件转移语句中 |
| if | 语句 | 用于 if 语句中 |
| inline | 说明符 | 用于说明内联函数 |
| int | 类型说明符 | 用于说明整型数据 |
| long | 类型说明符 | 用于说明长整型数据 |
| new | 运算符 | 用于分配动态存储空间 |
| operator | 说明符 | 用于重载运算符 |
| private | 访问说明符 | 用于说明类中的私有成员 |
| protected | 访问说明符 | 用于说明类中的保护成员 |
| public | 访问说明符 | 用于说明类中的公有成员 |
| register | 说明符 | 用于说明寄存器类型变量 |
| return | 语句 | 用于返回语句 |
| short | 类型说明符 | 用于说明短整型数据 |

| 关　键　字 | 类　型 | 说　明 |
|---|---|---|
| signed | 说明符 | 用于说明有符号的字符或整型变量 |
| sizeof | 运算符 | 用于求字节数运算符 |
| static | 说明符 | 用于说明静态类型变量 |
| struct | 类型说明符 | 用于说明结构体数据类型 |
| switch | 语句 | 用于 switch 语句中 |
| template | 说明符 | 用于说明建立一个相关类族 |
| this | 说明符 | 用于对象的指针 |
| throw | 语句 | 用于异常处理 |
| try | 语句 | 用于异常事件处理 |
| typedef | 说明符 | 用于自定义数据类型 |
| union | 类型说明符 | 用于说明共同体数据类型 |
| unsigned | 说明符 | 用于说明无符号的字符或整型变量 |
| virtual | 说明符 | 用于说明虚函数或虚基类 |
| void | 类型说明符 | 用于说明函数没有返回值或任意类型指针变量 |
| volatile | 类型说明符 | 用于说明 volatile 变量或函数 |
| while | 语句 | 用于循环语句中 |

# 常用库函数

库函数并不是 C++的组成部分，它是根据需要编制并提供给用户使用的。为了方便用户使用库函数，C++编译系统提供了大量的库函数。在用到库函数时，必须包含相应的头文件。本附录仅列出教学所需要的常用库函数。要详细了解 C++编译系统所提供的所有库函数，请查阅所用系统的有关手册。

## 1. 常用数学函数

在用到表 B.1 所列的数学函数时，应该在该源程序文件中使用以下文件包含命令：

#include   <cmath>

或

#include   "cmath"

表 B.1　常用数学函数

| 函 数 原 型 | 功　　　能 | 返　回　值 | 说　　明 |
| --- | --- | --- | --- |
| int abs(int x) | 求整数 x 的绝对值 | 绝对值 | — |
| double acos(double x) | 计算 arccos(x)的值 | 计算结果 | $-1 \leqslant x \leqslant 1$ |
| double asin(double x) | 计算 arcsin(x)的值 | 计算结果 | $-1 \leqslant x \leqslant 1$ |
| double atan(double x) | 计算 arctan(x)的值 | 计算结果 | — |
| double cos(double x) | 计算 cos(x)的值 | 计算结果 | x 的单位为弧度 |
| double cosh(double x) | 计算 x 的双曲余弦 cosh(x)的值 | 计算结果 | — |
| double exp(double x) | 求 $e^x$ 的值 | 计算结果 | — |
| double fabs(double x) | 求实数 x 的绝对值 | 绝对值 | — |
| double fmod(double x double y) | 求 x/y 的余数 | 余数的双精度数 | — |
| long labs(long x) | 求长整型数的绝对值 | 绝对值 | — |
| double log(double x) | 计算 ln(x)的值 | 计算结果 | — |
| double log10(double x) | 计算 lg(x)的值 | 计算结果 | — |
| double modf(double x,double *y) | 取 x 的整数部分送到 y 所指向的单元中 | x 的小数部分 | — |
| double pow(double x,double y) | 求 $x^y$ 的值 | 计算结果 | — |
| double sin(double x) | 计算 sin(x)的值 | 计算结果 | x 的单位为弧度 |
| double sqrt(double x) | 求 $\sqrt{x}$ 的值 | 计算结果 | $x \geqslant 0$ |
| double tan(double x) | 计算 tan(x)的值 | 计算结果 | x 的单位为弧度 |

## 2. 常用字符串处理函数

在用到表 B.2 所列的字符串处理函数时，应该在该源程序文件中使用以下文件包含命令：

#include  <string>

或

#include  "string"

### 表 B.2  字符串处理函数

| 函数原型 | 功能 | 返回值 | 说明 |
|---|---|---|---|
| void *memcpy(void *p1, const void *p2 size_t n) | 内存复制，将 p2 所指向的共 n 字节复制到 p1 所指向的存储区中 | 目的存储区的起始地址 | 实现任意数据类型之间的复制 |
| void *memset(void *p, int v,size_t n) | 将 v 的值作为 p 所指向的区域的值，n 是 p 所指向区域的大小 | 该区域的起始地址 | — |
| char *strcpy(char *p1, const char *p2) | 将 p2 所指向的字符串复制到 p1 所指向的存储区中 | 目的存储区的起始地址 | — |
| char *strcat(char *p1, const char *p2) | 将 p2 所指向的字符串连接到 p1 所指向的字符串的后面 | 目的存储区的起始地址 | — |
| int strcmp(const char *p1, const char *p2) | 比较 p1、p2 所指向的两个字符串的大小 | 若两个字符串相同，则返回 0；若 p1 所指向的字符串小于 p2 所指向的字符串，则返回负数；否则，返回正数 | — |
| int strlen(const char *p) | 求 p 所指向的字符串的长度 | 字符串所包含的字符个数 | 不包括字符串结束标志'\0' |
| char *strncpy(char *p1, const char *p2,size_t n) | 将 p2 所指向的字符串（最多 n 个字符）复制到 p1 所指向的存储区中 | 目的存储区的起始地址 | 与 strcpy()类似 |
| Char *strncat(char *p1, const char *p2,size_t n) | 将 p2 所指向的字符串（最多 n 字符）连接到 p1 所指向的字符串的后面 | 目的存储区的起始地址 | 与 strcat()类似 |
| int strncmp(const char *p1, const char *p2,size_t n ) | 比较 p1、p2 所指向的两个字符串的大小，最多比较 n 个字符 | 若两个字符串相同，则返回 0；若 p1 所指向的字符串小于 p2 所指向的字符串，则返回负数；否则，返回正数 | 与 strcmp()类似 |
| char *strstr(const char *p1, const char *p2) | 判断 p2 所指向的字符串是否为 p1 所指向的字符串的子串 | 若是子串，则返回开始位置的地址；否则，返回 0 | — |

## 3. 其他常用函数

在用到表 B.3 所列的函数时，应该在该源程序文件中使用以下文件包含命令：

#include  <cstdlib>

或

#include  "cstdlib"

### 表 B.3  其他常用函数

| 函数原型 | 功能 | 返回值 | 说明 |
|---|---|---|---|
| void abort(void) | 终止程序的执行 | — | 不做结束工作 |
| void exit(int) | 终止程序的执行 | — | 做结束工作 |
| double atof(const char *s) | 将 s 所指向的字符串转换成实数 | 实数值 | — |
| int atoi(const char *s) | 将 s 所指向的字符串转换成整数 | 整数值 | — |

| 函 数 原 型 | 功 能 | 返 回 值 | 说 明 |
|---|---|---|---|
| long atol(const char *s) | 将 s 所指向的字符串转换成长整数 | 长整型数值 | — |
| int rand(void) | 产生一个随机整数 | 随机整数 | — |
| void srand(unsigned int) | 初始化随机数发生器 | — | — |
| int system(const char *s) | 将 s 所指向的字符串作为一个可执行文件,并加以执行 | — | — |
| max(a,b) | 求两个数中的大数 | 大数 | 参数可为任意类型 |
| min(a,b) | 求两个数中的小数 | 小数 | 参数可为任意类型 |

### 4．实现键盘和文件输入/输出的成员函数

在用到表 B.4 所列的键盘和文件输入/输出的成员函数时,应该在该源程序文件中使用以下文件包含命令:

#include  <iostream>

或

#include  "iostream"

#### 表 B.4　键盘和文件输入/输出的成员函数

| 函 数 原 型 | 功 能 | 返 回 值 | 说 明 |
|---|---|---|---|
| cin>>v | 将输入值赋给变量 | — | — |
| cout<<exp | 将输出表达式 exp 的值 | — | — |
| istream & istream::get(char &c) | 将输入字符赋给变量 c | — | — |
| istream & istream::get(char *,int,char ='\n') | 输入一行字符串 | — | — |
| istream & istream::getline(char *,int,char ='\n') | 输入一行字符串 | — | — |
| void ifstream::open(const char *,int =ios::in, int =filebuf::openprot) | 打开输入文件 | — | — |
| void ofstream::open(const char *,int =ios::out, int =filebuf::openprot) | 打开输出文件 | — | — |
| void fstream::open(const char *,int , int =filebuf::openprot) | 打开输入/输出文件 | — | — |
| ifstream::ifstream(const char *,int =ios::in, int =filebuf::openprot) | 构造函数打开输入文件 | — | — |
| ofstream::ofstream(const char *,int =ios::out, int =filebuf::openprot) | 构造函数打开输出文件 | — | — |
| fstream::fstream(const char *,int, int =filebuf::openprot) | 构造函数打开输入/输出文件 | — | — |
| void istream::close() | 关闭输入文件 | — | — |
| void ofstream::close() | 关闭输出文件 | — | — |
| void fstream::close() | 关闭输入/输出文件 | — | — |
| istream & istream::read(char *,int) | 从文件中提取数据 | — | — |
| ostream & istream::write(const char *,int) | 将数据写入文件中 | — | — |
| int ios::eof() | 判断是否到达打开文件的尾部 | 1 表示到达文件的尾部, 0 表示没有到达文件的尾部 | — |
| istream & istream::seekg(streampos) | 移动输入文件的指针 | — | — |

| 函 数 原 型 | 功 能 | 返 回 值 | 说 明 |
|---|---|---|---|
| istream & istream::seekg(streamoff,ios::seek_dir) | 移动输入文件的指针 | — | — |
| streampos istream::tellg() | 取输入文件的指针 | — | — |
| ostream & ostream::seekp(streampos) | 移动输出文件的指针 | — | — |
| ostream & ostream::seekp(streamoff,ios::seek_dir) | 移动输出文件的指针 | — | — |
| streampos ostream::tellp() | 取输出文件指针 | — | — |

# 附录 C

# ASCII 码表

ASCII 码是"美国信息交换标准代码"（American Standard Code for Information Interchange）的缩写，该表由美国国家标准化协会（ANSI）制定。标准 ASCII 码是 7 位码，有 128 个字符，如表 C.1 所示。

表 C.1　标准 ASCII 码

| 码值 | 字符 | 码值 | 字符 | 码值 | 字符 | 码值 | 字符 | 码值 | 字符 | 码值 | 字符 | 码值 | 字符 | 码值 | 字符 |
|---|---|---|---|---|---|---|---|---|---|---|---|---|---|---|---|
| 00 | NUL | 10 | DLE | 20 | SP | 30 | 0 | 40 | @ | 50 | P | 60 | ` | 70 | p |
| 01 | SOH | 11 | DC1 | 21 | ! | 31 | 1 | 41 | A | 51 | Q | 61 | a | 71 | q |
| 02 | STX | 12 | DC2 | 22 | " | 32 | 2 | 42 | B | 52 | R | 62 | b | 72 | r |
| 03 | EXT | 13 | DC3 | 23 | # | 33 | 3 | 43 | C | 53 | S | 63 | c | 73 | s |
| 04 | EOT | 14 | DC4 | 24 | $ | 34 | 4 | 44 | D | 54 | T | 64 | d | 74 | t |
| 05 | EDQ | 15 | NAK | 25 | % | 35 | 5 | 45 | E | 55 | U | 65 | e | 75 | u |
| 06 | ACK | 16 | SYN | 26 | & | 36 | 6 | 46 | F | 56 | V | 66 | f | 76 | v |
| 07 | BEL | 17 | ETB | 27 | ' | 37 | 7 | 47 | G | 57 | W | 67 | g | 77 | w |
| 08 | BS | 18 | CAN | 28 | ( | 38 | 8 | 48 | H | 58 | X | 68 | h | 78 | x |
| 09 | HT | 19 | EM | 29 | ) | 39 | 9 | 49 | I | 59 | Y | 69 | i | 79 | y |
| 0A | LF | 1A | SUB | 2A | * | 3A | : | 4A | J | 5A | Z | 6A | j | 7A | z |
| 0B | VT | 1B | ESC | 2B | + | 3B | ; | 4B | K | 5B | [ | 6B | k | 7B | { |
| 0C | FF | 1C | FS | 2C | , | 3C | < | 4C | L | 5C | \ | 6C | l | 7C | | |
| 0D | CR | 1D | GS | 2D | - | 3D | = | 4D | M | 5D | ] | 6F | m | 7D | } |
| 0E | SO | 1E | RS | 2E | . | 3E | > | 4E | N | 5E | ^ | 6E | n | 7E | ~ |
| 0F | SI | 1F | US | 2F | / | 3F | ? | 4F | O | 5F | _ | 6F | o | 7F | DEL |

注：表中码值为十六进制数。

# 附录 D

# 学时分配参考表

"C++程序设计"学时分配参考表如表 D.1 所示。

表 D.1 "C++程序设计"学时分配参考表

| 章 名 | 理论学时数 | 实验学时数 |
| --- | --- | --- |
| 第1章 C++概述 | 1 | 0 |
| 第2章 数据类型和表达式 | 6 | 2 |
| 第3章 程序结构和流程控制语句 | 9 | 4 |
| 第4章 数组 | 8 | 4 |
| 第5章 函数 | 10 | 2 |
| 第6章 编译预处理 | 2 | 0 |
| 第7章 指针 | 12 | 4 |
| 第8章 枚举类型和结构体 | 10 | 4 |
| 第9章 类和对象 | 6 | 2 |
| 第10章 继承和派生 | 4 | 2 |
| 第11章 友元与运算符重载 | 6 | 2 |
| 第12章 流类体系与文件操作 | 6 | 2 |
| 合计 | 80 | 28 |

# 参 考 文 献

[1] 陈华生，张岳新. Visual C++程序设计[M]. 苏州：苏州大学出版社，2000.

[2] 陈朔鹰，陈英，乔俊琪. C 语言程序设计习题集[M]. 北京：人民邮电出版社，2000.

[3] 黄维通，贾续涵. Visual C++面向对象与可视化程序设计[M]. 3 版. 北京：清华大学出版社，2011.

[4] 谭浩强. C++程序设计[M]. 3 版. 北京：清华大学出版社，2015.

[5] 谭浩强. C 程序设计[M]. 5 版. 北京：清华大学出版社，2017.

[6] 谭浩强. C 程序设计[M]. 5 版. 学习辅导. 北京：清华大学出版社，2017.

[7] 郑阿奇，丁有和. C++实用教程[M]. 北京：电子工业出版社，2008.

[8] 郑莉，董渊，何江舟. C++语言程序设计[M]. 4 版. 北京：清华大学出版社，2010.